中华传世藏书

【图文珍藏版】

孝经

诠解

[春秋] 孔子等·原著

王书利·主编

第二册

陈颜冒死救父

陈颜是金代卫州汲县人，他为人忠厚，很孝顺父母。

陈颜家世代都以种田为业，只有他父亲陈光于北宋末年曾被选为"武举"。北宋官府任命他担任寿阳县尉，但是未曾上任，寿阳就被金兵占领了，后来他转到汴梁城里，生了重病，但是恰逢金兵攻打汴梁。

汲县被金兵攻打下来的时候，陈颜正住在家里。外面一团乱，陈颜消息闭塞，根本不知道父亲是什么情况，当听说金兵正在攻打汴梁时，陈颜忧心如焚，十分记挂父亲。一天晚上，他偷偷溜出汲县，一路狂奔赶到汴梁去看望父亲。因为以前跟随父亲四处走动，对去汴梁的路熟，所以即使道路幽暗，他也能知道大致方向。一路上，他走小道、抄近路，经历了难以想象的曲折和困难，很快来到汴河岸上，为了躲避官兵或者陌生人，他直接从芦苇深处蹚过汴河，并且沿着河岸走，一直走到汴梁城，从河道口爬进汴梁城里。父子相见，又惊又喜，看到父亲病已痊愈，于是他搀扶父亲，从原路逃出城去，回到老家。

为了安定百姓，稳定治安，汲县的金兵四处布告，搜查宋朝的散兵游勇，鼓励街道举报。陈颜的邻居，不了解他父亲陈光的情况，为了自己显示清白，就诬告陈光曾经勾结宋兵杀人犯放火。

陈光很快就被捕入狱了，他抵不住金兵的严刑拷打，只好招认了，只能在狱中等待最后的判决。

陈颜为了营救父亲，什么办法都想到了，还是没有成功，只好孤注一掷，自己跑到太守官府，申诉陈光的冤情，并且表示甘愿替父受死。当地的徐太守，被陈颜的孝行所感动，而且他也确实听说陈光是只有虚名未曾任职的寿阳县尉，根本不能勾结宋兵杀人。但由于陈光已经招认了，徐太守也是左右为难，不知如何是好。正在这时，金朝官员前来汲县视察地方。徐太守把这件事报告给大臣了。金朝官员传讯了原告和被告，了解了真相，就释放了他们父子。

陈颜为了救父亲，情愿拿自己的生命交换的消息不胫而走，他因此得到了人们的尊敬。

孝子寻父

清朝雍正年间，慈城人钱象正离家前往东北采购药材，家中留下妻子和幼小的儿子钱秉虔。

钱象正一走就是几年，开始还时常托人捎来一些消息，但是到了后来就毫无音讯。钱家的日子渐渐难过，母亲靠着给人家洗衣服来补贴家用，小秉虔帮人家放牛。可他每天放牛归来时都要站在村口翘首张望，渴盼能见到父亲的身影，然而希望却次次落空。每到夜里，他常常看到母亲因思念父亲而偷偷哭泣。

随着时间的推移，小秉虔再也无法忍受失父之痛，决心前往东北寻找父亲。当他把这个想法说出，征求母亲意见时，母亲连连摇头，她怎能放心让这个 13 岁的孩子孤身前去遥远而寒冷的东北呢？小秉虔寻父心切，多次在母亲面前长跪不起。结果，母亲经不起儿子的苦苦哀求，只好含泪点头同意了。小秉虔便拼命给人家干活，积蓄母亲一段时间的粮食和自己的干粮，然后在母亲泪眼模糊的千叮咛、万嘱咐之下，拜别母亲，背上包裹，踏上了千里寻父之路。

一路之上，小秉虔跋山涉水，留窑宿庙，日夜兼程。随身所带的一点钱和干粮很快就用光了，他就沿途帮人家打短工换点口粮。有时候饿极了就采些野菜、野果充饥，从未偷窃人家地里的半点庄稼。有一次，他错吃了有毒的野果，幸好被人救活。在一个雨夜里，他迷了路，四周一片漆黑，害怕极了，边走边哭，但一想起远在天涯、生死未卜的父亲和望眼欲穿、以泪洗面的母亲时，不觉又增添了勇气，振作精神，继续赶路。

不知涉过多少山水，经历多少苦难，小秉虔终于到了林海雪原的东北地界，在冰天雪地里，他把所带的衣服都穿上，还是冻得瑟瑟发抖。但是，寻父的坚强意志支撑着他，使他在没膝的雪地里深一脚、浅一脚地艰难前进。

也许苍天不负苦心人，经过长时间的四处打听，小秉虔终于在一处废弃的破屋里找到了父亲。父子俩人见面，抱头痛哭了一场。

原来，当年父亲在运送药材途中遇到强盗，财物被抢光，人被推下山崖而摔断了腿，摔坏了腰，后来靠着人家的救济才勉强活到了现在。

接下来，小秉虔终日上山打柴挑到市上贩卖，手掌结满了硬茧，脚掌磨起了血泡，却也只能勉强维持父子俩的生活。他想长此下来，就是累死了也无法攒够护送父亲回家的路费。于是，他改变了主意，利用跟父亲学到的识别中草药的知识，决定攀登悬崖峭壁采药。以后的每天早晨，悬崖上都能见到小秉虔采药的身影。有一天，他冒死爬上无人敢登的"狼牙峰"，竟然挖到两颗特大的名贵老山参。他把老山参卖给镇上一家药材店，得到不少钱。他捧着这些钱，喜极而泣，因为护送父亲回家有希望了。

小秉虔买了一辆手推车和一些衣服、干粮，把父亲和破旧的行李装在车上，用力推动车子，摇摇晃晃地踏上回家的道路。

一路上，小秉虔尽力照顾好父亲，有点吃的，总让父亲先吃饱，自己才吃剩下的。每逢夜间露宿野外，便用破床单遮盖父亲，自己则蜷缩在小车旁睡觉。有一次，他们在一座山林里迷了路，转了一整天，饿得头昏眼花，好不容易挨到半夜里才碰见一个守林老人。老人看到这对可怜的父子，十分同情，赶忙给他们煮吃的，让住的。天亮时还送他们许多干粮，把他们带出这座山林。父子俩对这位好心的老人千恩万谢。

有一次，父子俩在山里遇到了一匹恶狼，小秉虔急忙背起父亲拼命逃跑，恶狼穷追不舍。眼看无法逃脱，小秉虔赶紧放下父亲，就地捡起一根树枝，大吼一声，挺身上前与恶狼拼命搏斗。可他年小力弱，哪里是恶狼的对手，不消片刻，恶狼就把小秉虔扑倒在地，张开大口向他的咽喉咬去……就在这千钧一发之际，"嗖"的一声，飞来一箭，恶狼应声倒地。小秉虔惊魂未定，抬眼一看，原来是一位猎人在这危急关头射死恶狼，救了他父子的性命。小秉虔马上从地上爬起来，一头扑进猎人的怀里放声大哭。两年来的辛酸苦难随伴着泪水像决堤一样倾泻出来。猎人听完了父子俩的悲惨遭遇，十分同情和敬佩，把随身所带的干粮全数送给他们，然后护送他们走出了山林。

冬去春来，父子俩终于回到了江南。此时已囊空如洗，初春的江南野外又很难找到食物，小秉虔只好沿途从池塘、沟渠里面抓鱼、捉虾、摸螺来充饥。

历时将近三年，受尽千辛万苦，父子俩互相搀扶，终于回到了久别的家乡，颤颤抖抖地来到家门口，小秉虔顿时忘却了浑身的伤痛和劳累，大声哭喊着："娘，我和父亲回来了！"随后就两眼一黑，一头栽倒在门槛上。

母亲闻声出门一看，一下了被惊呆了。她赶忙唤醒了儿子之后，紧紧抱住这对衣衫褴褛，面容枯槁，没有人样的父子放声大哭。一家人悲喜交加，拥抱着哭成一团。乡亲们闻讯后都纷纷赶来，他们无法理解一个十多岁的少年能翻越千山万水，历尽苦难把残废的父亲从 2000 里外的东北找到并护送回家。大家不禁对小秉虔惊人的毅力和感人的孝行敬佩不已。

后来，当地官府闻知此事，查实之后，即把小秉虔举为"孝廉"，并奖赏他家不少金银和良田。由于乡亲们为小秉虔的孝行深受感动，皆称他为"钱孝子"，并为他在慈城南门建造了孝子坊和孝子祠。

钱孝子千里寻父的故事，从那时起便在民间流传至今。

久病床前的孝子

"乖，吃糖……"王国强将一根绿色棒棒糖剥去糖纸，递给轮椅上的母亲。

"吃完糖，蹬 500 次好不好？"王国强轻轻抬起母亲的腿，示意着。

专心吃糖的老人，直摆手。

"好吧，那就蹬 300 次。不能再少了，不然就不能吃糖啦。"王国强笑着说。

老人慢慢伸出大拇指弯了弯，表示"同意"。

这是 44 岁的王国强和他 68 岁的母亲之间的一段对话。

"从前，我们是母亲的孩子；现在，母亲是我们的'孩子'。"说这话时，王国强拿着毛巾细心擦去母亲嘴边的糖水，眼里充满了柔情。

时光倒流回 2004 年的那个深秋。

当年 11 月 1 日，王国强的母亲因头疼住进了医院。老人一向身板硬朗，以为在医院待上几天便可回家。不料，没过几天脑动脉瘤突然破裂，紧急实施手术抢救后，老人捡回了一条命，却成了植物人。主刀医生告诉王国强，即使出现奇迹，病人也只能终生卧床，连坐轮椅都别指望。

如同晴天霹雳，王国强和弟弟王永忠看着病床上昏睡的母亲，眼泪止不住地往下流。小时候，父亲在部队工作，母亲独自辛苦拉扯弟兄俩，严冬里

《孝经》原典详解

给他们暖脚，风雨中背他们上学……此时，兄弟俩心中只有一个念头：只要有一线希望，就决不放弃。

作为长子的王国强，立即召开家庭会议，进行细致分工。他和弟弟白天上班。晚上去医院护理；他的爱人和弟媳，则分上、下午到医院轮流"值班"。大到手术治疗，小到两小时一次的翻身、按摩，全靠两对夫妻白天黑夜无微不至地照料。

病重的母亲靠鼻饲管进食。为了给母亲足够的能量，王国强兄弟精心制订食谱，鸭血、黑鱼、老母鸡、鸽子肉、水果、蔬菜，一天8顿，都用粉碎机细细研磨后喂给母亲，先后竟用坏了两台粉碎机。

与此同时，一家人只要有空就在母亲耳边轻声呼唤，"陪"她聊天，让她"听"优美的音乐。

在全家人的努力下，母亲终于一路闯过了出血关、手术关、颅内水肿关、发热关等重重难关。而其时，医疗费已高达14万元。由于全家人只有王国强一人有固定工作，所以经济异常紧张。为了筹措医疗费，他拿出了多年的积蓄，又向亲友借款，甚至做好了卖房的准备。

所幸的是，在住院八个月之后，母亲病情基本稳定，可以回家进行康复治疗。

王国强这个林海集团的高级技工，用一双巧手为母亲做了专用的床和学步架，甚至还设计制作了一副轮椅。这个轮椅靠背可以平放变成床，坐垫下方可以放便盆；两边的扶手能够倒下，便于将病人抱起。此外，踏板上还安装了拆卸式锻炼机，可以让病人运动腿部肌肉。

许是一家人的坚持感动了上苍。回家三个月左右，突然有一天，王国强发现母亲的眼睛在频繁地眨动。他试着切了一小片西瓜放入她嘴里，结果竟看到母亲慢慢咀嚼起来。"我的眼泪一下就涌了出来。因为咀嚼功能的恢复，对于脑损伤病人来说意义太大了。"王国强说。

从那一刻起，母亲的病情逐渐好转。王国强和弟弟齐心协力帮母亲进行功能恢复，只要天气许可，就将她从四楼背下，搀她练习行走。

转眼间，五年多的时光飞逝而过。在家人悉心照顾下，王国强母亲现在虽不能说话，但能在儿子的搀扶下，下楼走动，也会自己吃饭，并且恢复了部分情感意识，不光能写出家人名字，还会做一些简单的算术题哩。

医学专家评价，王国强一家简直创造了奇迹中的奇迹！

如今，"久病床前的孝子"王国强兄弟，已在市区林机大院 2000 多户居民中家喻户晓。在物欲横流的现代社会，王国强和弟弟尽己所能、恪守孝道的事迹，折射出中华传统美德的动人光辉，也为现代孝道注入了新的活力。

11 年坚守父亲最后的夕阳

曾经有网友这样问黄薇：你还这么年轻，为什么主持老年节目能够这样游刃有余？黄薇回答说：我把电视机前的老人都当作了自己的父母，和父母交流是一件多么舒服和亲切的事儿，所以做节目就很顺畅啊。

黄微对待自己的父母更是体贴入微，呵护备至，把父母看成一对属于自己的"老宝宝"，平时亲得不得了。

然而，就在 11 年前，曾经健康硬朗的外交家父亲因中风偏瘫了，从此行走、活动不再方便，在病床和轮椅上度过了他最后的日子，几个月前因癌症晚期永远地离开了黄薇。

从 11 年前父亲倒下的那天开始，黄薇就在心里许下了一个誓言：要尽自己最大的努力照顾好病中的父亲。

父亲偏瘫导致身体的整个右侧都不能活动，所有动作都得依靠身体左侧。包括进食、穿衣、洗澡等所有事情，都需要人照顾，一天24小时都得有人在身边伺候。平常人吃饭只需要20分钟，而父亲却要花两个小时才能把饭吃完。这个时候，黄薇在一旁看着父亲自己用勺子往嘴里送饭，一边笑着说："爸爸，饭吃得越慢越好，也越有营养。"而给父亲洗碗的时候，想着父亲艰难进食的样子，她却偷偷地哭了起来，"不是我们不喂，是父亲不让我们喂他，他自己觉得他还能坚持。"

但在父亲面前，黄薇始终保持着脸上的微笑，用无声的激励使父亲笑对病魔。父亲每走一步路都感觉到非常困难，从床上下来走到窗户边上要费很大的劲儿。为了父亲多走走，黄薇会扶着他下床，这时父亲全身的力量都会压在她的肩上，但瘦弱的她却从没一句怨言。他架着父亲一步步地走，嘴里一直鼓励地说道："老爸，你真是好样的，我数一你迈左腿，我说二你迈右腿。"就这样，在黄薇细心的照顾和无数的鼓励下，父亲从最开始在搀扶中最多能走1米到后来能独立行走10米，再到后来能绕着屋子走一个圈。黄薇还买来许多小红旗，每当父亲多走点儿路的时候，她就往墙上贴一面小红旗以示表扬。

父亲身患中风躺在床上的十一年里，黄薇想尽一切办法，为父亲的康复四处奔走。她只要听说哪有治疗偏瘫的偏方或老中医，总会在第一时间里去寻找。她买来无数关于中医护理和按摩理疗的书籍，从一个医学上的"文盲"到后来竟练出了专业水平，下手就能找准穴位，给父亲舒缓经络。

黄薇为了父亲，想到了很多细节。她将家里布置得十分的整齐，看不出半点的繁杂，为的是让父亲取东西的时候，顺利而又保持好的情绪。她总是想出各种方法逗父亲开心，在父亲生日前几天，她先将红包封好分发给亲戚朋友，等到生日那天，大伙带着红包给老爷子祝寿，每年收受红包的数量都在增加，病中的父亲会为此高兴很长时间。

但黄薇的努力最终也没能留住父亲，在父亲的弥留之际，黄薇贴着父亲的脸说："老爸，下辈子我还要做你的女儿，如果这辈子做得不好的话，下辈子我一定补上。"

告别完父亲后，黄薇紧紧地抓着母亲的手，流着泪说："妈妈，你现在是我唯一的老宝贝了。"

事母尽孝，为国尽忠

林大钦（1512—1545），字敬夫，号东莆。广东省潮州府海阳县东莆都山兜村（今潮安区金石镇仙德村）人。

林大钦从小家境贫寒，却非常孝敬父母。天资聪敏的他，每门功课对答如流，在潮州一带被称为"神童"。他设法向藏书万卷的族伯借书学习，博览诸子百家经典著作，12岁时的文章习作，竟与苏东坡的文章风格近似。当时，澄海区隆都陇美村的黄石庵先生曾到山兜村任教，见林大钦聪颖出众，又虚心好学，十分器重，便带林大钦回陇美村就读。

林大钦16岁时，父亲去世，家境更为困苦。为谋生计，他到附近塾馆任教，并经常帮人抄书以补贴家用。成家之后，林大钦与妻子竭尽孝道，用心奉养母亲，深受邻里赞扬。

明朝嘉靖十年（1531）秋，林大钦得中省试举人。

次年春，林大钦上京赴考，名列榜首，得中状元，深受嘉靖皇帝器重，授职为翰林院编修。

他刚任职于翰林院，就把母亲和恩师黄石庵接到京城奉养。恩师黄石庵也因此被皇帝钦赐为进士。为进一步报答师恩，林大钦请旨在陇美村建造"状元先生第"（至今宅第基本完好）。大门石匾上镌刻"黄氏家第"，并有

"门人林大钦题"的落款，门联为"状元先生第，进士世范家"，均为林大钦手笔。

再说林大钦母亲到京不久，便因水土不服，一病不起。林大钦尽心尽力遍请名医为母诊治，却毫无起色。

嘉靖十二年（1533），揭阳县进士翁万达（后官至兵部尚书）出任广西梧州知府，常与林大钦书信往来，林大钦曾在信中对翁万达说："老母卧病，侵寻已七八月，此情如何能言。今只待秋乞归山中，侍奉慈颜，以毕吾志尔。"在与卢文溪编修的信中说："老母体较弱，北地风高，不可复出矣，只待乞恩归养。"

是年秋后，林大钦终于以"老母病较弱，终岁药石"，奏请"乞恩侍养"，而获准护送老母返回潮州。

林大钦初回归潮州时，没有安居之所，经常向人借宅暂居。后来为老母安享晚年而为母建造府第。然而，又恐"土木之华，豪杰所耻"，再加上能力有限，导致工程迟迟没有进展。

在此期间，朝廷多次召唤林大钦回朝复职，林大钦始终"视富贵如浮云，温饱非平生之志；以名教为乐地，庭闱实精魄之依"，而屡辞不就。母病数年之间，林大钦事母至孝，有明朝天启年间户部侍郎林熙春对其形容说："母安则视无形，听无声，纵寒暑不辞劳瘁；母病则仰呼天，俯呼地，即神鬼亦尔悲哀。"

1540 年，林母病逝。林大钦悲痛至极，万念俱灰，由于哀伤过度，随后一病不起。至于母亲的府第也就视为废物，半途停建，落得个"府存墙而无堂屋，门存框槛而无扉"的凄凉景象。

而后数年之间，林大钦基本是在病榻度过。他哀母的情景，林熙春形容为："母死则骨立支床，吊人殒泪；母葬而跪行却盖，观者蹙眉。"他本人在

《复翁东涯》信中也说："自失承欢，忧病漂泊。杜鹃之愁，日夜转深。望云兴悲，对鸟泪下。居则若有所望，出则侗然不知所往。"时之揭阳县进士，官拜行人司司长的薛侃和潮阳市进士、官拜户部主事的林大春皆为他所作传，都提到他在葬母归程中因悲伤过度咯血而病倒。

林大钦卧病期间仍十分关注当地民生，他不止一次地给潮州知府龚缇去信。不厌其烦地要龚知府顺时令，重民事，申孝悌，崇节义，省器用，恤孤寡，治沟渠，修传舍，清径路……

当时，蒙古俺答部侵略北部边境，战事连年未息。1544年二月，翁万达由四川按察使调任都察院右副都御史，巡抚陕西，赴西北前线指挥战事。

林大钦对此又担忧，又兴奋，特此去信表示慰问，并大谈用兵之道。可见其关心时政之心未泯。

1545年农历八月十二日，林大钦病逝。

邓小平赡养继母

夏伯根是邓小平同志的继母，出身贫苦，身世坎坷，仅仅比小平同志大五岁。虽是继母，但是小平同志一直把她当作亲生母亲一样看待，无论在顺境还是在逆境中，都和她生活在一起，与继母所生的弟妹们也相处得十分和睦。

夏伯根出身于嘉陵江上一个贫穷的船工家庭。房无一间，地无一垄，一直辛苦度日。长大后她嫁给了邓小平的父亲邓绍昌，期待着在一家人的共同努力下结束自己困苦的生活。无奈时运不济，命运多舛，第三个女儿邓先群出世还不到一年，丈夫就先她离开人世。子女还不到成家立业的年龄，丈夫却已不在，一个女人要在孤独无助中养活四个孩子，这对谁来说都是一个巨大的不幸。继母贫寒的家世和坎坷的人生令邓小平十分同情。他懂事地承担起家里的重任，对弟弟妹妹更是关爱有加。邓小平从青年时期就追求进步，夏伯根老人虽然不懂政治，但她一心认准了共产党好，支持儿子参加革命。她自己也曾冒着被杀头的危险，救过好几名共产党员的生命。对这样一位正直、善良、勤劳、朴实的继母，邓小平特别敬重和爱戴。

15岁的时候，邓小平离家顺长江南下，经过重庆，走出四川，留学法国、苏联，后来又回到国内参加了土地革命、抗日战争和解放战争，可谓戎马一生。直到29年后，邓小平率领千军万马解放大西南时，才又回到四川，回到了重庆老家。后来，邓小平坐镇重庆，任中共西南局第一书记，是中央下属几大行政区域之一的最高官员。这时的邓小平已是45岁的中年人了，他决定承担起赡养继母的义务，让老人安享天伦之乐，也是弥补自己多年在外不能照顾老人的遗憾。

老人听说儿子回到了家乡，非常的兴奋，她家也不要了，田产和房产也不要了，急忙收拾东西，把大门一锁，提着一个小包裹，坐着船就来到了重庆，从此就和邓小平一家住在了一起。当邓小平调到中央工作后，也将继母一同带到北京，让老人安享晚年。

夏伯根老人一生充满了曲折，晚年的幸福安慰了老人一生的苦难。和儿子生活在一起的日子里，老人的心情十分愉快，同样她也保持了勤俭持家的品德，尽可能帮助孩子们做一些家务活。邓小平夫妇上班以后，就由老人来照顾家里的孩子。新中国成立以后出生的邓榕和邓质方都是夏伯根老人一把屎一把尿带大的。一家人相互扶持，相互照顾，其乐融融。

特别值得一提的是，在邓小平被打倒"流放"到江西住"牛棚"的日子里，夏伯根老人同邓小平夫妇相依为命，熬过了最艰难的岁月。那时妻子卓琳的身体不好，母亲又年事已高，邓小平为了不让她们受累，就一人挑起了家里的重担。劈柴、生火、擦地等重活脏活他都亲自做。老人不忍心看着儿子过度操劳，总是尽量做一些力所能及的家务以减轻儿子的负担。她为家里养了一些鸡，还趁邓小平夫妇去工厂劳动的时候，在家里操劳家务。夫妇俩回家之后总能吃到老人为他们准备的热乎饭。

1997 年 2 月 19 日邓小平逝世时，已经 98 岁高龄的夏伯根当时已患了老年痴呆症，基本上认不出人了，但一直都还吃饭。可是奇怪得很，就在那天，她既不吃饭，也不喝水，以一种特殊的方式对先她而去的儿子表达了深深的思念。

2001 年春，夏伯根老人辞世，享年 10l 岁。

对父母常存一颗感恩的心

出生在西子湖畔，一袭旗袍，舞台上裙裾飞扬，歌喉一展，清丽婉转。吕薇，这位有着"军中花仙子"美誉的时尚民歌手，将孝道演绎得尽善尽美。对父母，吕薇总是心怀感激，用一颗感恩的心去报答父母的恩情。

吕薇出生在越剧世家，父母都是浙江越剧院的演员。从小，吕薇就表现了很高的文艺天赋，但父母并不打算让她秉承家业。那时幼小的吕薇觉得父母阻碍了自己的发展。后来当她在文艺圈摸爬滚打之后，体会到其中的艰辛，也才明白了当初父母的用心。

大学毕业后，吕薇在杭州当了两年音乐教师，其间她参加了全国民歌大赛并夺得了二等奖，从此在北京开始了演艺生涯，也成了"北漂"一族。在北京的日子十分辛苦，住在租来的单身宿舍，每天在北京城里来回转悠演出，她格外想念家中的父母。

连续十几年，在除夕之夜，吕薇的歌声飘进千家万户。在最初的几年，由于父母都在杭州老家，不能陪着老人一块儿过年，让吕薇心里充满了内疚感。但每到春晚结束后，她总会急着往家赶，去和父母团聚。后来，为了好好照顾父母，她将老人接到了北京。

吕薇说永远忘不了1996年的除夕夜。那一年，她将父母接到自己在北京的宿舍里，这是他们一家人第一次在北京一起过年。那晚，父母守在电视机前观看了女儿的精彩表演，非常高兴。但晚会过去好几个小时后，吕薇还没有回家。因为宿舍没有电话，吕薇身上也没有任何通讯工具，尽管父母非常着急却联系不上她。原来，晚会散去后，吕薇因打不上出租一直在路边等了好几小时。到了胡同口，吕薇心急火燎地一路小跑着赶回家，她怕在家里的父母担心。在漆黑的胡同里，在瑟瑟的寒风中，吕薇霎时感受到，自入歌坛以来父母无时无刻地担心自己，她了解到了父母对自己的牵挂之情。到了宿舍，刚一进门，母亲便迎面扑来，抱着她仔细端看，眼泪噼里啪啦往下流。那是二十多年来，吕薇第一次看到母亲流泪，吕薇也明白从此以后不能再让父母为自己担心。

1997年，吕薇因患有阑尾炎需要做手术。为了不让父母担心，动完手术后才告诉父母。但第二天清晨，当她醒来的时候，突然发现父母就在病床旁边，眼睛里布满了血丝。握着父母粗糙的双手，看着母亲花白的头发，吕薇忍不住泪如泉涌。她说自己手术的时候再痛也没哭，但看到父母的时候，她变得非常脆弱。

也许经历过这些，吕薇更加懂得珍惜与父母之间的亲情。十年来，吕薇常常外出演出，但无论去哪儿每天与父母的电话沟通从未中断过。她时常提醒自己要心怀感恩，父母为自己付出太多，自己也要用心去体贴父母。

苦啼鸟的由来

在宁波，有一种褐色的小鸟，它的叫声带着"爹爹呀！""爹爹呀！"的凄凉哭腔，令人听起来十分心酸，人们便把它命名为"苦啼鸟"。下面讲述一个在民间广为流传的极为悲凉的苦啼鸟故事。

从前，宁波西边的大蓬山里住着一个心地善良、手艺精巧的老石匠。他终年风里来雨里去的四处奔波与劳作，一晃就年近60，还孤身一人。

有一天，老石匠从东山收工回家，路过东岙岭，忽然听到附近似乎有婴儿啼哭的声音，便循着哭声寻去，果然在路边的树丛下，他看到一个裹着襁褓的女婴。老石匠抱起女婴，一直等到天黑也不见有人前来认领。他想把女婴放回原处。又恐遭受毒蛇猛兽的伤害，他只好把她抱回家中。女婴饿得哇哇大哭，老石匠便抱着她四处寻找有奶水的女人讨口奶吃，顺便寻找女婴的父母。可是，一连几天过去了，仍毫无结果，老石匠只好把这个苦命的女娃子收养下来，给她取了个名字叫苦莲。

俗话说：女大十八变。数年后，小苦莲长成一个乖巧漂亮的小姑娘。她见年老的爹爹每天干活回家都累得腰酸背疼，她便立即给爹爹搬凳倒水，擦背捶腰。苦莲的小手敲在爹爹的背上，却甜在老石匠的心头。随着年龄的长大，苦莲每天上山拾柴，挖竹笋，捡蘑菇，拿到集市换钱，为爹爹买来鱼肉酒菜，尽她一点微薄的能力孝敬爹爹。老石匠看在眼里，乐在心头，经常对人说："苦莲是老天可怜我，给我送来的好女儿。"后来，苦莲听说养猪能赚钱，便积攒些钱买来一头小猪养起来。猪舍又脏又臭，老石匠不愿意漂亮的女儿干这脏活，而苦莲却干得乐此不疲。老石匠的衣服脏了，苦莲给他清洗；破了，苦莲给他缝补。老石匠干活回家，苦莲早已做好饭菜在等他。天气渐渐地冷了，苦莲用攒下的钱为爹爹缝制一件新棉衣。半夜里，自己冻得瑟瑟发抖的小手还不停地做针线活。爹爹看在眼里，疼在心上，脱下自己的破烂棉袄披在苦莲的身上。就这样，父女俩相依为命，上慈下孝，虽贫亦乐。茅屋里时时传出欢乐的笑声，充满着和谐、温馨的气氛。

天有不测风云，人有旦夕祸福。苦莲18岁那年，她到山溪边洗衣服，不小心踩着了一条毒蛇。毒蛇猛地张口在苦莲的小腿上咬了一口。苦莲大吃一惊，赶紧撕下一破布条扎紧伤腿，强忍伤痛走回家中，刚到半路，便双眼一黑昏倒在地。这时，碰巧邻居阿强打柴路过这里，见此情景，急忙把苦莲背回家中。

此刻老石匠正在附近干活，闻讯之后，又惊又急，马上丢下手中活计，赶回家中，一见女儿昏迷不醒，小腿已肿胀发紫，知道是被剧毒的白花蛇咬伤，若不及早救治，恐怕性命难保！老石匠立时急得老泪纵横，心中暗暗叫苦！原来，自家平时备用的治疗蛇毒的特效草药刚巧被乡亲们用光，采这草药必须登上大蓬山险峻陡峭的最高峰，此时外面又正下着大雨，登山比登天还难，怎么办呢？老石匠不顾受感染的风险，赶紧俯下身子，张开嘴巴，将女儿伤口里的毒血一口一口地吸出吐掉，再用"牛鼻酒"灌进女儿口中，暂时缓解了蛇毒的蔓延发作。经过一番简单的急救治疗，老石匠确信女儿一天之内尚无危险之后，决定火速攀登大蓬山，采集根治女儿的草药。阿强见老石匠年已高迈，放心不下，要求陪同前去，老石匠决不同意，只是教导阿强母子好好护理苦莲，便披衣戴笠，急忙冒雨出门。

风越刮越猛，雨越下越大，碗口粗的树干在风雨的呼啸中摇摆，崎岖陡峭的山路又湿又滑，老石匠心急如焚，跌跌撞撞地向高峰拼命爬上去。他已不顾一切，只知道女儿此刻的生命是在与时间争夺，倘若出了差错，自己怎么活下去啊！

　　且说阿强母子焦急万分地在家中一边守护着苦莲，一边盼望着老石匠快快采药回来。可是一等再等，等到午后还不见老石匠的影子。一种不祥的预感不禁浮现在阿强的脑海中。他急忙招呼邻居几个小伙子，沿着大蓬山险峻崎岖的羊肠小道，大家分头呼唤着，寻找着……

　　将近傍晚时分，苦莲忽然醒了过来，一听阿婆说起爹爹上午为她冒雨上山采药，至今未回时，不觉心慌意乱，挣扎着爬起身，操着一根拐杖，踉踉跄跄地嚷着要出去找爹爹，任凭阿婆怎么阻拦都拦不住。就这样，苦莲这一去再也没有回来了。

　　当天傍晚，阿强等人终于在大蓬山下的溪流中找到了老石匠，可是他已经死了，手里还紧紧地抓着那些为苦莲采到的救命草药。大家禁不住放声大哭，随后合力把老石匠的尸体埋葬在当年捡到苦莲的地方，并为他修筑了一座高大的坟墓。

　　说也奇怪，老石匠的坟墓落成之日，半空中忽然飞来一只褐色的小鸟，盘旋在坟墓的上空，口里不停地啼叫："爹爹呀！"哀鸣许久，不愿离去，此情此景催人泪下。大家都说这小鸟是苦莲变的，它正四处叫唤着，寻找着她的爹爹，而且头上那块白色的羽毛就是给老石匠带的孝。

　　从此以后，当地人就把这种鸟称为"苦啼鸟"。

忠孝双全的总司令

　　朱德（1886—1976），字玉阶，四川省仪陇县人。朱德青少年时是个远近闻名的孝子。后来，他为了解救四万万水深火热的中国劳苦大众，离开了双亲，投身于革命事业，与毛泽东并肩作战，经历了长期艰苦的斗争，为建立新中国立下了汗马功劳。数十年的戎马生涯中，他日理万机，但时刻不忘父母恩德，写了一篇《回忆我的母亲》的文章，以无限的深情赞颂了母亲深沉的爱和高尚的品德。此书在新中国成立后编入了全国中小学生课本。

朱德小时家庭十分地贫苦，母亲一共生了13个儿女。因家里贫苦无法全部养活，只留下了8个。母亲为把8个孩子养大成人，经常天不亮就起床、煮饭，还要种田、种菜、喂猪、养蚕、纺棉花、挑水、挑粪，就这样整天劳碌着。

朱德到了四五岁时就在母亲身边帮忙，八九岁时不但能挑能背，还学会种地。每天从私塾回家，悄悄地把书包放下，就去挑水或放牛；在农忙时，整天都在地里跟着母亲劳动。

他家用桐子榨油来点灯，吃的是豌豆、红薯、青菜等杂粮饭。尽管用的是菜籽榨出的油煮菜，母亲却能做得使一家人吃起来津津有味。若赶上丰收的年景，还能缝上一些新衣服，布料用的是自家生产出来的"家织布"，有铜钱那么厚。一套衣服往往老大穿过了，老二、老三接着穿还穿不烂。

母亲性格和蔼可亲，从没有打骂过儿女，也未曾与任何人吵过架。因此，尽管在如此大的家庭里，长幼、伯叔、妯娌也都相处得十分和睦。母亲非常怜悯贫苦的人，虽然自家穷，却还时常周济更穷的亲戚。母亲也很节俭，有时父亲吸点旱烟，喝点小酒，她也尽力告诫孩子们不要效仿。母亲勤劳俭朴、宽厚仁慈的美德，在儿女们心中留下了永不磨灭的印象。

《回忆我的母亲》一文的结尾中写道：

……母亲现在离我而去了，我将永不能再见她一面了，这个哀痛是无法补救的。母亲是一个平凡的人，她只是中国千百万劳动人民中的一员，但是，正是这千百万人创造了和创造着中国的历史。我用什么方法来报答母亲的深恩呢？我将继续尽忠于我们的民族和人民，尽忠于我们的民族和人民的希望中国共产党，使和母亲同样生活着的人能够过上快乐的生活。这是我能做到的，一定能做到的。

愿母亲在地下安息！

当时地方上的土豪劣绅，衙门差役横行乡里道、欺压百姓。逼得朱德双亲决心节衣缩食培养出一个读书人来"支撑门户"。

光绪三十一年（1905），朱德考中科举，而后他远赴顺庆、成都等地读书，其学费东挪西借，共用了200多块光洋。

1909年，朱德考上了云南讲武堂。

1937年11月，朱德一个外甥从四川老家来到山西八路军总部，告诉他家人因他参加革命而遭株连迫害，现家境非常困难。朱德身为八路军总司令，却身无分文。遂于11月29日在山西洪洞县给他的好友戴与龄写了一封信：

"我们抗战数月，颇有兴趣……我家中近况颇为寥落，亦破产时代之常事，我亦不能顾及他们。唯有老母，年已八十，尚康健，但因年荒，今岁乏食，恐不能度过此年，又不能告贷。我十数年来实无一钱，即将来亦如是。我以好友关系向你募二百元中币，速寄家中朱理书（朱德二哥之子）收。此款我也不能还你，请作捐助吧！"

不足300字的信，既有报国之志，又有孝母之情，更有勤廉之德，200元难倒总司令，大孝为国便是如此。

1966年11月，一位意大利记者采访了朱德。

记者问："在您一生中，对您的影响最大的书是什么？"

"是识字课本。"朱德答道。

"您一生中最大的遗憾是什么？"

"我没能侍奉老母，在她离开人世的时候，我没有在她的床前给她端一碗热水。"

"您想在您的身后留下什么样的荣誉？"

"一个合格的老兵足矣！"

……

而后，康生把这次采访的外电通讯稿呈给毛泽东，并别有用心地问："主席，您看了有什么想法？"

"大老实人一个！"毛泽东毫不含糊地说："您给我看这个干什么？要搞朱德名堂吗？朱德这个人我是了解的，不要搞得疑神疑鬼。"说完把手一挥，康生只好灰溜溜地走了。（引自张掌然《交际艺术品评》）

尽孝需用实际行动来表现

葛优是演艺圈里公认的大孝子。但在他自己看来，为父母所做的一切事情都显得那么的微不足道，他说自己离孝子的标准还差很远。

在母亲施文心的笔下，葛优父子被她亲切地称为"老噶"与"小噶"。葛优走上演员这条道路，或许是源自从小对父亲的崇拜与其职业的向往，后来在昌平农村养了两年猪后，几经努力凭借取自实践的经验，以名为《养猪》的小品考上了全总文工团。从此，在中国演艺界，葛优的名字随同他的作品一样，一路辉煌地闪耀在荧幕上。

即使是登上了世界级电影节的影帝宝座，即使是多年的贺岁片中的"葛式幽默"使千万人为之拍案叫绝，葛优一如既往，保持着淡定的微笑，随性的话语。侍奉双亲的举动，也在真情流露的问寒问暖中，折射出一颗普通的却又异于常人的孝心。

葛优说自己孝敬父母，为父母做事本就是天经地义，不值得向外人说道，不值得宣扬。但正是在这平常生活的点滴中，葛优始终能够做到使父母身心愉悦，一个个细节闪耀着孝心的光芒。

2005 年，是葛存壮老人夫妇结婚 50 周年，作为儿子，葛优为了给两位老人特殊的日子留下最美好的回忆，花尽了心思。他亲自动手设计布置场地，在墙上挂上喜庆的大红灯笼，贴上大红的喜字，整个看起来像是要举行一场浪漫婚礼。在亲朋好友纷纷庆贺两位老人的同时，葛优当起了摄影师，在屋子的各个角落，在双亲的背后，用手中的镜头记录那值得回忆的一个个瞬间。

葛存壮老人经常翻看着一张老旧照片。照片上，葛优手持一把梳子，轻轻地来回缕着父亲花白的头发，生怕手生用力重了，极力想让父亲感觉到舒服。这张照片是葛优在医院探望父亲时被亲友无意中拍到的。那一次，葛优正在电影拍摄现场，得知父亲生病住院立马放下手中的活儿，向摄制组请假，第一时间赶到了医院，照看躺在病床上的父亲。葛优觉得无论什么时候，亲情总是放在第一位的，无论自己走得多远，心中的根是家，是父母。

葛优无论多忙，总要抽出时间常回家看看，在家和父母聊聊天，两代人之间无所不谈。看到现在的葛优事业顺利，父母心中更挂念他的身体。而作为儿子的葛优，心中挂念的也是父母的身体，最让他揪心的是两位老人睡眠不好了，血压高了，腿又疼了这些事情。让他欣慰的是，老爷子现在没事还能喝点白酒黄酒。葛优说，那是父亲的爱好之一。

葛优回家的时候，经常会不露声色地观察家中的一些情况，时常会为父母添置一些东西。而父母知道的时候，东西已经都送来了。就如戏中处事低调的他，葛优尽孝的方式也从不张扬，默默地尽一个儿子的责任。在外地拍戏时，葛优都会买些当地的小礼物，带回来给父母。他说不是北京没有父母买不到，而是要让他们知道自己的心一直挂念着他们。

1957 年出生的葛优，8 岁就会烙葱花饼，用蜂窝煤生炉子，用大盆洗衣服，19岁下乡喂猪，二十多岁开始演电影，走过了那个时代一个普通人经过的岁月。在几次的人生转折中，父母给他的影响不言而喻。谈及孝道，葛优更多的是感激，时刻在责备自己做得不够。也许，父母需要儿女做的，本就是那天寒里的一声问候，本就是那踏进家门的一片笑语。心中装着爹和娘，孝心已大矣。

广至德章第十三

【题解】

本章呼应首章所说的"至德要道"，深入阐发为什么孝道为天下最为高尚的道德。指明天子要在孝、悌、臣三方面给人民做出榜样，这样上行下效，天下大治。

【原文】

子曰："君子之教以孝也，非家至而日见之也①。教以孝，所以敬天下之为人父者也；教以悌，所以敬天下之为人兄者也；教以臣，所以敬天下之为人君者也。《诗》云：'恺悌君子！民之父母②。'非至德，其孰能顺民如此其大者乎③？"

【注释】

①非家至而日见之也：家至，家家亲自都到。日见，每天都见面。郑

注："言教非门到户至，而日见而语，但行孝于内，流化于外也。"又："天子父事三老，兄事五更。"《礼记·祭义》"祀乎明堂，所以教诸侯之孝也。食三老五更于大学，所以教诸侯之悌也。祀先贤于西学，所以教诸侯之德也。耕籍，所以教诸侯之养也。朝觐，

新二十四孝图（三）

所以教诸侯之臣也。五者，天下之大教也。食三老五更于大学，天子袒而割牲；执酱而馈，执爵而酳，冕而总干，所以教诸侯之悌也。是故，乡里有齿，而老穷不遗。强不犯弱，众不暴寡，此由大学来者也。"

②恺悌君子，民之父母：恺悌，慈祥和悦的。《礼记》："子言之，君子之所谓仁者，其难乎！"《诗》云："恺悌君子，民之父母。恺以强教之，悌以悦安之。乐而无荒，有礼而亲，威庄而安，孝慈而敬。使民有父之尊，有母之亲。"

③非至德，其孰能顺民如此其大者乎：顺民，适合民心，顺应民意。意思是没有至高无上的德行，谁能有这样伟大的顺应民心的力量呢？

【译文】

孔子说："君子以孝道去教育、感化民众，并不是要天天挨家挨户地去给人们传授、讲解孝的义理和重要性，而是要用自身的孝行为民众们做出榜样，使其效仿、流传，从而使全天下做父亲的人都能得到尊敬。教人们友爱是通过自身对兄长的尊敬顺服从而使全天下做兄长的人都能得到尊敬。通过自身对国君的忠诚来感染其他的臣属，为的是使天下做国君的人都受到臣属们的尊敬。《诗经》上讲得好：'和乐平易的君子啊，你是人们的父母。'没

有最好的品行道德，怎么能使天下的民众顺从它？孝道的作用，就是具有如此神奇伟大的功用啊！"

【解析】

孔子倡导大同世界，由于当年没有英特网，所以无法广传而难以普及。现代有了英特网，大家也知道地球村势在必行，我们今天虽然有了好的工具，但忽略了好的实质材料，浪费了宝贵的时光，也耗掉了可贵的资源，反而弄得前途茫然，不知道何去何从，实在是人类莫大的悲哀！

通过大众传播的宣扬，倘若能够使天下的父母都得到子女的尊敬、天下的兄姊都能获得弟妹的敬爱、天下的领导者都能普遍赢得部属的敬重，那么，孝道、悌道和君臣之道便能大行于天下，并有助于家庭和睦、国家安宁以及天下太平。君子爱人，所以时时刻刻不忘道德。大众传播时，必须以孝道来教化人民，这是教化的根本，因为人一经感动，便会自然有所反应。顺着天下的至德来教化人民，实在是最有效的途径。

可惜现代的大众传播，还达不到这种教化的效果。为了所谓的收视率，把良好有效的工具都用错了。电视进入家庭，反而破坏了家教。电视用来教学，原本是为了增加视听效果，使学生更加喜欢学习，不料学生的注意力从书本上被引开之后，再也回不来了。殊不知没有书本，不能够反复阅读、思虑、补记、回忆、检讨、深入领悟，就根本没有办法把任何一门学问做好。电子书的功能，在很多地方比不上文字书籍。何况人人手中有计算机，他们究竟在做些什么，更值得我们密切观察和深思熟虑，以免后患无穷。

"人之异于禽兽者几希"，这个"希"字，指的便是孝中的"敬"。现代人不知不觉中受到西方思潮的影响，视父母子女为"朋友"，根本就是精神上的"乱伦"。居然还以现代化自居，实在令人不胜唏嘘，其忘本到如此地步！

父母和子女的亲情，与朋友之间的友情当然有所不同。父母往往自然地把子女的身体看成自身的延伸。"父母唯其疾之忧"，父母因子女而劳累，心甘情愿地为子女而牺牲，哪里能仅限于朋友之情？朋友可以换新，父母一辈子只有这么一对，又怎么能够与朋友同等看待呢？

【生活智慧】

1. 人是自然的一部分，人类必须依循天地自然的法则生活下去，才有可能生生不息。可惜现代人盲目求新求变，到处讲求创新以致日愈离经叛道，把根本都忘掉了。说什么父母本来就无恩于子女，就算有生育教养的施与，也不应该要求回报。虽然不能说没有道理，却毕竟只是片面的道理而不够周全。换句话说，这些是偏道，并不是中道。

2. 中道是什么？便是合理的思维。我们孝敬父母，并不局限于自己的亲生父母，还要向上推及父母的父母，以及父母的父母的父母。这样一直推上去，即为列祖列宗。祖代表父这一方的上代，宗代表母系的尊亲。一直推到天（父系）和地（母系）以提醒自己，既然生为天地的一分子，便要善尽一己的责任来赞天地的化育。这个目标非常高大，各人尽其在我，能做多少算多少，问心无愧便是善终。这才是整合的道理，合中有分，能分也能合。世界上所有的人，殊途同归而互不干扰，当然是中道。

3. 看到西方有制衡（checks and balances），便怨责我们没有，因而极力主张要向西方学习。殊不知孝道正是最大的制衡力量，无所不在又无所不能。任何人只要自觉"作为一个人，必须心中有父母，不能胡作非为而令父母蒙羞"，就会使一言一行和一举一动，都能够自律地调整到合理的程度。这样，就达到自我制衡的效果，也是一种"慎独"的功夫。如此自觉、自律的自主，何必还要外力的制衡呢？

4. 现代人喜欢说"自信"，其实是一种不周全的偏道，我们姑且加以认定。那么请问："为什么对自己的自觉、自律和自主，那么缺乏自信呢?"可能自己想想，也会觉得十分可笑。把"自信"改成"自性"，明白自己的天性，很快就会知道孝敬父母的根本性，也就是自性的基础。自觉孝敬父母的重要性、自律孝敬父母的必要性，便能逐渐对自性有所领悟，并且知道孝为仁之本，而孝道即是一切教化的根本。

【建议】

不要管别人，先反省自己：对父母应该怎样? 孝敬父母是做给别人看，让大家称赞，是做给父母看，讨父母欢心以获得更多好处，还是做给自己看，使自己心安而喜悦无比? 一次、两次，多反省几次，内心应该愈明白：孝敬父母原来是一项神圣的任务，不但要对历代祖宗负责用心传承家风，而且要对后代子孙负责继旧开新，使家风与时俱进、持续地改善，而不是盲目地求新求变。只有"温故而知新"（明白原本的真正用意，才有可能随机应变而不违反传承的根本），才能"持经达变"，这是一种不忘本的精神，也是真正的孝敬父母之心。

【名篇仿作】

《女孝经》广守信章第十三

【原文】

立天之道曰阴与阳，立地之道曰柔与刚。阴阳刚柔，天地之始；男女夫妇，人伦之始。故乾坤交泰，谁能间之？妇地夫天，废一不可。然则丈夫百行，妇人一志；男有重婚之义，女无再醮之文。是以《茉苢》兴歌，蔡人作诫；匪石为叹，卫主知惭。昔楚昭王出游，留姜氏于渐台，江水暴至。王约迎夫人必以符合，使者仓卒，遂不请行。姜氏曰："妾闻贞女义不犯约，勇士不畏其死。妾知不去必死，然无符不敢犯约。虽行之必生，无信而生，不如守义而死。"会使者还取符，则水高台没矣。其守信也如此，汝其勉之。《易》曰："鹤鸣在阴，其子和之。"

【译文】

天之道要阴阳调和，地之道，要刚柔相济。阴阳刚柔，是天地万物的开始；男女之间的婚姻，则是人伦的开始。所以，天地之间的变化，谁能够干涉呢？妇人是地，丈夫就好比是天，缺一不可。丈夫重视行动，妇人则要讲究专心一致；男人可以重婚，女人则不可再嫁。所以，《诗经》中的名篇《茉苢》，是蔡国人对妇人之德作的告诫；《诗经》中《匪石》一篇所感慨的，就是让卫顷公感到惭愧的事。春秋时楚昭王出游的时候，留夫人姜氏在今湖北江陵的渐台之上，江水突然暴涨，危及姜氏的生命安全。楚昭王曾经与姜夫人有约定，只有楚昭王的命令，才能够迎接姜夫人，而这时因为情况危急，使者来不及请示楚昭王就去救姜夫人，姜夫人以没有楚昭王的命令而不肯离开危险的渐台。姜夫人对使者说："我听说贞烈之女是不会违反约定的，勇猛之士是不怕死的。我知道现在不离开渐台必定是死，但是，没有楚昭王的命令，我不敢违反了当初的约定。我要是离开这里必定就有生还的希望，但是与其不守信用而活着，还不如坚守信用而死去。"使者赶紧回去取楚昭王当初与姜夫人约定的符，但水已经淹没了渐台，姜夫人就这样死了。姜夫人坚守信用竟然到了这样的地步，你们应当勉励啊。《周易》说："母鹤在暗处鸣叫，小鹤就会随声附和。"

《忠经》扬圣章第十三

【原文】

君德圣明，忠臣以荣，君德不足，忠臣以辱。不足则补之，圣明则扬之，古之道也。是以虞有德，皋陶歌之，文王之道，周公颂之，宣王中兴，吉甫诵之。故君子，臣于盛明之时，必扬之，盛德流满天下，传于后代，其忠矣夫。

【译文】

君王如果有圣明之德，忠臣就会感到荣耀，君王如果道德不足的话，忠臣就会感觉受到了侮辱。君王的道德如果不足的话，臣下应当想办法去弥补，那么圣德就会得到宣扬，这也是自古以来的道理啊。所以，唐虞有高尚的道德，皋陶就会歌颂他；周文王有道，周公就会颂扬他；宣王取得了中兴的成就，吉甫就会纪念他。作为君子，身处盛世，必须要歌颂自己的君王的政绩，让贤能君王的圣德能够施布于天下，流芳百世，这就是忠啊。

【故事】

史可法感恩老师

明朝名臣史可法当年进京考试，住在寺庙里。古代很多读书人没有钱，

考试期间都住在京城附近的寺庙里。有一位贤臣叫左忠毅公，刚好是此次主

考官，他就把官服脱掉，穿着民众的衣服，

到这一些寺庙里面去巡视，看一看有没有懂

得忧国忧民出色的读书人来参加这次考试。

刚好左公走到了一个寺庙里，看到一个年轻

的考生写完一篇文章太累睡着了，案上放着

刚写成的一篇文稿。左公拿起一读，非常赞

赏他的志略和刻苦精神，再看书生衣衫单

薄，熟寐不醒，心知苦读劳累。左公怕他感

受风寒，便把自己的貂裘脱下来，盖在熟睡

的史可法身上，出来问寺僧，方知书生名叫

史可法，因此留下深刻印象。后来考试的时

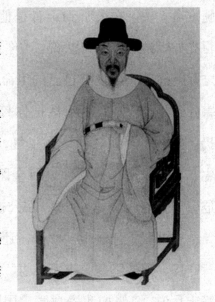

史可法

候看到一篇文章，感受到字里行间有一种气节，一种志向，马上就知道是

他，所以就批了他为状元。史可法考上状元之后，按照礼节到左公家拜老师

和师母。左公可怜他家贫困，收作弟子，留于馆署。此后，他愈加发奋苦

学，饱受恩师濡染，立志以身报君许国。左公在公务之暇，常与他交谈时

事，辩论古今，看出其宏大抱负和超凡才略，就对妻子说："他日继吾志事，

唯此生耳。"这就是说，以后继承我事业的不是自己的孩子，而是我这个学

生。古代圣贤读书人不怕自己没有后代，只怕圣贤学问断在他的手上，所以

他更注意圣贤学问有没有承传的人。

后来左公、史可法同朝为官。明朝末年宦官当道，左公被陷害，关进监

狱之后受很多酷刑，眼睛被烧红的铁片烫后都粘连上了，膝盖以下被切断。

史可法知道老师在狱里会受到很多酷刑，十分焦急，通过各种关系，终于感

动监狱里的士兵，他们就建议史可法装扮成捡垃圾的，进监狱去看望老师。

史可法缓缓接近老师的监狱门口，当走到老师面前时，禁不住地抱着老师的腿放声大哭。左公听到声音是他的学生史可法，就用手把自己的眼睛抻开，目光如炬地看着史可法说："你是什么身份！你是国家栋梁，国家正是危难之际，你怎么可以把自己的生命陷在这么危险的境地！与其让那些乱臣把你害死，不如我现在就活活把你打死！"左公捡起地上的石头就往史可法身上扔。史可法看到老师这么生气，就马上离开监狱（所以爱护孩子，爱护学生，有时候还真的要现怒目金刚相，而此时他那一份存心是念着学生的安危，学生的成就）。后来，左公被害死了。

史可法担任过很多职务，还在边境带兵防守。每个晚上士兵分三批背靠背守夜，但他坚持一夜不休息，士兵建议他应该休息一会儿，结果史可法回答士兵说："假如我去睡觉，国家因为这时陷入危难中，我对不起老师，对不起国家。"史可法念念不忘老师的恩德和教诲，不敢有丝毫的松懈。每一次回故乡，首先到老师家里看望师母及其后代子孙过得是不是很好。

后来清兵入关打到江南时，史可法到江南重镇扬州督师。他把意志消沉的各路将领团结在一起，誓死坚守扬州城。清军统帅多铎五次派人去劝降，都被史可法严词拒绝。多铎恼羞成怒，下令用大炮轰城。在打退了清军的多次进攻后，明军终因敌众我寡，城池失守。史可法誓死与扬州城共存亡，最后壮烈牺牲于乱军之中。后来人们在城外梅花岭上为史可法建了个"衣冠冢"，永世纪念这位民族英雄。

这个故事让我们可以感受到：左公为国家忠心耿耿，不仅能够慧眼识才，还能保护国家的栋梁之材，以及史可法为报答老师的恩德和教诲而壮烈牺牲的壮举，让后人深深地感动，也给我们树立了很好的学习榜样。

谭嗣同临危救父

谭嗣同是清末维新派政治家、思想家，他与维新人士一起倡导的戊戌变法已永远被写在历史的光荣簿上。有一个关于他临危救父的故事，更是被人们广为流传。

1898 年 9 月 21 日，仅仅百余日的戊戌变法宣告失败，光绪帝被囚，清政府开始大肆搜捕维新志士，谭嗣同自然在劫难逃。当时，梁启超等人赶到谭嗣同住处对他说："留得青山在，不怕没柴烧，快跟我们一起到日本去暂避一时吧！"谭嗣同慷慨地说："没有出走的人，就没有办法谋取将来的事；没有牺牲的人，就没有办法报答贤明君主。现在还不能预料康先生的生死，我要像杵臼、西乡那样，为维新变法这个理想而死，报答皇上；您要像程婴、月照那样，为维新变法理想而出走，以图谋将来。各国变法，没有不经过流血就成功的，在中国没听说有因变法而流血牺牲的人，这是国家不富强的原因啊。现在需要流血牺牲，那就从谭嗣同开始吧。"说完，他拉着梁启超的手说："你们快走吧，多多保重，将来变法要靠你们了！"

梁启超等人离京以后，北京城内乌云密布，眼看一场风暴将至。

谭嗣同早已将个人的安危置之度外，但他知道清政府一贯厉行"一人犯法，累及家庭"的株连法，想到自己被杀后将累及年迈的父亲，他心如刀割。

忽然，他心生一计，转身走到书桌前取出信笺，模拟父亲的笔迹写道：复生：

你大逆不道，屡违父训，妄言维新，狂行变法，有悖国法家规，故而断绝父子情缘。倘若予以不信，愿以此信作为凭证，尔后逆子伏法量刑，皆与吾无关。

谭嗣同在伪造了这封家书后，长长地吐了一口气。他将信笺折好放进抽屉，走到窗前，对着窗外暗自说道："父亲，孩儿有难，决不牵累您老人家，我决不会忘记母亲生前的重托。"

原来，谭嗣同十二岁那年，他母亲和姐兄三人均病殁于一场瘟疫。母亲临死前对他说："你父亲脾气倔强，我死后你要好生顺着他，照顾他。"母亲死后不久，谭嗣同也感染瘟疫，一连三日发高烧，父亲到处求医给他治病，日夜在旁守护，终于使他摆脱了死神。

第二天，一队清兵冲进浏阳会馆来抓谭嗣同，还四处搜寻书房里的"罪证"。这时，谭嗣同看到书桌上的那封伪造父亲笔迹的信被清兵搜出交到一名太监手里，不禁暗自高兴：这下父亲有救了。

没有了遗憾，没有了牵挂，谭嗣同在刑场上发出了震撼天地的疾呼："有心杀贼，无力回天，死得其所，快哉快哉！"

谭嗣同英勇就义，谭嗣同的父亲因为这封"家书"而免于治罪。

焦华力辞王姬

焦华，是晋代南安人，父亲为西秦安南将军焦遗。焦华为人谦虚和蔼，十分孝顺父母。一年冬天，焦遗病得很重，想吃新鲜的瓜，可是当时毕竟不是产瓜的季节，所以焦华很为难，整天茶不思饭不想，也休息不好，一心想着满足父亲的愿望。一次，他在梦中隐隐约约听到一个声音："听说你的父亲想吃鲜瓜，我给你送来了。"焦华激动不已。马上下跪，接过鲜瓜。一开心，就笑出了声，于是梦就醒了。可是，奇怪的是，自己的手中竟然真的有一个香气扑鼻的鲜瓜。焦华赶紧拿给父亲享用，父亲刚吃了几口，病就好了。

西秦王乞伏干知道这件事后，提出把自己的女儿许配给焦华。焦华不愿攀龙附凤，婉言谢绝道："娶妻的人是希望夫妻和睦，共同侍奉父母。但是王姬身份尊贵，嫁给我就太委屈了。我家里既没有豪华的家具摆设，也没有丰富美味的佳肴，因此，我没有能力迎娶国王的女儿。"所以，他就没有答应这门亲事。乞伏干并没有生气，反而很赏识焦华的人品，还让他担任尚书民部郎。

徐孝克侍宴取饵

徐孝克，南朝陈东海郯（今山东郯县）人，品行极为孝顺，但是家境贫寒。父亲去世后，他想尽了办法才将父亲埋葬。和老母陈氏相依为命，尽心奉养。战乱期间，百姓生活艰难，他甚至连一碗稀粥都无法供给母亲。无奈中，他只好剃了头做和尚，讨来食物侍奉母亲。陈宣帝很赏识他的为人，任命他为国子祭酒。每当皇帝请宴的时候，徐孝克从不食用任何食物。等到酒席散了，他把美食带回家给母亲享用。宣帝发现后，觉得很奇怪，就去问管斌为什么徐孝克不吃饭。管斌也不知道真相，直接去问徐孝克，才得知原来他把美味佳肴带回家是为了供养老母亲。管斌感动之余如实向宣帝禀告了，宣帝立即下令，以后皇帝在宴请群臣时，先让徐孝克把他母亲爱吃的酒菜挑出来带回家。

司马光保兄如婴

司马光，字君实，北宋陕州夏县（今陕西夏县）人，仁宗宝元年间进士，历任龙图阁大学士、翰林兼侍读学士，后任宰相，被封为温国公。七岁的时候，司马光和小朋友在院子里玩耍，一个小孩不小心掉在了水缸里，眼看就要被淹死了。大家都被吓跑了，可只有小司马光沉着冷静，搬来一块石头将水缸砸破，水流了出来小孩得救了。司马光不但机智，而且特别孝悌，他和哥哥司马伯康兄弟情深。哥哥已快八十岁了，他把哥哥当成父亲奉养，照顾得非常周到，就像照料婴儿一样的细心。吃饭时，总是关心地询问："哥哥，饭菜可口吗？"每年入冬，他都要摸摸哥哥的后背问道："哥哥，衣服是不是穿得有点少了？"

曹娥沉瓜寻父尸

东汉年间，浙江上虞县皂湖乡曹家堡有个名叫曹盱的巫师，他善能"抚节按歌，婆娑迎神"。

汉安二年（公元143年）五月五日，曹盱酒后驾船在舜江之中迎潮而上。他在船上作法之时，因酒性发作，导致动作错乱而失足落水沉江。

曹盱早年丧妻，膝下唯有一女，名叫曹娥，此时才十四岁。曹娥惊闻父亲噩耗，万分悲痛，哭昏倒地。醒来之后，有人教导她说："凡是遇到溺水身亡而难寻尸体者，可用香瓜投于水中，香瓜浮到尸体沉匿的地方就会从那里沉下去。"于是，曹娥提了一篮香瓜，向邻居借了一条船，驾船将香瓜抛入江中，一边对天祈祷，一边哭喊着父亲。她随着香瓜顺流漂浮，一连七天，沿江号哭，昼夜悲声不绝，哭得声音都嘶哑了。最后香瓜终于在一处水面沉了下去，曹娥随着大叫一声"爹爹"，纵身扑入江中。

三天之后，人们发现曹娥父女俩的尸体背靠背的浮出江面，而曹娥虽然已经死了，但她的脸色十分安详。

人们为了纪念这位舍身殉父的孝女，便把舜江改名为曹娥江，并在江边建了曹娥庙和立了曹娥碑，以供当地百姓世代祭祀。

元嘉元年（151 年），上虞县官度尚改葬曹娥于江南道旁，命弟子邯郸淳作诔辞，刻石立碑，并镌联两副，以褒孝烈。（至今尚存）

联曰：

其一：孝女名江，看汐往潮来，百十里叠浪层波，是哭父千行血泪；逸才题赞，想外孙幼妇，几个字虫侵蠹啮，为诔娥万古丰碑。

其二：事父未能，入庙倾城皆末节；悦亲有道，见吾不拜也无妨。

忤逆的恶报

陈廿三是宋朝时代的人，住居在偏僻的山地。他生就一副凶暴刻薄的恶相，又浓又粗的眉毛，眉尾向上竖着，好似一把弯弯的刀；三角形的眼睛，一丝一丝的红筋交织在眼白中，每当无明之火暴发时，眼眶中的红筋更显露得厉害。

最可怜的是陈廿三的父亲，已是将近古稀的风烛残年，平日营养不良，操劳过度，以致到了高年，百病丛生，咳嗽气喘，连年不愈，一口一口地痰涎，终日吐个不停。照道理讲，陈廿三应该耐心的侍候父亲，不要说割肉疗父，最少也应该为父亲好好的延医服药。可是他对父亲的疾病，完全不放在心上，反而说父亲夜间的咳嗽声，打扰了他的睡眠，又说父亲的痰涎使他看了恶心，因此常对父亲厉声呵斥，"老不死"三个字，成了逆子陈廿三的口头禅。俗语说："强妻逆子，无法可治。"陈老头子面对着这样不可理喻的逆子，也只徒唤奈何，常常暗暗流泪。躺在病榻上，越想越伤心，自言自语地说："儿子对我忤逆不孝，我总是活不长的了，可是我真为儿子担忧，他这样忤逆，将来恐怕要受到蛇伤虎咬的恶报。怎么办呢？"陈老头子在病魔及逆子的双重夹攻之下，不久就永别了人间。有一年，陈廿三与同村青年数人，结伴到深山去采柴。漫步在蜿蜒的山路上，忽然草地中游出来一条四脚蛇，对准着他的脚部猛咬一口，一时鲜血淋漓，染红了他的裤子，也染红了地上的青草。他为了躲避毒蛇的缠身，忍着痛苦向前行走，哪知不到几步，树林中风声起处，突然地又跳出来一只斑额吊睛的猛虎，同伴的人看到了老虎，都纷纷拼命逃走，可是陈廿三因为给毒蛇咬伤了脚，没法用力地逃，结果给老虎咬去吃掉。

当他给毒蛇及猛虎包围的一刹那，也已觉悟这是忤逆的恶报，哀哭呼天，可是当恶报临头的时候，呼天无效，懊悔也已来不及了。

忠孝两全的许国佐

许国佐（1605—1646），字钦翼，号班王，旧庵，自署百花堂主，广东省潮州府揭阳县在城（今榕城）人。国佐性格豪爽，天资聪敏，酷爱诗酒，侍奉双亲至孝。

明朝天启七年（1627）省试考中举人。崇祯四年（1631）登进士，选授四川叙州府富顺县县令。

任职期间，许国佐千方百计兴利除弊，广施善政，尊重乡贤，体恤民情，设议局、均税赋、废奴制、严惩横行霸道之土豪劣绅，百姓大为赞颂，也使邻县相互仿效。一时间，轰动巴中、巴西、川南等地区。由此也就得罪了不少祸害地方之权贵，他们便暗中勾结，买通了川军提督洪文峰，巡抚牛兆山，捏造"私调兵马剿山灭寨，草菅地方烧杀无度和撰题反联、欺君罔上"等罪名，将国佐革职查办，囚禁天牢。

后来，幸得朝中诸多知情的忠良和川南百姓极力为国佐申诉辩诬。两年之后，冤案终于澄清昭雪。朝廷便将这位公正廉明、抗暴治县的许国佐调任贵州省遵义县县令。

在此期间，正值朱明王朝阶级矛盾和民族矛盾激化、江山摇摇欲坠之时，关外皇太极和多尔衮统帅15万满、蒙精悍大军再度扑向山海关，试图破关之后攻取北京；李自成等13家农民军蜂起于四川、陕西、河南各省，到处攻城略地；朝内百官又结党营私，明争暗斗，狱中人满为患；崇祯皇帝刚愎自用，处处疑忌，滥杀功臣良将；满朝文武百官人人自危，忠良之士纷纷隐退……

崇祯十年（1637）春，皇帝急召政绩卓著的贤明县令许国佐入京，升任兵部主事，协同刚从狱中释放的兵部尚书傅宗龙统领边军30万，开赴燕山御敌。

初试锋芒，许国佐从战略上倚仗险要地势，利用敌军常胜的娇气，从战术上采取"据险设伏，诱敌人网，施行火攻，分割围歼"的方针。傅尚书依计而行。结果，几经激战，竟用5万边军就大破强敌15万精悍步、骑兵，使敌兵伤亡过半，大败退回了辽东。而后，许久未敢轻举妄动。

燕山大捷，龙心大喜，视许国佐为扶国栋梁，中流砥柱，升职为兵部员外郎，兼督九江饷务。

就在许国佐为国家力挽狂澜之时，突然接到一封家书，告知父亲许有丰身患重病，卧床不起。许国佐顿时放声大哭，哭毕之后他踌躇了：论忠，他必须为国而死；论孝，他必须请假而归。倘若不归而父死则极为不孝；不孝之臣则天下切齿，何以辅助朝政？

苦思了两昼夜，他终于无可奈何地决定：天下事只有由君王自为了。

崇祯皇帝终于恩准这位兵部属官回乡尽孝，并赐予御用灵芝草一对以宽慰他。命其尽孝之后即速回朝辅政。

崇祯十七年（1164）三月十八日，甲申国变，李自成攻陷北京，崇祯皇帝自杀。国佐在家闻讯，即刻昏厥过去，醒来失声痛哭。于是便披麻戴孝，光着脚板率领知县吴煌甲及一众官吏，跪哭于揭阳孔庙。回想多年来匡扶社稷的百般心计竟然随皇上的仙逝而付之东流，不禁眼前一黑吐血倒地。事后，他带头在县衙为崇祯设灵祭奠，闹了 49 天，竟瘦了十多斤。

而后，明室旧臣马士英等拥立福王（弘光皇帝）在南京即位，意图复国，召国佐到南京复职勤王。国佐因父亲病重侍奉汤药而未能赴任。次年，清兵攻破南京，杀害了福王。明室遗臣黄道周、郑芝龙等又拥立唐王（隆武皇帝）在福州即位，诏令许国佐复职兵部侍郎，速到福建辅政。此时，恰逢父亲去世又未能成行，等到许父安葬之后，闽粤到处已经兵荒马乱，道路不通，无法赴任。

清朝顺治三年（1645）六月九日，揭阳县龙尾乡石坑村武生刘公显，因官场失意，便聚众造反。自称"大明镇国大将军领九天都督"，招集江西流民首领曾诠、福建流民帮主马麟等人马，号称"九军十八将"，先后攻占揭阳城外各都乡寨。

次年初秋，九军探得揭阳县令吴煌甲积劳病死，继任县令赵甲谟又失职获罪入狱，许国佐与罗万杰（揭阳人，崇祯十六年退隐之吏部主事、都察院右佥都御史）等人离县未归，城中协守官员不多。便乘机设计智取了揭阳城，捕杀了知县谢嘉宾，都司黄梦选。推官刑之桂等官吏 78 人，只留下许国佐之母余氏老夫人作为人质，谦恭礼待，用车马送往桃山都九军大营，以此胁逼许国佐入伙。此时，许国佐正和罗万杰在潮州府衙与潮惠巡抚程峋等人策划募兵勤王，抵御清兵，护卫福建小朝廷；另一方面对揭阳九军施行剿抚之事，突然闻讯揭阳县城已被九军攻陷，城中官吏士绅均遭九军斩杀，老母亲也被九军扣留为人质……

国佐闻讯，顿时五脏崩裂，昏倒在地。醒来时痛不欲生，立刻辞别众官，飞身上马，快马加鞭，直奔揭阳。

刚到揭阳，只见残垣倒塌，尸骸遍地，烟火未熄，四野成灰……他顾不了许多，只想直闯敌营，以身换回亲娘，若能如愿，虽死无憾；若为救母而被迫屈身事贼则宁死不从。

国佐来到榕江，北河横亘眼前，波涛滚滚。此时正值劫后，途中行人稀少，江面舟楫绝迹。国佐救母心切，挥鞭策马跃下寒冷的江波之中，双手拉紧缰纯，随马泅渡过河。

国佐终于策马冲进桃都山前九军大寨。刘公显得知国佐到来，立刻恭身出迎，厚礼相待，百般劝其归顺，共举反旗，国佐誓死不屈从。

刘公显深知国佐乃辅国贤臣，忠孝驰名江南。若欲召令百粤，非此人莫属，便把国佐囚禁起来，厚礼款待，意图慢慢瓦解他的意志。

后来，揭阳百姓聚众密谋劫狱救出国佐，不料计策被九军密探侦破。

于是刘公显将国佐杀害，国佐被害时年仅42岁。这时，隐居在桑浦山下玉简峰的辜朝荐，闻知国佐被杀的噩耗，顿时悲愤填膺，用剑在峰前石崖之下凿下四个大字：天绝南臣。

一碗肉汤彰显赤子孝心

老一辈无产阶级革命家李先念，早在 1927 年就加入了中国共产党。曾经驰骋沙场的他是小一辈心目中的英雄，大家平时看到的都是他英武的一面，其实他对亲人也有着细腻而深沉的感情。这篇故事中那一碗来之不易的肉汤就承载着他的一片赤子之心。

那是 1931 年 10 月中旬，上级通知，要求县以下各级党员干部带头参加红军，以此来粉碎敌人的"围剿"。为此，湖北省鄂豫边区陂安南县委、县苏维埃政府在庙咀湾召开全县"扩红"大会。那时李先念是陂安南县苏维埃政府第一任主席，他就第一个报名参军。

为了让参军的青年们在出发前能吃顿好饭，新任县委书记郭述申派人买来一头肥猪和一大缸米酒为大家送行。然而马上就要开饭的时候，李先念却被上级派来视察工作的人找去谈事了。难得开荤，李先念却未能赶上同大伙一起就餐，细心的县委书记就特意让人给他留了一碗米酒和一碗肉汤。李先念回来后看到这些也很感动。

那时人们一年也难得沾一回荤腥，一碗普通的肉汤，在当时胜过现在的山珍海味。但是李先念捧着那碗香喷喷的肉汤，却舍不得喝上一口。他想起在家的父母好久都没吃到肉了，就把肉汤留下给父母喝。然而部队就要远行，他又抽不出身，于是托付通信员："你辛苦一趟，给我父母捎个信，就说部队要远行了，我工作忙，不能向他们告别，让他们保重身体，不要为我担忧。另外，把这碗肉汤带去让他们尝一尝。"

李母见到肉汤，知道儿子参加了红军就要远行。她顾不得喝汤，急忙出去为儿子送行，通信员怎么也拦不住。当她气喘吁吁赶到庙咀湾时，李先念已带着队伍出发了。李母站在山坡上，眼望远去的部队，久久不肯离去。从这天起，红军的行踪、战斗的胜败、儿子的安危，无时无刻不牵动着母亲的心。

1932年8月的一天，李先念带领红军打回来了。李母听到这个消息，万分激动，放下手里的活计，带着家里的全部积蓄上路去找儿子。

那时候李先念已是红四方面军第四军第十一师政委，正在与敌作战。正当他率部队与敌人打得难解难分时，通信员跑到李先念跟前说："李政委，你母亲来了！"

李先念回头一看，母亲正在弥漫的硝烟中疾步向他走来。他一着急不禁火冒三丈，厉声吼道："娘，打着你怎么办啊！快下去！"子弹就在他们身边飞过，母亲望着两眼发红的儿子，仍旧不顾一切地凑上去，她轻轻地拍了拍儿子身上的泥土，然后从衣袋中掏出两块银圆，装进儿子的口袋，这就是她千里迢迢为儿子送来的全部家当。

知道儿子军令在身，做母亲的没有多说什么就离开了战场。战斗结束后，李先念也没来得及跟母亲话别，就抓紧时间带领部队转移了。颠簸的途中，李先念发现口袋里有东西叮咚作响，摸出一看，才发现母亲给他的两块银圆。母亲慈爱的样子顿时浮现在他眼前，他不禁潸然泪下。

自古忠孝不能两全，这次战场一别，竟是李先念与母亲的永诀。孝子心，慈母情，全都融入了那一碗肉汤，凝结为这两块银圆，永久流传。

"笑星"是用孝心炼成的

对于牛群来说，1988年是让他刻骨铭心的一年。在这一年的年初与岁末，牛群经历了他生命中的大喜大悲。

凭借相声作品《领导冒号》，牛群第一次登上了中央电视台的春节联欢晚会，演出取得了巨大成功。"领导，冒号"成了当时社会上的流行语言，"牛哥"也成了牛群的代名词，走到哪里，他都会被认出来，无数的观众追着牛群索要签名，并且合影留念。

牛群的"笑星"之路便从这一年的春节开始，出了名的牛群开始在全国各地演出。但就在1988年快要过完的时候，人生的悲痛袭击了牛群。12月13日，牛群在广州演出，就在要登台表演相声的时候，突然获知了母亲去世的消息。噩耗传来，犹如晴天霹雳一般，牛群蒙了，但是他仍然强忍着泪水完成了演出。他说自己不知道是如何将那个相声说完的，但是他记得台下的观众没有乐。母亲临终时，自己不在老人的身边，牛群说这是他一生的遗憾。

牛群兄弟姐妹六个，他最小，排行老六。在他11岁时，父亲就离开了牛群。是母亲辛苦地把自己拉扯大的，牛群与母亲的感情非常深厚。牛群从小就是一个很孝顺的孩子，非常听话。1970年，21岁的牛群参军入伍。刚进部队时，每个月只有8块钱的津贴，即使训练再辛苦，牛群也舍不得多花一分钱，他要把这些钱好好地攒起来。

牛群会将每三个月积攒起来的钱，寄给母亲，一次寄16块。每年给母亲寄四次钱，是牛群刚当兵的那几年怎么也不会忘记的事情。而随着牛群待遇的提高，给母亲寄钱的数额和次数也相应地多了起来。后来每月一领到工资，他就跑到部队邮局给母亲汇款，到1987年的时候，每月寄给母亲的钱数已经上升到35块了。

无论走到哪里，牛群心中总是牵挂着母亲。每次从部队回到家里，牛群都会靠在母亲身边诉说自己在部队里的事儿。要是冬天，牛群就先用身体把被褥焐热，再让母亲入睡。他和母亲同睡一个被窝，牛群会把母亲的双脚放进自己的胳臂弯里，给母亲取暖。1988年，母亲病重，为了不影响到牛群的工作，她让牛群的哥哥姐姐瞒着不告诉他，想牛群的时候，她就用手使劲地抓褥子。牛群回家后，伤心地看到褥子被母亲抓坏了好几个洞。

对于孝道，牛群有自己的理解，世间的儿女怎么报答父母恩情呢？牛群说只要把父母当成孩子养，天下父母都会开心。一次做客山东卫视的节目时，牛群声泪俱下地说："爸妈，来世我还要做你们的儿子"，让在场观众无不为之动容。

留下路标

相传很久以前，在一个偏僻的小山村中，沿袭着一个可怕的习俗：村中的老年人一旦到了不能行走的时候，就得被自己的亲属或村民丢弃到深山密林之中，自生自灭。

村中有个名叫亚醒的穷汉子，自幼丧父，靠母亲含辛茹苦地拉扯他长大成人，娶妻生子。全家虽贫亦乐，母亲那因饱经风霜而布满皱纹的脸上时常挂着笑容。

可是，母亲却有许多奇怪的生活习惯，每日三餐死活都不肯同儿孙们一起吃饭，一定要等到他们全都吃饱之后，才包揽余下的残羹剩菜；几件破旧不堪的衣服穿了十多年，补了又补。就是不肯换件新的。每当儿媳下地干活，她便独自在家照顾孙儿，洗衣煮饭，饲猪养鸡，把里里外外打理得井井有条。有一次，家中丢失了一只母鸡，母亲万分心痛，竟然一连三天不吃饭，用此方式节约粮食，来补偿母鸡的损失和弥补自己的过失。

由于长期营养不良，积劳成疾，母亲未满60岁便百病缠身。终于有一天，两腿突然不听使唤了。亚醒的妻子见时机已到，便催促丈夫按照村俗将婆婆抛弃到山林中。亚醒虽然心有不忍，但也无法违抗严厉的村规和妻子的命令，只得无可奈何地点头同意，对母亲说："娘，数十年来您为儿受尽千辛万苦，从没过上一天好日子。今天儿想背您老人家到外面游玩。"母亲一听也就点头同意。

亚醒背着老母走了10多里路，来到一座莽莽的深山密林，沿着蜿蜒崎岖的山路，走了进去。不知怎的，母亲在儿子的背上在沿途不时地折断路旁的树枝。亚醒猜透母亲的用意——为事后设法回家时留下路标。为了彻底使母亲迷失回家的方向，亚醒故意四处兜圈子，一直走到天黑，累得气喘吁吁，来到山林深处的一棵大树下才把母亲放下来。

这时，夜幕已笼罩山林，四周一片黑暗，树木闪现出怪影，夜莺不时发出一声悠长凄厉的啼叫，给原本可怕的气氛平添了几分恐怖。亚醒不禁打了一个寒战，怯生生地对母亲说："娘，您口渴了，待孩儿去为您找水来喝吧。"母亲一听，却平静地回答说："儿，不必了。天色已晚，你赶快回家，妻儿们正在苦苦等着你，娘只希望你今后要好好地把孙儿养育成人。"亚醒闻言，心头不由阵阵酸楚，正待转身，母亲又把他叫住，将一盒火柴和一把镰刀塞到他的手中，继续对他说："儿，为娘几十年来在这一带砍柴割草，无数次进进出出，路径总比你熟。此时山深林密，天黑路险，说不定还有毒蛇猛兽出没，你孤身一人是很难走出去的。快用这火柴点起火把照明，握紧镰刀防身，沿着刚才被我折断的路旁小树，平安回家……"听到这里，亚醒顿时犹如五雷轰顶，万箭穿心，两腿不由得一软，扑通一声跪倒在老娘跟前，大哭说："娘，儿真没良心，真对不起您啊！我要背您回去，不管内外有多大的压力和阻力，今后一定要好好地侍奉您老人家终生。"

赵妇孝心退火

孝心的力量，有时非同寻常，远远超出一般人的想象。听了下面这个故事，你就明白了。

传说元朝的时候，有一位姓赵的媳妇，是应城地方人。她为人忠厚老实，勤劳朴实，特别孝顺，在侍奉长辈上特别用心，真是百里挑一的好媳妇。

赵妇的家里十分穷苦，她的丈夫去世得又很早，只留下她一个人，上要奉养婆婆，下要抚育孩子，生活真是难上加难。为了支撑这个家，赵妇就去给别人家做工，辛辛苦苦赚钱，用来养活婆婆和孩子们，从不花在自己身上。

赵妇手脚勤快，又很诚实，从不偷懒，所以大家都喜欢雇她。她每到一家帮工，都深得主人家的喜欢。大家看到她做事踏实肯干，有什么需要帮忙的，也很愿意雇她来。虽然帮工很辛苦，而且赚来的钱也不多，但赵妇都尽力让婆婆能吃得好一点，当然，她的家境实在是太贫苦了，想要给婆婆吃得好，她是心有余而力不足。

赵妇出去做工，主人家哪怕给她一点好吃的东西，她都非常感激，恭恭敬敬地将食物接过来，小心翼翼地包好、放妥，到帮工完后，再带回家给婆婆，而她自己从来就没吃一口。若是遇上什么节日，人们同情她，便会送给她一些食物，有时还是味道不错的糕点，哪怕只有一小块糕点、几个包子、喜饼，赵妇都虔诚地感谢人家。当然，她不舍得吃上一点，而是将它们细心收好，带回家奉养给婆婆。

赵妇孝顺婆婆，婆婆也心疼媳妇。每当赵妇将这些食物送到婆婆面前，给婆婆吃时，婆婆也总要说："你也吃一点吧！"赵妇便会骗婆婆说："我做工时吃了很多了，吃不动了。"或者说："它的味道不合我的口味，您吃吧！"婆婆当然也不愿意一个人吃，就要分一点给孩子吃，赵妇又说孩子已经吃了，或是预先将孩子们支开。因为，她所得的食物实在太少了，如果再分些出来，婆婆只能算是尝尝味道而已。她自己虽然又累又饿，也仅是吃一点粗劣的饭菜来填饱一下肚子。

婆婆随着年岁的增大，身体越来越衰弱，疾病越来越多，一个紧迫地问题摆在了面前：万一婆婆有个三长两短，何来钱去买棺木呢？家里连吃饱都成问题，根本没有钱去给婆婆办置棺木。婆婆没有棺木，一定会死不瞑目，做媳妇的，又有什么面目见人呢？面对这窘困的境地，赵妇根本想不出什么办法，最后，只得忍痛将第二个孩子卖掉，用这钱来为婆婆购置棺木。

哪个孩子不是娘的心头肉呢？赵妇迫不得已卖掉了孩子，内心难过得吃不下饭，睡不好觉。但为了不让婆婆担心，她强打精神，装作满不在乎的样子来，等为婆婆购置好棺木后，便将棺木摆放在家中。

有一天，南边邻居家突然不小心着了火，又遇到风很大，火越烧越旺，越烧越猛，顺着风势，扑向赵妇的家，赵妇见到火势猛烈，连忙搀扶着婆婆逃了出来，将婆婆安顿好。然后赵妇又赶快冲进屋里，想要乘着大火烧来前，把棺木移出去。可是，棺木实在是太重了，赵妇使尽了全身的力气，棺木纹丝不动。眼看着火势越来越猛，马上就要烧到赵家了，棺木也将付之一炬。这时，赵妇心急如焚，却又无可奈何，不由得放声大哭起来，说："可怜我卖去了儿子，才买来这口棺木啊，哪一位好心的人来帮我抬出去啊！"

赵妇这话还没说完，一件奇异的事发生了。天上的风忽然转了方向，火也转向其他地方了。赵家竟然因此避免了一场浩劫，不仅棺木得以保存，财产也安然无恙。人们看到赵家遇难呈祥，不禁啧啧称奇！都说是赵妇的孝心感动了天地，连火也被感动了，不愿意伤害她。

广扬名章第十四[1]

【题解】

此章论述行孝与扬名后世的关系，详述扬名后世的方法。

【原文】

子曰："君子之事亲孝，故意可移于君；事兄悌，故顺可移于长；居家理，故治可移于官。是以行成于内，而名立于后世矣。"

【注释】

①广扬名章：首章虽然言及"扬名"，但未阐发其义，此章将要阐发其义。故以"广扬名"为名。

新二十四孝图（四）

【译文】

孔子说："君子如果能够以孝事奉双亲，那么，把这种孝移过来事奉国君就是忠；君子如果能够以悌道事奉兄长，那么，把这种悌道移过来事奉官长就是顺从；君子如果能够把家庭治理得好，那么，把这种治家之道移过来也可以治理好官府。所以，具备了以上三种美德，美名也就流传到后世了。"

【解析】

孝敬父母原本是家庭里的道德修养，扩大到社会上就成为忠。为了捍卫国家而战死沙场，称为"忠孝两全"。一方面不使父母遭受羞辱，做到了"弗辱"；另一方面使父母获得家教良好的美誉，则做到了"尊亲"。

但是，《论语·子路篇》记载："父为子隐，子为父隐，直在其中矣！"父亲偷羊，儿子不应该出面指证，反而应该为父亲隐瞒，才算是正直的人。因为揭发父亲的恶行，既有违于"弗辱"，更不利于"尊亲"。所以，在某些特殊情况下，忠孝难以两全。这时候的取舍标准，我们也经常挂在嘴巴上，那就是"大义灭亲"。父母倘若是汉奸，做出危害国家民族的恶行，子女无论如何都必须"移孝作忠"。因为往大处看、往长远想，阻止父母出卖国家民族，毕竟还是孝敬父母的表现。

虽然这样一来，势必导致全家坠入悲惨的深渊，却有助于国家民族的生存，当然应该有这么大的勇气和这样强的毅力来"舍孝取忠"。至于父亲偷了人家的羊，自然有人告到法院，依据证言及证物而获得公正的判决。子女若是出面指证，实在不近人情。在这种特殊情况下，"舍忠取孝"应该是比较妥当的做法。

顺的本意，是"顺天应人"。凡事以自然为师、向自然学习，拿自然作为判断的标准，便是"顺天"。拿顺天理对待兄姊的精神，推广到自己的上司，即为"应人"。用孝亲来修身，以齐家的心态来治国，所以历来都"求忠臣于孝子之门"。不过这个"家"，并不是现代盛行的小家庭，而是三代同堂以上的大家族。以大家族的治理经验来治国，自然得心应手，也是一种"移孝作忠"的表现。

移孝作忠的第一守则，应该是"己所不欲，勿施于人"。人性相近，所以欲与不欲虽然不可能一致，却也大致相同。不幸现代人喜欢作怪，又把它改成"己所欲，施于人"，再通俗化成为"好东西要与好朋友分享"，实在已经偏离了孔子的原本用意，害己又害人，必须慎重分辨。己所欲，别人未必欲，所以以"己所欲"来"施于人"，实际上风险性很高，并不值得鼓励。己所不欲，我们只是不施于人，如果别人也有同样的欲求，照样可以供应，并未加以限制。其风险性相对减低很多，当然值得推广。

畏圣人之言，也是孝道的发扬。最好不要轻易改变流传这么久、经得起这么久远时间考验的哲理。何必凭一时、一己之所见，便要贸然加以更改呢？我们应该做的，是把历来的解释做一番正本清源的厘清，务求真相大白才好。

【生活智慧】

1. 孝敬父母的最终目的，在扬名后世、以显父母。人类最大的希望，莫过于"永生"。西方人透过宗教，经由"活在上帝心中"而获得永生。炎黄子孙知道，"活在他人心中"可保永生。立功、立言、立德三不朽，目标都是活在他人心中，称为扬名后世。生前的寿命有限，死后的时间反而非常漫长。我们不争一时而争千秋，所以对死后的影响十分重视。自己的扬名，不为自己而是为了父母。只有抱持这样的动机，才能长远而坚定地走在正道上而不歪邪。

2. 要立功、立言、立德，必须将孝敬父母的精神向外扩展。使长者、上司、同仁、朋友，甚至于没有直接关系的人都能够有所感应。只要他们心目当中有我们的存在，我们就虽死犹生、精神永存了。现世的辛苦、劳累和艰难的时间并不长，忍耐一些、委屈一下，转眼就成为过去。死后的扬名，才是我们生前所有努力的成果，不可不预先做好规划和奠定良好的基础。因为生前有身体、有手足可以做事，而死后入土便毫无作为了。

3. 扬名有两种：一为美名，一为臭名。美名值得留传，遗臭万年则万万不可，以免连带把父母的名声也败坏了。要留美名，必须生前尽孝，所作所为都合乎孝道的需求。更进一步，还要抱持"为所当为"的心态，不在乎别人怎样评价或有何看法。因为日久知人心，要经得起时间的考验。而且公道自在人心，即使有少数人不认同，相信多数人还是很明白的。尽人事听天命，不求扬名，只问自己有没有由内到外，持续增进自己的孝道。

4. "能否扬名，扬的是什么名"，并非自己所能够控制。我们把它视同天命，交由上天来决定。我们所能够掌握的，不过是"我欲仁，斯仁至矣"。要不要从仁之本的孝道做起，一步一步向外扩展并向上提升，自己当然可以决定。人生苦短，这种正事必须安排在最为优先的次序。

【建议】

人与人之间的互相信任，是为人处世的基础。有了彼此互信的基础，才有可能说实话、做实事，而不浪费可贵的生命。中华民族只有信任危机，并没有信仰危机。因为行孝扬名之立功、立言都不能离开立德，这应该是我们早已建立的共同信仰。就算一时忘记或有所疏失，也很快就会恢复。现在，我们明白孝道可以扩大成为互信的基础，更应该从今天开始加强信心、克尽所为，把仍有缺憾的孝道修补、改善。不必后悔也无须苦恼，更不能找理由搪塞。行孝、行孝，即使父母已经仙逝，仍能告慰在天之灵。

【名篇仿作】

《女孝经》广扬名章第十四

【原文】

大家曰："女子之事父母也孝，故忠可移于舅姑。事姊妹也义，故顺可移于娣姒。居家理，故理可闻于六亲。是以行成于内，而名立于后世矣。"

【译文】

曹大姑说："女子未出嫁时，在家里以孝来侍奉自己的亲生父母亲，出嫁之后，可以将这种孝心转移到公公婆婆身上。在未出嫁的时候，以仁爱之心对待自己的亲生姐妹，出嫁之后，可以将这种仁爱之心转移到妯娌身上。在家里管理家务，让好的声名传播于亲属之间。在家里拥有了良好的德行，将来就会使自己的名声流传到后世。"

《忠经》辨忠章十四

【原文】

大哉？忠之为道也，施之于迩，则可以保家邦，施之于远，则可以极天地。故明王为国，必先辨忠。君子之言，忠而不佞；小人之言，佞而似忠，而非闻之者，鲜不惑矣。忠而能仁，则国德彰；忠而能智，则国政举；忠而能勇，则国难清，故虽有其能，必日忠而成也。仁而不忠，则私其恩；智而不忠，则文其诈；勇而不忠，则易其乱，是虽有其能，以不忠而败也。此三者，不可不辨也，《书》云："旌别淑忒，其是谓乎。"

【译文】

为忠之道的意义远大吗？就小处来说，可以保家卫国，就大处来讲，可以穷极天地。所以，作为明君在治理国家的时候，首先就得辨别臣下是否是忠臣。君子的言行，是忠诚而不是欺诈；小人的言行，欺诈却装扮成忠诚，这样的事情不是没有听说过，但是，很少有君王不被迷惑的。忠心且能够仁爱，那么，道德就会表现出来；忠心并充满了智慧，那么执政就能够取得成功；忠心且又勇敢，国难就能够铲除，臣下虽然有能力，首先必须得是忠臣，然后才能够有成就。虽然有仁爱之心，但是不忠诚，这样的臣子就会有私心；虽然有智慧，但是不忠诚，这样的臣子就会好欺诈；虽然勇敢但是不忠诚，这样的臣子就容易作乱，即使这些臣子有能力，因为没有忠心也会造成国家统治的失败。这三个方面，作为君王不能够不明辨啊，《尚书·周书·毕命》中说："表彰贤淑的，批评奸诈的，就是说的这些。"

【故事】

道纪法师孝母

南北朝时的齐国，有一位很有修行的高僧——道纪法师。他常常在邻城东边讲经，来去之时都扛着一个扁担，扁担上有两个担子，一个担子里坐着他的母亲，一个担子则摆满了佛经佛像。日常生活中，不论穿衣、吃饭、大小方便，都是由道纪法师亲自为母亲料理，如果有人要来帮忙，他一定会拒绝，并且说："这是我的母亲，不是你的母亲！你应对你的母亲也这样做！"道纪法师时常告诫人说："自己的母亲一定要亲自供养，供养母亲的福德与供养登地菩萨的功德一样大。"很多人被道纪法师的行为感动，纷纷效法他的孝心孝行。

为什么说对待父母好，功德就那么大呢？因为他们是我们最大最大的恩人，天底下最愿意、最心甘情愿付出的只有父母，可怜天下父母心。一个人如果对父母亲能够念得起这份恩德，是很不可思议的，业障就会慢慢地消除。

念父母恩，要体会父母对我们的好，也要懂得回馈。同时也要懂得感激他人和为他人着想，这份能够感激他人，为他人着想的心，必须从感念父母的恩德开始。

鲁迅长伴寡母

鲁迅的母亲是一个经历了许多苦难的女性。她三十一岁的时候，唯一的爱女瑞姑病亡，这一打击使她久久不能忘怀；三十九岁时，丈夫亡故。从此，鲁迅的母亲陷入了精神的悲伤和生活的困苦之中，自己一个人带着孩子艰难地生存。社会的黑暗，家境的败落，让鲁迅从小就饱尝了世态炎凉。由于鲁迅是家中的长子，所以在他还是少年时就要分担母亲生活的重担。鲁迅曾经这么对人说："阿娘是苦过来的！"因此，鲁迅一生对自己的母亲都是极为恭敬、孝顺的。

鲁迅一生刚正不阿，从来都是口心如一，不会去曲意逢迎别人的观点，更不会违心地屈从别人。唯有在家庭中，他对母亲妥协过。鲁迅二十多岁的时候，母亲做主给他定了亲，并把他从日本召回来，逼他结婚。鲁迅对这桩包办的婚姻极为不满，但是又不愿刺痛母亲屡遭创伤的心，只好屈从了。鲁迅曾说："当时正处在革命年代，以为自己死无定期，母亲愿意有个人陪伴，也就随她了。"

鲁迅从日本回国不久，便应教育总长蔡元培邀请，任教育部部员，后又随教育部从南京迁往北京。按鲁迅故乡绍兴祝寿习俗，以阴历虚岁生日做寿，1916 年阴历十二月十九日，是鲁迅母亲六十大寿，鲁迅先寄回六十元钱，给母亲过生日，在生日将临时，又特意从北京赶回绍兴，为母亲祝寿。鲁迅的母亲从小爱看社戏、爱听平湖调，为了庆祝母亲生日，让母亲愉快，鲁迅特邀请平湖调演员来家里演唱。这一天，全家热闹非凡，也是鲁迅母亲最欣慰的一天。1918 年，鲁迅在西城八道湾 11 号购置了一套住房，购房当年，鲁迅就亲自返回绍兴，把母亲和全部家属接到了北京。

到北京后，母亲开始过上了安逸幸福的生活。每当母亲生病时，都由鲁迅亲自陪同到医院诊疗，或是由鲁迅请医生来家里医治。鲁迅在北京工作期间，除在教育部任职外，还在北大、女师大等几所大专院校兼课，平时还要写作，但他仍尽力抽出时间来，陪同母亲到香山、碧云寺、钓鱼台等地游览。1923 年 8 月 2 日，鲁迅迁入砖塔胡同 61 号暂住，母亲还住在八道湾，但在砖塔胡同鲁迅仍给母亲留出一间东屋，供母亲来时居住。第二年，鲁迅迁入新购置的阜成门内宫门口西三条 21 号住宅，人住不到半个月，就把母亲接来同吃同住。鲁迅把最好的东屋给母亲住，自己则住在客厅外接出的一个小棚子里。鲁迅每天出门前，都要到母亲房里说一声："姆娘，我出去哉！"每次回家，也必到母亲房里说一声："姆娘，我回来哉！"然后问问母亲有什么事。每月发了工资，鲁迅都要买回各种点心，总是先送到母亲房里。

离开北京后，鲁迅和母亲开始通信，到鲁迅逝世时，六年多的时间里共给母亲写了一百一十六封书信。鲁迅不仅在家书里向母亲报平安，免得母亲挂念，还经常把近照寄给母亲。

1929年和1932年，母亲两次生病，鲁迅两次赴京探望。到北京后，亲自请医，亲自取药，等到母亲病愈了才回上海。母亲爱吃火腿，鲁迅在上海时，经常寄火腿给母亲。

出于孝心，鲁迅对母亲隐瞒了自己的病情。他说："肺病是不会断根的病，痊愈也不能的，但四十岁以上的人，却无生命危险，况且一发即医，不要紧的，请放心为要。"1936年10月19日，距鲁迅给母亲的信仅一个多月，鲁迅就在上海病逝了。母亲听到这消息，悲痛得哭不出声来，直到七天后才大哭一场。母亲含着泪说道："老大是我最心爱的儿子，他竟死在我的前头，怎么能不伤心呢？论年龄，他今年已经五十六岁了，也不算短寿了。只怪自己活得太长，如果我早死几年，死在他的前头，现在就什么事情也不知道了。"

除了物质生活以外，鲁迅在精神方面也对母亲体贴入微，关怀备至。母亲爱读言情小说，鲁迅多次在上海的世界书局、北新书店购买张恨水、程瞻庐的小说寄给母亲看。

这就是鲁迅，拥有高尚道德品质的一代文豪。

遇逆媳黑旗示警

安徽西乡有一程姓商人，娶了城里的名门女子庄氏为妻。庄氏一过门就轻视翁姑，而且经常评论翁姑的是非，她对夫家父母之不孝，由此可知。有一天她在窗前梳洗，忽然在镜中看见自己肩上插了一枝小黑旗，大惊失色。邻家一老妇刚好到访，看见庄氏惊惶失措，便问是怎么一回事。庄氏照实告知。

老妇说："这是个不吉祥的兆头。我听说在某乡也曾有一妇人看见肩上有旗，不久就被雷击而死。后来听说这妇人是因不孝翁姑而受此报。可是你刚入门不久，一定没有忤逆翁姑的罪，不明白为什么也会发现黑旗。"

庄氏听后更惊。她自知有罪，立即告诉家姑，求家姑代向神明祈祷，愿意痛改前非。家姑亦庆喜媳妇能自知改过，于是设案炷香，与媳妇一起对着天跪求。庄氏从此孝顺翁姑，不敢有丝毫怠慢。从此黑旗便不见了，一家人都相安无事。

石建亲涤衣厕

石奋，西汉山西人，历任高祖、文帝、景帝。他的四个儿子石建、石甲、石乙、石庆，都官至二千石。

石奋一家家教很严格，都以孝著称，对长辈都是孝顺恭敬。石奋和四个儿子都是二千石以上的官员，因此人们就称石奋为"万石君"。石奋经常告诫儿子为人要谨慎言谈，要重视礼法，并能身体力行。

时值窦太后推崇黄老学说，认为石奋的不善言语、亲身躬行，正好能够对儒生的注重理论和外表言论产生打击效果，于是非常重视他。窦太后便任命石奋的大儿子石建为郎中令，小儿子石庆为内史。

多年之后，大儿子石建虽然年事已高，头发花白，但仍然不忘孝顺父亲。他每过五天就离开朝廷回家探望一次，并在拜见完亲人之后，默默地亲自为父亲石奋洗换下的内衣，还为父亲冲洗厕所。他怕父亲知道了会认为自己这么做会影响工作，于是就千叮咛万嘱咐仆人千万不要让父亲知道实情。

杨津扶持老兄

杨播，字延庆，北魏华阴（今山西华阴县）人。他为人忠厚、谦虚、恭顺，非常懂得教育孩子的方法。两个儿子杨椿和杨津感情深厚，相互敬重。每天清晨，他们起床后都相对而坐，用心学习知识，互不打扰对方。吃饭的时候，只要有好吃的饭菜，就一定会等到两人到齐后，才一块吃。晚上就寝时，用一个帐子在中间隔开，兄弟俩一边睡一个。有时候，他们就隔着帐子谈心。长大之后，虽然都成了家，却仍然来往甚密。杨椿老了之后，有一次喝醉酒无法回家，杨津亲自搀扶哥哥回家，还怕哥哥睡醒要召唤人伺候，虽然躺在哥哥身边却不敢入睡。他们六十多岁的时候都做了大官，可杨津丝毫没有凭借自己的官位自居，反而更加关心哥哥，每天早上和晚上都要亲自过问哥哥的情况。当哥哥去郊游、很晚还不回家的时候，他是绝对不会先端起碗吃饭的。

浙东第一大孝

被称为"浙东第一大孝"的，是宋代的杨文修。杨文修，字中理，人尊称佛子，大部乡（今枫桥）全堂村人。他自幼好学笃孝，六岁时，能口述江革行佣供母等孝子的故事，会背诵"慈乌失其母，哑哑吐哀音"的诗句。在这种浓厚的"孝文化"的熏陶下，杨文修自然把孝行摆在了自己为人处世的第一条。

杨文修的母亲体弱多病。由于父亲忙于农事，因而料理家务、服侍母亲的担子，几乎都压在年幼的杨文修身上。杨文修下了私塾，回到家的第一件事，就是照顾病中的母亲。他十岁那年，母亲的身体更加衰弱，寸步难移，杨文修二话不说，与心爱的书本告别，一心一意地照料母亲，承担全部家事。每天把母亲安排好，就是再累，杨文修也总是要挤出时间，攻读经史子集等经典著作。十六岁那年，一年一度的秋考将要来临，父亲叫杨文修应试，一心指望他能够考中，也好弄个一官半职，光宗耀祖。这也是他本人的强烈愿望。但是，为了服侍母亲，他决意不去参加考试。父亲发怒了，责备儿子不思上进。杨文修哀求道："母亲病在床上，儿子怎可撒手不管，去谋求功名利禄呢？"父亲被杨文修的孝心感动了，便让他留在家中伺候母亲。

为医治母亲的病，杨文修经常奔波在医家与药铺之间。一个阴雨蒙蒙的下午，他撮药回家，看见一个道士模样的人淋在雨中赶路。杨文修赶忙走过去，招呼他到自己的伞下同行，还跟他谈起母亲的病情。道士见杨文修很诚实，就向他传授了一个叫"神仙粥"的秘方，神乎其神地说："亲子斋戒一日，割股肉半两，取糯米二两，用文火熬粥一碗，分三天服完，令堂之病即愈。"杨文修大喜。

第二天傍晚，杨文修走进书房，紧握利刃，照着屁股就是一刀，咬钉嚼铁地割下一块碗口大的肉。顿时，血流如注，他的双腿发抖，一个趔趄痛倒在地上。大约半个时辰之后，他支撑着爬起来，忍着钻心的疼痛熬好粥，端给母亲服用。

三天过去，粥服完了，可是母亲的病却没有一点好转的迹象。又是三天过去了，母亲的病反而有加重的趋势，杨文修这才醒悟过来，原来道士的秘方纯属妖讹谎诈之说。从此以后，杨文修决心学好医术，为母亲治病，还要为千千万万人的母亲治病。两个月后，杨文修的伤口愈合了，便买来一大批医药著作，诸如《诸病源候论》《四海类聚方》等4000余卷，准备好好攻读一下。还没有等他学好医术，母亲就撒手人世了，举家哀恸。母亲的坟墓准备建在附近桐冈山（在全堂村东侧）上。杨文修决心亲自捧土筑坟。他日夜在山上劳作，躬着腰，用一抔一抔的黄土堆筑坟墓。让人意想不到的事发生了。每天，都有一大群乌鸦飞来，啄土堆坟。乡亲们看见了，都十分惊奇，说杨文修的孝心感动了上苍。十多天之后，一座坟墓居然出现在竹木丛中。坟墓修好之后，杨文修就在坟墓右侧，建了三间草庐。以后，他住在草庐，一面守孝，一面攻读医书、钻研医术，为乡亲除病，慰藉母亲的在天之灵。

杨文修的孝德传遍诸暨大地，知县要把他的事迹上报知府，请求官府表彰他。他婉言谢绝，说："侍奉父母是天经地义的事，为此，我连自己的身体也不顾了。连身体都不顾的人，还图什么名利吗？"杨文修的高风亮节，让知县佩服得五体投地。

公元1182年，浙江发生饥荒，朱熹奉命以常平盐事使的职位视察浙东，莅临诸暨。他听闻了杨文修的孝德，便邀约杨文修在义安精舍（今枫桥镇中所在地）谈谈。朱熹是当世非常有名的一代宗师，又比文修年长九岁，所以一见面，便以长者的身份，慢条斯理地夸奖杨文修说："我记得《孔子家语》上，有几句孔子褒奖子路的话，是：'由啊，你侍奉父母，可以说是生时尽力，死后尽心哪！'这几句话，用来褒奖你佛子，你也是当之无愧的啊！你可称得上'浙东第一大孝'了！"杨文修连忙拜谢，跪在地上，说道："宗师过奖了，晚辈岂可与贤人相提并论，获此殊荣呢！"这一天，朱熹和杨文修娓娓而谈，谈孝道，谈医术，谈理学，也谈天文地理，一直谈到傍晚时分。两人都有相见恨晚的感觉。

杨文修清心寡欲，注重修身养性，积善好德，享年九十九岁才谢世。

伯俞盼重打

一个人挨别人打，总是希望被轻打，而汉代的韩伯俞，却希望受到重打。

韩伯俞是河南人，生性非常孝顺。他的母亲对他管教很严厉，韩伯俞偶尔犯了小小的过失，他的母亲总是要用拐杖严厉地责打他，韩伯俞也总是跪而受杖。母亲责打得再重，他也没有怨气，而是为自己惹母亲生气感到难过。有一次，他的母亲又举着拐杖打伯俞。打完之后，伯俞突然伤心得大哭起来，他的母亲觉得很奇怪，问他说："从前我打你的时候，即使打得再用力，你都没有流过眼泪，今天怎么就哭起来了呢？"伯俞回答说："从前儿子有了过失，母亲打我的时候我总是觉得很痛，我就知道母亲这么有力气，说明身体一定很健康。但母亲今天打我，我却不觉得痛，我就知道母亲的体力已经衰退，恐怕母亲的身体不如以前了。我特别恐惧呀，这怎么能叫我不悲伤呢？我多么盼望母亲还能像以前一样，重重地打我啊！"母亲听了，扔下拐杖，一把抱住了韩伯俞。母子二人相拥而泣。

马钧孝母改织机

马钧，字德衡，三国时期魏国扶风人，即今天的陕西凤县，是"丝绸之路"经过的地方。

因为马钧家境贫寒，无钱供他读书，同时他还有口吃，不善与人交流。但是他心思细密，善于思考，就在劳动中学会了各种手艺和制作，比如修理农具、家具等。

马钩对母亲非常孝顺。他的母亲是织绫的。母亲织绫用的织机，十分笨重，不仅费时费力，而且效率低下。当时60综织机上的经线分成60综，由于每一综都一个小踏板控制，60综就用60个踏板操纵，因此每织一根纬线，都要踏60块踏板。

马钧见母亲每天都使用这样笨重的织机，整天疲惫不堪，自己又帮不上忙，心里感到很难过。他心下暗想："自己整天修这修那，忙来忙去，为什么没想过改进织机，以此来减少母亲的负担呢？"马钧心里有了打算，开始改进机器，但是总是没有好的想法。

一天，马钧想得头疼，就外出散步分散下注意力。他在村外看见一个小男孩正在摘核桃，他把一根绳子系在核桃树上，只轻轻一拉，核桃便噼里啪啦地往下掉。马钧觉得这真是个好办法。这时，他突然联想到织机的工作原理，不觉计上心头，喜上眉梢，转身就往家跑。进屋之后，马上奔到织机旁，研究来研究去，目光最终落到了踏板上。"对，这里才是关键啊！"于是马钧量尺寸、试样子，找出工具锛、刨、斧、锯，开始着手制作，终于改成20块踏板可以控制的织机。安装好之后，他坐上织机试验，只要踏下一块板，经线就能提起10综来。马钧一看效果不错，欣喜若狂。母亲见马钧这么高兴，也是喜滋滋地对他说："你为了帮助我，不辞辛苦，对织机进行改造，真是个孝顺的好孩子啊！"

虽说马钧做出了一些成绩很高兴，但他仍不满意，毕竟这种织机还有待改进。他想："既然能够把60块踏板降到20块，为什么不想法设法再减少一些呢？这样不是更加简单有效吗？"于是，他仍旧是埋头研究个不停，母亲见此情景十分感动，亲自提灯为他照明。终于，马钧将踏板减少到了12块。

当马钧的母亲坐上改良后的织机，织绫又快又好，十分高兴！

很快，马钧研究的织机便推广开来。马钧为母亲研究织机的事情，自然也广为人知。

当时魏明帝听说此事，专程征召马钧进京做官。可马钧兴趣寡然，他总是利用闲暇时间致力于机械的改造，最终成为三国时代最杰出的机械发明专家之一。

母贤子孝

从前，慈城有个品学兼优、知书达理的女子，名叫三娘。她从小十分孝顺父母，敬爱兄嫂，对待亲戚邻居更是仁慈友善，里里外外都十分敬佩她，称赞她是个"贤孝女"。

因为三娘的贤德淑慧远近闻名，因此未满 15 岁，四方慕名而托媒前来求亲的人家几乎把门槛给踏塌了，三娘却一一婉言相拒。直到 18 岁，她才出人意料地嫁给一个丧偶的秀才，名叫薛广。人们对此百思不解，可是三娘却自有主张。

原来，薛广是个出名的孝子和仁人君子，为人忠厚诚实，乐善好施，既有满腹经纶，又有菩萨心肠。只可惜父母早丧，妻子年纪轻轻又不幸病故，家中遗下一个 3 岁独子，名叫倚哥。为照顾儿子，薛广便大胆托媒试着向三娘家提亲，焉知三娘全家即满口应纳。原因是，一来敬重薛广的人品；二来怜悯其家境，除此别无他图。

三娘嫁到薛家，里里外外都打理得井井有条，对丈夫关怀备至；待儿子更是疼爱有加，胜如己出。因此夫妻相敬如宾，感情甚笃，一家三口温馨和谐，四邻和睦，其乐无比。

谁料半年之后，薛广上京赴试，不幸半途身染风寒，一病不起，竟然客死他乡。当书童赶回慈城报丧时，犹如晴天霹雳，三娘顿觉天旋地转，悲痛欲绝，哭昏倒地。

三娘被邻居救醒后，书童含泪对她说："家主临终之时，再三拜托主娘一定要管教好倚哥，把他养育成才。"

三娘强忍失夫之痛，咬紧牙关把三间房屋卖掉，把所得的小部分款项周济年迈贫穷的双亲，大部分则留存起来，作为倚哥长大读书的费用，自己则搬到村边搭起了一间茅屋居住，又当爹又当娘，起早摸黑拼命干活，决不改嫁，并发誓把倚哥养育成人。倚哥虽小，却十分懂事，对母亲百依百顺，不管母亲做什么，他都紧跟在她身边学着，帮着。

转眼过了3年，三娘不管学费昂贵，把倚哥送到城里一个师资最好的学馆读书，自己却经常咽糠吃菜度日。小倚哥深知母亲为了他的前程而含辛茹苦，节衣缩食，因而读书十分刻苦用功，各科成绩都在全馆名列前茅，深获先生的赏识。倚哥每次放学回家，三娘再累，也要认真检查儿子的学习成绩。倚哥夜读，三娘始终都要陪伴在儿子身边，加以辅导指点，由此，倚哥学业突飞猛进。

一个周末的午后，倚哥在回家的路上，捡到一个钱袋，高高兴兴地跑回家中，一进门便大声喊着："娘，您看这是什么？今后咱俩再也不用吃那么差，穿那么破了。"三娘闻言接过布袋，打开一看，里面全是许多碎银子和铜钱，马上对着倚哥严肃地说："儿呀，您看这个钱袋这么破旧，肯定失主是位穷人。他把这袋子扎得这么紧，一定非常需要这些钱。自古道：壮士不饮盗泉之水……"

倚哥一听，顿时笑容全消，沉思片刻之后说："娘，我知道该怎么做了。"说完，原封不动地拿起钱袋，一溜烟跑出了家门。

倚哥回到原来拾到钱袋的地方，等待失主前来认领。一直等到太阳落山，才见到一个须发苍白的老人神情十分慌张，低着头一路而来，好像寻找什么。倚哥赶忙上前向老人问明缘由之后，把钱袋还给他。老人即时感动得热泪盈眶，胡子抖动，向倚哥千恩万谢地说："好小哥，这钱是我两天来东挪西借为我老伴急治重病的救命钱啊！"

十多年后，倚哥考中了进士，被朝廷派往地方当税官。上任的第三天，刚好是娘亲的 40 寿辰，可谓是双喜临门，许多亲友都备办礼物前来庆贺，齐声称赞倚哥。然而，倚哥却只是笑笑而已。三娘则连声感谢诸亲友历来对她母子的关怀和支持，把那些贵重的礼品全数退还亲友后，吩咐家人备办些简单的饭菜招待客人。

倚哥以前有个同学，后来弃文随父经商，那天也特地赶来庆贺。主宾经过寒暄之后，倚哥接过同学的礼品——两个特大的面制品寿桃，觉得分量格外沉重，便吩咐家人当众切开请客。同学见状急忙连连摆手，示意不可。但说时迟，那时快，家人已手起刀落，只听"咔嚓"一声，寿桃裂开处，露出许多白花花的银子，在场众人见状都怔住了。倚哥正色对这位同学说："某君，咱俩同窗数年，明人不做暗事，如此大礼，恕我无福不敢接受。"说完，便把两个寿桃退还与他。三娘在旁，看在眼里，乐在心头，暗暗庆喜儿子没有辜负她的苦心教养。

事后，倚哥猜想这位同学如此所为，若非借着同窗关系要来巴结，便是另存动机，前来打通关节。于是，便派人对他家进行缜密侦查。结果，果真查出他父亲历来通过官商勾结，偷漏了不少税款。倚哥便依法追缴他家所欠的税款和应受惩罚的滞纳金。如此一来，声威大震，再也没有人敢偷税和前来行贿了。

倚哥收税，都在地上放着几个箱子，先对商户的税金认认真真的点清之后，再清清楚楚地记账，最后让这些商户各自主动地把税款放进箱子里。收税完毕，便把箱子当众封好，送往国库。商家们都非常佩服他说："俺经商多年，从未见过像老爷您这样收税的。"倚哥答道："本官自幼深受娘亲教诲，为人做官都必须清清白白，否则，银子不仅会弄脏了手，玷污了心，败坏了人的声名，还会葬送了人的前程。"

倚哥为了方便娘亲用水，特地命人在自家院子里打了一口井，井水终年清澈甘甜。有一年，当地久旱，全村的水井都几乎枯竭，唯独他家这口井清泉依旧涨满。三娘便大开院门，让全村的人都来她家取水。如此一来，取水的村民拥挤不堪，三娘干脆命人把院墙拆除，方便乡亲。倚哥知道之后，大力赞颂娘亲的善举。

倚哥时刻牢记娘亲的教导，官越当越大，一生为百姓做了很多好事，深受世间赞扬，也为慈城争光。当地人为了纪念这对慈母孝子，不仅将他们的故事历代传颂，至今还保留着这口古井，并命名为三娘井。

忠孝两全的赵一德

在中国历史上能够做到忠孝两全的人是少之又少。常常被后世提及的元朝人赵一德就是一位这样的人。根据《元史》孝友传中的赵一德传记。至元十二年（1275），也就是元朝初年，赵一德被元朝人俘获并送到了燕京，之后，他就做了郑留守家中的奴仆，他在郑留守家一待就是很多年，中间经历了忽必烈、铁穆耳和海山三个皇帝。等到武宗做皇帝的时候，赵一德才突然想到时间过得真快，竟然过去了 34 个年头了。他的思乡思亲之情，忽然大增。眼看着皇帝都换了四个，主人郑家也都有了两代主人，赵一德就向主人郑阿思耳兰请求回家省亲，说道，"一德自去父母，得全身依靠你们家，三十余年了，故乡万里未获归省，虽思慕刻骨，未尝敢言。今父母已老，倘有不幸，则永为天地间的罪人矣。"主人郑阿思耳兰母子二人听了赵一德的话后，非常感动，就给他一年的假期，叫赵一德一年内返乡省亲。

赵一德一路走来，到了南昌附近建昌的家时，得知父亲和长兄都已经去世了，家里只有80岁的老母亲还在。于是，赵一德就为父亲和兄长找了一处风水较好的墓地，把他们安葬了。赵一德本想多在家里待些时日，又担心超过主家规定的一年期限，就只有匆匆地如期而返了。到了北京，郑阿思耳兰母母子见赵一德按时回来了，又听说了他家里的情况，深受感动，就废除了赵一德的奴隶身份，叫他回原籍侍候母亲。赵一德非常高兴，但就在他准备回老家的时候，出了一件意外，当时有人告发郑阿思耳兰和他的兄长等共17人企图谋反。当时的朝廷内外虽然都觉得这件事不可能，郑阿思耳兰是被冤枉的，就是没有人敢出来替他们申冤。郑阿思耳兰家里的财产全被没收，仆人各自逃走了，只有赵一德等少数人留了下来，替主人申冤。经过赵一德等的努力。朝廷终于为郑阿思耳兰昭雪平反了。等到郑家平反之后，太夫人对赵一德非常感激，说："当吏籍吾家时，亲戚不相顾，汝独冒险以白吾枉，疾风劲草，于汝见之。令吾家业既丧又复存者，皆汝之力也，吾何以报？"郑家准备送给赵一德田产和房屋，作为对他的报答，但是赵一德婉言谢绝，回原籍侍候母亲去了。等到新皇帝即位后，朝廷特下诏书，旌表赵一德的家门。这件事就是《元史》中两个著名的典故一是"思慕刻骨"就是赵一德对母亲尽孝，另一个就是"为主申冤"，就是赵一德忠于主人，替主申冤。这两者都体现在赵一德身上，就是忠孝两全。

孔繁森忠孝两全

1988年，组织上基于工作的需要，选派孔繁森第二次进藏。孔繁森是个孝子，平时只要工作不忙，他总要抽出时间与老母亲聊聊家常，与妻子争着照料母亲。可这时，孔繁森的母亲已经87岁了，因为生病瘫痪在床，生活不能自理。妻子儿女希望他留在山东工作。孔繁森心里也渴望能留在老母亲身边照料老人家，但想到西藏地区更需要党的干部，孔繁森毅然表示服从组织安排。临走那天，孔繁森默默地走到老母亲床边，望着母亲那头稀疏的白发，沉默了好久才轻声地说：

"娘，儿又要出远门了，到很远很远的地方去，要翻好几座山，过很多条河。"

"不去不行吗？"年迈的母亲拉着他的手，舍不得他走。

"不行啊，娘，咱是党的人。"

"那就去吧，公家的事误了不行。多带些衣服，干粮……"

想到这一去可能再也见不到年迈多病的母亲的面了，孔繁森抑制不住内心的感情，"自古忠孝两难全，娘，您多保重！"说着，孔繁森跪在地上，给母亲深深地磕了个头。

挥泪告别老母亲，孔繁森来到西藏，担任了中共阿里地委书记，立即投入了繁忙的工作。每当夜深人静，孔繁森总会想起远在千里之外的家人。为了党的事业，孔繁森把对亲人的感情深埋在心底，"老吾老以及人之老"，他把藏族人民当作自己的亲人。

一次，孔繁森冒着刺骨的寒风来到拉萨市的一所敬老院看望那里的老人。他拉着老人们的手，热情地问寒问暖。当他走到一位叫琼宗的老人面前时，发现老人脚上穿的鞋子破了。孔繁森弯下腰去，脱下老人脚上的鞋子，发现老人的脚被冻得又红又肿，孔繁森心痛地把老人的脚放在自己的怀里，敞开一个共产党员的炽热胸怀，用体温去焐热老人冻僵的双脚。在场的人无不感动得热泪盈眶。

一天，孔繁森在雪花纷飞的野外看到一位藏族老阿妈把外衣脱下，盖在风雪中哀号的小羊羔，单薄的身子却在摄氏零下二十多度的严寒中瑟瑟发抖。刹那间，孔繁森的眼泪涌了上来，他用手捂着脸，猛地转身回到越野车上脱下自己的一套毛衣毛裤，把还带着体温的毛衣披在老阿妈身上，老阿妈激动得久久说不出话来。孔繁森曾经说过，只要看见藏族的老人，他就会想起自己的老人。的确，他与藏族老人不是亲人，却胜似亲人。

孝女续父遗愿

蔡邕是东汉末年的一个名士，他学识渊博，精通经史、音律、天文，又以文章、诗赋、篆刻、书法闻名于世。后来因为依附于董卓，在董卓被杀后，他也被关进监狱，后来死在狱中。临死前，他希望女儿整理自己平生的著作。

蔡邕的女儿名叫蔡文姬，自幼好学，博学多才。一次，她听到父亲在书房里弹琴时把琴弦弹断了，就走出来说："父亲，是不是琴的第二根弦断了？"父亲以为她是偶尔猜中，在她离开后，故意把第三根琴弦弹断，又问女儿，结果文姬回答得一点不错。

蔡邕

文姬对父亲十分孝顺。父亲平时写字，她就站在一旁帮父亲研墨；要是父亲生病，她就亲自煎熬汤药，日夜侍奉。

文姬长大嫁了人，不久，丈夫去世了，她又回到了父亲身边。父亲死后，母亲一病不起，不久也去世了。文姬孤身一人，专心整理着父亲的遗著。

不久，由于战争影响，蔡文姬不得不到处流亡。那时候，匈奴兵趁火打劫，掳掠百姓。有一天，蔡文姬碰上匈奴兵，被他们抢走。匈奴兵把她献给了匈奴的左贤王。打这以后，她就成了左贤王的夫人。

蔡文姬在匈奴住了12年，生下了一男一女两个孩子。虽然过惯了匈奴的生活。她还是十分想念故国，经常对月弹琴，用琴声寄托对父亲的思念之情。

公元216年，曹操统一了北方，他想起了老朋友蔡邕有个女儿还在匈奴，就派使者带着丰厚的礼物到匈奴，要把她换回来。

左贤王不敢违抗曹操的意志，只好让蔡文姬回去。蔡文姬能回到日夜思念的故国，继续整理父亲的遗著，当然十分愿意；但是要她离开在匈奴生下的子女，又觉得悲伤。在这种矛盾的心情下，她写下了著名诗歌《胡笳十八拍》。

12年过去了，蔡文姬又一次回到了中原的土地上。在长安郊外父亲的墓前，她放声大哭。她在父亲的墓前发誓："我一定遵从父亲的遗愿，整理您的遗著，否则我就真的成了不孝的女儿。"

蔡文姬到了邺城，曹操看她一个人孤苦伶仃，把她嫁给一个叫董祀的都尉，还送给他们一所房子和两个奴婢。

一天，蔡文姬前来答谢曹操。曹操问她："听说夫人家有不少蔡邕先生的书籍文稿，现在还保存着吗？"蔡文姬感慨地说："我父亲生前写了四千多卷书，但是经过大乱，全都散失了，不过我还能背出四百多卷。"

曹操听到她能背出那么多，高兴地说："夫人真是一代才女！你要把它们写出来，这可是一笔宝贵的精神财富啊！"

后来，蔡文姬在家中悬挂起父亲的画像，花了几年时间，把她所能记住的几百卷书都默写下来，实现了父亲的遗愿。

滴水之恩，当以涌泉相报

1992年阳春三月，贵州省兴仁县刚结婚的25岁农村青年余永庄、韦一会夫妇外出打工，在被喻为"煤海"的安龙县龙头大山，不但没有找到工作，反而身上带的一千多元钱被三个歹徒洗劫一空。

夜幕徐徐降下，在空旷的矿山上，听着呼啸的山风，两人感到前所未有的孤独无助，禁不住抱头大哭……一位正赶牛下山的老人轻轻地拍了拍余永庄的肩膀："孩子，哭啥？"听着这既朴实又厚重、温暖如父爱的声音，余永庄抬起头来，向老人诉说了他们的遭遇。

"我家住在山下，你们可以先到我那里住下。"老人同情地说。余永庄夫妇立即给老人磕头，随着老人下山，来到他的茅屋里。交谈中，余永庄得知老人名叫黄选文，已经七十多岁了，他老伴名叫李桂兰，小他两岁。李桂兰端出热气腾腾的晚餐，还专门给他俩各煮了一碗暖身子的荷包蛋。两天一夜没吃上一口东西的余永庄夫妇埋头一阵狼吞虎咽，吃着吃着，泪水落了下来。余永庄握着黄选文的手说："黄伯伯，我一辈子也不会忘记这顿晚饭。"

第二天，黄选文放下手中的农活，带着余永庄夫妇上矿山找工作，有当地人出面，二龙山煤矿收下了他们，余永庄下井采煤，韦一会在井外打杂工。

余永庄夫妇由于忙着打工挣钱，很少下山看望黄选文、李桂兰两位老人。偶尔下山一次，李大娘总是忙前忙后给他们烧水做饭，热情得像久别在外的亲人回家团聚。身处异乡的余永庄夫妇感受到浓浓的人间真情。

　　1997 年 12 月，打了五年工的余永庄夫妇有了数万元积蓄，准备返回家乡，另谋发展。临行前，他们到小镇上买了大包小包的食品宋向老人告别，推开门，眼前却是一片凄凉的景象：两位老人瘫痪在床，痛苦地呻吟着；屋里没有火，缸里没有水，锅里也没有米……

　　黄选文紧紧地拉住余永庄的手，老泪横流。原来，夫妇两人同时患了脑血栓，瘫痪在床，养子黄江此时翻脸不认"爹娘"，将秋收的粮食全部卖掉后，扔下二老带着妻子走了。老人万念俱灰，两次想自杀，都被人及时发现，救了过来。

　　余永庄夫妇赶紧生火烧水给两位老人洗澡、做饭。之后，他们又跋涉二十多公里山路，赶到镇医院给老人开药。

　　余永庄原打算第二天启程回家，这下却犹豫了。他想，要想"缝补"老人那颗破碎无望的心，唯一的办法就是尽儿女之孝，使老人安度余生。他对妻子说："干脆，我们留下来做他们的儿子和媳妇吧！"

　　"你和我想到一块儿了，我也是放心不下两位老人，他们对我们有恩，我们不能忘恩呀！"

　　第二天，余永庄让妻子留下照看老人，自己一路直奔兴仁的老家。回到家，余永庄把自己初上矿时的情景和眼下黄选文夫妇的境况以及自己的想法向父母说了。

　　父母十分同情黄选文夫妇的遭遇，对余永庄说："孩子，虽然我们把你拉扯大不容易，我们也老了，也希望你和媳妇在身边孝敬我们，可黄选文夫妇比我们更苦。俗话说：'滴水之恩，涌泉相报。'你的想法是对的，我们支持你。"

　　余永庄被父母的善良仁义和通情达理深深感动了。他在家里白天拼命地砍柴，手打起血泡仍不肯放下柴刀；晚上给父母洗衣服、搓澡、捶背……离家前他想多做些孝敬父母的事。父母看出了他的心思，催促他说：

"你快去吧，那边的两位老人还病着呢！"

推开黄选文家的柴门，余永庄拉着妻子来到两位老人的床前，"刷"地给老人跪下说："爸爸，妈妈，以前你们待我们如亲人，现在我们来给你们做儿子、媳妇，为你们养老送终！"两位老人愣了半晌，哆嗦着嘴不知说什么好，两行热泪长流不止……

余永庄夫妇取出五年来打工挣的数万元钱，找来板车将两位老人抱上车。余永庄在前面拉，韦一会在后面推，踏上了一边打工谋生、一边四处寻医为老人治病的艰难路。

一晃两年多过去了，这期间余永庄夫妇拉着两位老人跑遍了周边的大小医院，终于在一名老中医的独到治疗下，两位老人奇迹般地能下地走路了！

又过了两年，两位老人在余永庄夫妇的孝养之下，走完了漫漫人生路，先后离世。送葬那天，余永庄夫妇行孝子之礼，眼里噙着泪，三步一跪，一一直跪到巍巍的云盘山极顶……

孝子程前

对于程前，1996 年是多灾多难、备受煎熬的一年：生父程之刚刚离他而去，刚主持完 1995 年的春节联欢晚会、正在录制第 300 期"正大综艺"节目，程前又惊悉养父身患肺癌的消息。以后的两个月时间里，程前搀着养父、背着养母（养母粉碎性骨折），从广州、北京到上海，住院转院，往来奔波。其间，养父经一次大手术，六次临危抢救，程前夜不解衣，食不甘味，殷殷侍奉养父于病榻之侧，竭尽人子之孝。

耳闻目睹程前这般孝行的人们，无不击节赞叹：程前，孝子！

众所周知，程前的生父是著名电影演员程之。在程前未满月时，不知程家有了何种变故或默契，小程前被过继给他的二伯父程巨荪做儿子。风风雨雨人生路，程前在养父母的百般呵护疼爱下长大成人，直至十六七岁，他才知道了自己的身世，才知道他一直唤作"三爸"的程之是自己的生父。但他对养父母那融进血脉的爱已不能割舍。

在赶录第300期"正大综艺"时，程前接到广州来的电话，得知养父患了肺癌，眼泪当时就汹涌而出。他不能相信，他的慈爱善良的养父，他的历经磨难、刚刚过上几天好日子的养父，怎么就会得这样的绝症。讨论节目时，他依然忍不住声音哽咽。

录完节目，他赶往广州，接养父养母来京。他将养父安置进京郊的肺结核中心，随后是一天一次的往来探视。在病房里他陪着养父聊天，直到养父催他走，他才满心不舍地回单位。

那次，他赶往上海录制节目，飞上海前，他买了一大堆点心，买了电视、录像机和一部手提电话，搬进养父的病房。一向达观、乐天的养父打趣程前："你不是想把我武装到牙齿吧？"程前也笑："电视方便你看节目，电话方便我跟你联系，我们是各有所需嘛！"停了会儿，程前说："爸，其实你这病真的没什么。你是个好老头，一生行善，佛经上不是讲'多种善因，必得善果'吗？佛祖会保佑你的。再说你身体那么结实，年轻时还是国家三级运动员哩，肯定没事。"养父眼神明澈，语调很轻松："傻孩子，我知道我没事，我心里比你还有数。"程前闻言，心下大慰。

坐在飞机上他想：医院里误诊的事常有，看爸的情形，真的挺好，或许真是误诊。心里这么念叨着，到了上海。可究竟还是放心不下。主持节目之余，他多方联系。回京后即将养父转至上海胸外科医院。但在这里的诊断结果，却在程前紧绷的胸口上重重地击了一拳：原诊断无误，确系肺癌，而且是四期，这已经是目前世界上任何一种先进的药物和手术都无力回天的绝症了。程前心中大恸，悲忧愁苦，难以言状。

不久，一位中国有名的支气管手术专家亲自主刀，为养父做了手术；养父的喉管被切开，从此程前听不到父亲慈爱的唤儿声。

被切开了喉管的养父依然保有一个睿智老人的达观和风趣。他改用手势、目光和笔与养子交谈，他的乐天知命与神闲气定，让程前大为感动，他坚决地相信，他的养父会挺过来的。所以，虽频繁地往来于北京与上海之间，他却没有常人的那种疲累之感。每次从机场赶到医院病房，他就大声地跟养父对话。有时，俩人既不打手势也不用动纸笔，只是默默相对，继续着目光的交谈。有时，两人会同时发出会心的一笑。那情景，既温馨又动人。来打针的护士，这时便凝神驻足，看着这对奇特的父子。

对给自己做完检查、打完针的医生、护士，养父会竖起右手拇指摇动几下，医生护士们不明白，程前就上前翻译："我爸说有劳你们了，谢谢！"后来，医生、护士们就熟悉了这特殊的致谢方式，每回总要回上一句：老先生不客气！养父于是以为自己又能跟别人正常交流了，于是很得意。

养父的头发长得快，程前不在时拖着伤腿在病房照料的养母要请人帮着理理。养父很坚决地摇头，用笔在纸上写：等小久（程前的小名）来！程前来了，小心地给养父理发。理完了，就拿来一面小镜子，对着镜子说："看，我老爸多年轻，多英俊！"养父笑模笑样的，很兴奋。

术后的养父体虚力弱，连大便都解不出来。每次解大便都跟受刑似的，还得养母和护士帮忙。程前在时，总是支开养母和护士，自己一个人做。他小心翼翼地抠着燥结成团的大便，生怕手重弄疼了养父。养父便后就很歉疚地看着养子。程前在养父耳畔大声说："爸，你怎么了？难道我不是你的儿子吗！"养父使劲点点头，背转身，用袖口悄悄抹一把纵横的老泪。

在陪护养父的两个月时间里，程前没有在床上睡过一次觉。夜里，他和衣趴在养父的床头。养父一点点细微的响动，也能叫他立刻睁开眼睛。像呼吸机这类抢救器械，他已经能够熟练地操作和使用了。所以，程前陪护的晚上，值班护士一般都很省心。

在胸外科医院，养父住的是华侨病房，程前还专门包下了一间监护室，花销昂贵。每回见医生，程前总要恳请人家给养父用最好的药。医生多次委婉地告诉他："如此花费其实并无必要，因为病人实在已无回复的可能。换作别的病人家属，早就放弃治疗了。""放弃？"程前怪异地瞪着医生，"这怎么可能？只要还有口气在，就不能排除有治愈的希望！不，我决不放弃！"医生叹口气，走了。事后，那位医生逢人便说：知道那个程前吗？难得的孝子！院里院外的许多人就想着法子来看他一眼，不是看名人程前，而是看孝子程前。

养父临终前先后急救过6次，每次都是面呈紫色，已经濒危，但前5次都在程前的呼唤和亲吻中，呼吸慢慢通畅。程前甚至以为，定是神灵们感应到了他的祈盼，暗中护佑了他和他的养父。"爸，你要坚强！"程前叫道。养父就微笑着，吃力地点点头：傻孩子，哭什么？我不是挺好吗！

然而这一次，养父没有如程前期望的那样回转来。此刻，养父的脸色一点点变紫，瞳孔开始放大，目光散乱，但仍努力地四处辨认着、寻找着，最后，定格在他最至亲的养子脸上。呆呆地，就那么一直望着。

"爸，你要坚强，你会挺过来的……"程前心如刀绞，俯身在养父耳畔，一遍遍地嘶喊；见养父毫无反应，他便像往常那样，抱着养父瘦削的肩，在他脸颊上不停地亲吻。好多次了，养父都是在濒危的关头，在养子嘶声的呼唤和热切的亲吻中，神智渐渐恢复过来。但这一次养父的脸色和神智，却没有一丝好转的征兆。脸上那层灰暗的紫色，愈聚愈重。

养父的嘴唇很轻微地动了一下，目视程前。程前明白了，急忙将桌上的假牙拿来给养父安上。养父艰难地扯动嘴角，挣出一丝笑来。"爸，你还有什么要说吗？小久在这里，小久听你的话，你说呀，说呀！"程前喊着。养父微张着嘴，一动不动，生命从他的体内，正一点点消失。

主治医生走上来，轻声说："病人已经不行了。""不，我爸没事，他还有话要跟我说。"程前大喊。医生无语喟叹，退到一边。"爸，你怎么不说呀？"程前急切地呼叫；突地，他站起身，拿来纸、笔，"爸，我写给你看，咱们笔谈！""您是让我事业更努力吗？"程前写完将字拿到养父眼前；养父艰难地摇摇头，用温存的目光告诉程前：你是个好孩子，我知道你会努力的。"照顾好妈妈？"程前再写。养父又摇头：你自幼孝顺，你怎么会照顾不好妈妈呢？"婚姻事？"这次养父点了点头，嘴角挣出最后一丝笑意。双唇慢慢闭拢，眼睛缓缓阖上。

在阖上双眼的瞬间，老人右手的拇指在程前的手背上轻轻按了两下，这是只有程前才明白的两句话："好孩子，我心暖。""我很满足。谢谢！"

程前紧紧握住养父的手，怔了大半晌，好像并不明白已经发生的事情，蓦地，爆出一声悲呼：

"爸，你别走，小久在这里，你回来！回来！"程前在养父的脸上不停地亲吻，泪飞如雨，打湿了老人僵硬的面颊。周围的医生、护士无不动容，病室内一片唏嘘。

1996 年 5 月 6 日，在上海胸外科医院华侨病房，一位老人病逝了。在他生命最后的日子里，他的养子以一腔孝心，关爱着他，温暖着他，他走得安详而满足。

养父去世的第二天，程前即赶回北京，主持当天的"正大综艺"。上亿的观众看了那期的节目，但是有谁能在金牌主持人程前脸上看出他内心里巨大的悲怆和哀痛呢？笔者至今也无法想象，他是如何忍受着丧亲之痛，将快乐和微笑奉献给广大观众的。如果组织评选当今中国孝子和最有职业道德艺人，笔者以为知道程前事迹的人都会毫不犹豫地投程前一票。

谏诤章第十五

【题解】

本章指出孝子要对父母、君主的不义行为进行劝谏，而不是无条件服从，这也是孝的重要内容。

【原文】

曾子曰："若夫慈爱、恭敬①，安亲、扬名，则闻命矣②。敢问子从父之令，可谓孝乎？"子曰："是何言与③！是何言与！昔者，天子有争臣七人④，虽无道，不失其天下；诸侯有争臣五人，虽无道，不失其国；大夫有争臣三人，虽无道，不失其家；士有争友，则身不离于令名⑤；父有争子，则身不陷于不义。故当不义，则子不可以不争于父，臣不可以不争于君；故当不义则争之。从父之令，又焉得为孝乎！"

新二十四孝图（五）

【注释】

①若夫：句首语气词，用于引起下文。

②则闻命矣：指已经听过老师的教诲了。

③与：通"欤"。句末语气词，表示感叹。

④争：通"诤"。

⑤令名：好名声。令，善，美好。

【译文】

曾子说："像慈爱、恭敬、安亲、扬名这些孝道，学生已经听过老师的教诲了，我还想再冒昧地问一下，做儿子的一味遵从父亲的命令，这可以称得上是孝顺吗？"孔子说："这是什么话！这是什么话！从前，如果天子身边有七个直言谏诤的大臣，纵使天子暴虐无道，他也不至于失去天下；如果诸侯有五个直言谏诤的大臣，即便诸侯暴虐无道，他也不会至于亡国；如果卿大夫也有三个直言谏诤的臣属，即使他是个无道之臣，也不会失去自己的封邑。如果士有直言谏诤的朋友，那么他就不会失去自己的美好名声；为父亲的有敢于直言谏诤的儿子，那么他就不会陷入不义之中。因此在遇到父亲有不义之事时，做儿子的不可以不谏诤力阻；国君有不义行为时，做臣子的不可以不直言谏诤。所以面对不义之事，一定要谏诤劝阻。做儿子的如果只是遵从父亲的命令，又怎么称得上是孝顺呢？"

【解析】

"愚忠、愚孝"一直是大家不愿意看见的事实。《论语·里仁篇》记载：

《孝经》原典详解

"事父母几谏，见志不从，又敬不违，劳而不怨。"孔子的观点，认为人难免犯错，但是犯了过失应当立即矫正，务使同样的过失不致再度重犯。"过则勿惮改"才是"不二过"的良好修养。我们常说的"天下无不是的父母"，真正的意思是对父母不能苛求或希望他们是不会犯过的完人。因为父母是人，一定会犯错，我们身为子女，心里纵然明白也不能加以指责。然而话说回来，看见父母犯错而盲目地顺从，必将陷父母于不义。严重的情况，更可能使父母身受牢狱之灾而全家惶恐不安，当然很不孝。"几谏"的意思，是柔声怡色的规劝。子女对父母，自然不应该疾言厉色地据理力争。谏的用意，恰好与顺相反。古人由单字用起，只说一个"孝"字，这是不难想象的情况。一字一太极，含有很多意义。孟子率先说出"顺乎亲"的话，《离娄篇》指出："不顺乎亲，不可以为子。"《万章上篇》也说："惟顺于父母，可以解忧。"但是并没有把孝和顺连接起来，成为"孝顺"。《滕文公下篇》尚且告诫大家："以顺为正者，妾妇之道也。"可见孝和顺是两码事，并不是一回事。孝未必要顺，而顺也不一定就是孝。子女的孝道，应该是"可顺则顺，不可顺便不顺"。只问"顺得合理与否"还不够，不顺时必须和颜悦色地劝告，父母倘若不能授受，子女必须恭敬地暂时停止。"不违"是指不违背几谏的原则，却不是"既然劝不动，那就遵照父母的指示去做"。"劳而不怨"是劝了又劝，哪怕是一而再、再而三，虽然有一些劳累，依然不能有所埋怨。

"父有争子"的争，比谏更深一层，含有"父母不听便不停止"的意思。谏的作用产生良好的效果，父母欣然接受当然是孝。倘若一劝再劝，父母坚决不采纳，这时候适当的阳奉阴违，不失为权宜应变的一种方式。口头上顺从，实际上拖延，再找一些理由来应对。即使父母失望，只要不损及健康又能够免于受辱或招祸，仍然是值得尝试的应变。阳奉阴违当然是不好的方式，但是为了父母的声誉，把它当作例外来处理，偶而为之也是不得已的事情。苦苦哀求仍不能见效之下，于是推、拖、拉以期待父母回心转意，岂不妙哉！

荀子认为"可从而不从"与"不可从而从"是同等的不孝。他指出："从命则亲危，不从命则亲安"，当然要不从；"从命则亲辱，不从命则亲荣"，当然不可从；"从命则禽兽，不从命则修饰"，当然以不从为敬。

【生活智慧】

1.《论语·微子篇》记载："我则异于是，无可无不可。"孔子的中心思想，应该是无可无不可，符合《易经》"不可为典要，唯变所适"的原则。有所变有所不变，有所可也有所不可，凡事看情况，做出当时当地合乎义理的应变。子女对父母，更不应该抱持"反正已经劝告了，父母依然坚持，那就顺着父母的指示去做就是"的应付心态，因为父子的亲情，毕竟浓于朋友之间的友情。朋友可以适可而止，父子则必须再三哀求，尽心期待父母及时觉悟。

2. 理和法最大的差异，在于理是活的，有弹性、能应变；而法是死的、固定的，很难应变。我们凡事"依据法令"，却应该"合理处置"。意思是把"法"和"理"合起来想，而不分开来看。在法律许可的范围内衡情论理，然后才合理处置，当然是最佳的抉择。

3. 像"阳奉阴违"这样的行为，当然不应该鼓励，却也不可以全然抛弃。因为合理地阳奉阴违，有时会产生十分良好的效果。但是动机必须纯正，完全是为了父母的安全、荣辱和利害着想，并没有其他的不良因素。即使如此，也只能偶尔为之，不应该常常使用。倘若养成不良习惯或者失去父母的信任，那就得不偿失而利少害多了。

4. 我们有《孝经》、讲孝道、表现出恭敬的孝心，这些都可以放心地实践。对于"孝顺"必须特别提高警觉，能顺才顺，不可顺便不顺。实在没有办法，还有最后一种方式，那就是暂时躲起来，使父母知道子女为难到极点而适时觉悟。但是父母的安全必须详为考虑，绝对不可因此而造成任何闪失，否则父母急出病来，也是子女的不孝。

5. 义或不义，便是合理或不合理，原本是十分不容易辨明的。曾子有一次为了一件小事，几乎被他的父亲用大杖打死。孔子认为如果真的如此，就会"陷父于不义"，所以斥为大不孝。"小杖则受，大杖则逃走"，既不能通过法律来规定，而大小也没有一定的标准。该受？该走？完全得看当时的情况。因此，培养高度的判断力，才能够因时制宜。

【建议】

《论语·里仁篇》记载："君子之于天下也，无适也，无莫也，义之与比。"天下的事情，很少是绝对的，大多数是相对的。只要人、事、地、物、时有所变动，判断的标准便应该随之调整。义和利是连在一起的，并不需要勉强加以分隔，说什么重义就不能求利。《易经》乾卦文言指出："利者，义之和也。"对他人、对大众、对人群社会有利的，便是义。重点不在义和利的区分，而是必须以私人的小利与天下的大利来看。争私利大多不合理，为公利则经常合议。家人之间，亲情还是排在第一优先的次序，要做到无过无不及而恰到好处，确实相当困难。最好平日多用心，增进大家的共识，以营造良好的家风。务求辨别、判断起来，更为精准。

【名篇仿作】

《女孝经》谏诤章第十五

【原文】

诸女曰："若夫廉贞孝义，事姑敬夫扬名，则闻命矣。敢问妇从夫之令，可谓贤乎？"大家曰："是何言欤？是何言欤？昔者周宣王晚朝，姜后脱簪珥，待罪于永巷，宣王为之夙兴。汉成帝命班婕妤同辇，婕妤辞曰：'妾闻三代明王，皆有贤臣在侧，不闻与嬖女同乘。'成帝为之改容。楚庄王耽于游畋，樊女乃不食野味，庄王感焉，为之罢猎。由是观之，天子有诤臣，虽无道，不失其天下；诸侯有诤臣，虽无道，不失其国；大夫有诤臣，虽无道，不失其家；士有诤友，则不离于令名；父有诤子，则不陷于不义；夫有诤妻，则不入于非道。是以卫女矫，齐桓公不听淫乐。齐姜遣，晋文公而成霸业。故夫非道，则谏之。从夫之令，又焉得为贤乎？《诗》云：'猷之未远，是用大谏。'"

【译文】

诸女问："至于我们女子的贞廉孝义，侍奉公公婆婆和丈夫，这些您都给我们说了，我们也知道了。在家里，要是妻子一切事情都听从丈夫的话，这能够称得上是贤惠吗？"曹大姑回答说："哪里有这样的话！哪里有这样的话！过去，周宣王上朝晚了，姜后为此脱下簪珥，散开头发，在永巷等待宣王的惩处，结果，周宣王很快就改正过来了，每日都早早地上朝。汉成帝命班婕妤一同乘车，班婕妤推辞说：'我听说三代时的明君都是贤能的臣子在左右，没有听说哪个君王外出是与他的妻妾们一同乘车的。'汉成帝为之动容。楚庄王终日迷恋于打猎，樊姬为了表示抗议就不吃大王打回来的野味，楚庄王深受感动，为此不再打猎了。由此看来，天子有谏臣，即使无道，也不会丧失天下；诸侯有谏臣，即使无道，也不会丧失自己的国家；大夫有自己的谏臣，即使无道，但是不会丧失自己的封邑；士有自己的诤友，自己的名声就不会受到损害；父亲要是有诤子，就不至于让自己陷于不义；丈夫要是有一位诤妻的话，就不会做违背道德的事。因此，卫女矫正齐桓公的错误，齐桓公就不听淫乐。齐姜（齐桓公的女儿）遣送重耳回国，重耳回国后即位为晋文公，后来成就霸业。所以，丈夫要是做了无道的事情，妻子就得进谏制止他。一味地听从丈夫的话，哪里能够称得上是贤惠呢？《诗经·大雅·生民之什·民劳》中说：'君王将你培养成了人才，看重你，我才苦口婆心地劝导你。

《忠经》 忠谏童第十五

【原文】

　　忠臣之事君也，莫先于谏，下能言之，上能听之，则王道光矣。谏于未形者，上也；谏于已彰者，次也；谏于既行者，下也。违而不谏，则非忠臣。夫谏，始于顺辞，中于抗义，终于死节，以成君休，以宁社稷。《书》

云："木从绳则正，后从谏则圣。"

【译文】

忠臣侍候君王，最好的表现是能够进谏，作为臣下的要能够敢于进言，而作为君王则要能够听取臣下的进谏，这样的话，王道之治就能够发扬光大。在君王尚未做而打算做的时候，臣下要是能够进谏的话，这是最好的表现；要是君王才开始行动，这时臣下进谏的话，这是一般的表现；要是君王已经行动了，这时臣下才进谏的话，就是不太好的表现。要是臣下见到君王有过错而不进谏，这样的臣下就不是忠臣。臣下进谏，开始的时候要委婉地规劝，要是君王不听的话，就得争议，要是君王一意孤行的话，臣下就得以死来进谏，以成就为臣之道，让国家得到安宁。《尚书》说："树木要是以绳墨测量的话，就很直，君王要是从谏的话，就会变成圣人。"

【故事】

颍考叔纯孝感君

春秋时期，郑国有个颍考叔，在颍谷做守边的官。这个人天性纯良，孝顺父母，尊敬朋友，远近闻名。

当时郑国的君主是郑庄公，郑庄公的母亲武姜因生庄公时难产，因此对庄公心生厌恶，给庄公取名为"寤生"，相反对庄公的弟弟共叔段却百般宠爱。按照古制，寤生是长子，在武公死后，庄公顺理成章地继承王位，成为郑国君主。母亲武姜却怂恿共叔段招兵买马，修筑城墙，准备谋反。平定了共叔段的叛乱之后，庄公就把母亲武姜送到颍地居住，并且发誓说："不及黄泉，无相见也！"

武姜毕竟是自己的母亲，庄公不久后就后悔起来。他想念自己的母亲，又不愿意违背自己的誓言。于是，郑庄公命人修筑了一座高大的台子。每当他思念母亲时，就登台眺望母亲所在的颍地。后人把这个台子称为"望母台"。

颍考叔看出了庄公的心思，就以送礼为名，觐见庄公。庄公赐他美食。颍考叔把肉都挑出来用纸包好了，藏在衣袖里。庄公很奇怪，就问他为什么这么做。颍考叔回答说："小臣家里还有老母亲。我们家很穷，从来没吃过这么美味的东西。现在您把这赏给我，可我的老母亲连一小片也吃不上，我怎么能咽得下去呢？因此我想带点回去给母亲吃。"

庄公说："你有母亲能够赡养，尽一个当儿子的孝心。我虽然贵为诸侯，在这件事上，反倒不如你！"

颍考叔假装不知道是怎么回事，又问："您的母亲还健在，您怎么这么说呢？"庄公就把姜氏和共叔段合谋反郑，以及把姜氏遣送到颍城的事情，从头到尾给他讲了一遍。最后说："我已经立下了黄泉之誓，看来活着的时候再也见不到我母亲了！"

颍考叔回答说："倘若您真为这黄泉相见的事犯难，小臣倒有一个主意。"

庄公问："你有什么好主意，快点告诉我。"

颍考叔说："您可以先派人把地挖开，直到看见了泉水，再建个地下室，把姜夫人接到那里。您在地下室里和母亲见面，一点儿也没违背您的誓言啊。"

庄公喜出望外，便派颍考叔带领几百名壮丁选一风水宝地，掘地十几丈深，果然黄泉涌出。颍考叔又将武姜太后接到黄泉边室内居住，让郑庄公去地下探母。母子二人见面后抱头痛哭，前嫌尽释。

事后，郑庄公见颍考叔忠孝两全，文武皆能，就提升他为郑国大夫，和子都一起职掌兵权。

马本斋以忠尽孝

马本斋，河北省献县东辛庄人。他自小家境贫寒，家中种有几亩薄地，从小随母到盐碱地去扫碱土熬盐，听母亲讲"岳母刺字""苏武牧羊"的故事。他读过私塾，粗通文墨，少年时代就随父亲到东北，投身东北军。随后他发现自己投奔的东北军是军阀部队，不能实现他救国救民的理想，于是弃官归田。

马本斋

1937 年夏天，"七七"事变爆发，中华民族处于生死存亡的危急关头。正苦于寻求为民效力机会的马本斋踌躇满志，他与母亲商量："国难当头，我作为中华民族的子孙，决不能袖手旁观！"母亲赞成他的意见。他在家乡组织了一支"回民抗日义勇队"，杀向了抗日战场。

1938 年 5 月，"回民抗日义勇队"与冀中军区司令员吕正操领导的回民干部教导队合并为回民干部教导总队，马本斋任总队长。1938 年 9 月，部队在河间整编时扩大到六七百人。10 月，马本斋光荣地加入了中国共产党。他在入党志愿书上写道："我决心为回回民族的解放奋斗到底，而回回民族的解放只有在共产党的正确领导下才能实现。"

1939 年日寇扫荡华北，马本斋领导的回民支队在河间、青县、沧县地区转战，并在各大清真寺帮助"回民抗战建国会"组织伊斯兰小队，开展敌后游击战争。在日寇对冀中根据地的扫荡中，与八路军主力纵队和贺龙、关向应率领的 120 师协同作战，消灭土匪武装第六路。回民支队威震冀中平原，有"攻无不克、无坚不摧、打不垮、拖不烂的铁军"之誉。

1941 年，日军趁"回民支队"转移时，血洗东辛庄后抓走了马本斋的母亲，妄图以此来迫使马本斋投降。日军对马母威逼利诱，让她写劝降信说服儿子"归顺皇军"，享受"荣华富贵"，但马母坚贞不屈，为了不让敌人利用自己牵制儿子，马母痛骂汉奸，并以绝食的方式进行抗争，最后光荣牺牲。得知母亲牺牲的消息，马本斋强忍悲痛写下"伟大母亲虽死犹生，儿定继承母志，与日本人血战到底"和"宁为玉碎洁无瑕，烽火辉映丹心花。贤母魂归浩气在，岂容日寇践中华"的壮语。

母亲逝世后，马本斋继承和发扬了母亲不屈不挠的斗争精神，更加英勇地为祖国、为人民而战。

悔改孝亲

清朝乾隆年间，在福建莆田，有位算命先生名为冯赓，为人相命极为灵验，名重一时，赚了很多钱。

冯赓计算自己应有两个好的儿子，而且其中之一将会贵显。可是，冯赓到了差不多五十岁，两个儿子都不屑，终日赌博放荡，慢慢地把家财破败，冯赓也没有办法。

他心想自己为人算命一向准确，为何算自己却不灵验？

听说武夷山上有位一目道人，能预知祸福，因此便上山叩问。

道人说："你算自己的命不准，是因为你的命已被你的心术改变了。做人以合乎孝道为最重要，而你却已得罪天条多时了。"

冯赓说："我并没有做过什么忤逆的事情啊！"

道人说："你的妻妾不贤淑，都是因为你纵容他们。你生平将鲜衣美食都专诚供给妻妾。至于对父母的供奉，却很少注意到。你的身体，并非由妻妾所生，为什么不思及树木的根本、流水的源头呢？"

冯赓惭愧地问："应如何是好？"

道人说："你若能以爱妻妾的心来侍奉父母，便可以平息鬼神对你不孝的愤怒。"

冯赓深深地拜谢道人的教示。

当时，冯赓只剩下父亲在堂，于是誓言以尽孝补过，竭诚侍奉父亲。

后来，他的两个儿子都忽然变为性情纯良，能谨守他的教训，终于得以保存家业。

天赐奇钱

宋代的都城，有一个守寡的孀妇人称吴氏，吴氏在很年轻的时候就死了丈夫，自己没有生儿育女，只有一个老婆婆和自己相依为命。吴氏对自己的婆婆非常的孝顺，冬天的时候外面冰天雪地，她害怕婆婆睡觉的时候冷，就一定为婆婆暖好被子再请她就寝，如果没有火种就亲自用自己的身体去温暖冰冷的棉被。婆婆年纪大了而且眼睛也看不见东西了，她觉得愧对吴氏，而且也觉得吴氏守寡这么多年很孤单，就想为吴氏招赘一个女婿，但是被吴氏坚决的制止了。

此后，吴氏更加尽心伺候婆婆，自己省吃俭用、辛勤劳作，将染布养蚕挣来的钱全部拿来孝敬婆婆。对于婆婆因为年纪大了所造成的过失极力掩饰，害怕婆婆知道后会伤心。有一次在做饭的时候，邻居将吴氏叫出去了，婆婆怕饭煮得太烂，想把饭倒在盆子里，可是却把脏水桶误当作盆子把饭倒了进去。吴氏看到后赶忙到邻居家借来饭让婆婆吃，而自己却把脏水桶里的饭捞上来，用水洗过蒸熟后再吃。吴氏又想婆婆年纪大了，需要置办后事所需的东西。但是自己又没有钱买棺材，于是就将自己所有值钱的东西典当殆尽，托邻居去置备后事。

吴氏对婆婆的孝心真可谓无微不至，好心自有好报，有一天晚上吴氏做了一个奇怪的梦，梦中有一位白衣仙女对她说："你虽然只是一个村妇，可是却如此深明大义，能将婆婆侍奉得如此周到，现在上天赐给你一枚钱币。"早上起来后，吴氏果然在床头发现了一枚钱币，过了一晚上这一枚钱币居然变成了上千枚，等吴氏用完之后又会有新的钱币源源不断地生出来，人们将其称为"子母钱"。许多年以后，吴氏在没有受任何病痛的情况下平静地死去，她所住的地方生出一股奇异香气，几个月才散去，而那枚钱币随着吴氏的去世也就消失了。

刘平求食遇贼

刘平，字公子，江苏人。王莽掌权时，他任郡吏守蕾邱长，治理有方，政绩显著，因此深得百姓爱戴。王莽死后，天下大乱。刘平为了母亲的安全，就带着她逃往异乡，藏在一座深山中。

一日清晨，刘平出去为母亲找食物，遇到了一群山贼，把他抓住并要吃他的肉。刘平毫不担心自己的安危，却挂念着还未进食的老母，就跪在地上向贼人叩头说："我今天早上出来是为了给老母亲寻找野菜充饥，如果我不回去的话，老母亲就会被活活饿死，没有人会管她的。所以。我请你们高抬贵手，先让我回去把母亲安顿好。然后，我自会回来，接受你们的处置。"其实这些所谓的山贼，无非都是一些战乱中无家可归的饥民，本不是穷凶极恶之徒，只是迫于生计才落草为寇的。他们听了刘平的诚恳话语，动了恻隐之心，于是就放他回去了。

刘平回到母亲处，给母亲吃完了东西，竟然真的信守诺言，又找到了山贼所在之处。面对他的信义和孝道，山贼们都很震惊，没想到真有这样的人。于是，山贼的头领说："我们只听说古代有至孝至诚之士，没想到今天能亲眼见到。我们怎么能吃你的肉呢？"就这样，刘平化险为夷，回家服侍母亲去了。

后来，刘平又做了官，先被推举为孝廉，又担任义郎一职。

颜含专意养兄

颜含，字弘都，晋代琅琊人。他的父亲颜默，曾任汝阴太守。弘都兄弟三人，长兄颜畿，次兄颜辇，颜含最小。长兄颜畿，病死入殓装棺后，当晚托梦给妻子，说他要复生，让他们给他打开棺材。第二天颜含的母亲及其他亲人都说做了相同的梦。虽然父亲反对开棺，但颜含还是劝说父亲改变态度。打开棺盖后，发现哥哥果然还有呼吸。在喂了他一个多月的稀粥后，却仍然不能开口说话。母亲和兄嫂觉得没希望，也厌倦了这种无结果的伺候，只有颜含从不气馁。他放弃了一切社交活动，亲自伺候哥哥饮食起居，足不出户十三年，直到哥哥去世。后来父母和两个兄弟也相继去世了。二嫂樊氏因疾病导致了双目失明，颜含督责家人，尽心奉养，每日亲自喂汤药。治二嫂的这种眼病，需要用蛇胆作药。他寻访了好多地方，却找不到，心急如焚。一日，颜含闭目独坐，忽然出现一个青衣童子送给他一个青囊，打开一看，正是遍寻不得的蛇胆，童子则化成青鸟飞走了。于是二嫂樊氏双目复明。从此，颜含声名大振。

岳银瓶投井殉父

据明《金陀续编》、明田汝成《西湖游览志》等书中记载：南宋抗金英雄岳飞有一女儿叫银瓶。她自幼聪颖好学，通书史，明大义，事亲至孝。

南宋高宗十一年（1142年）七月中旬，精忠报国的大元帅岳飞，被高宗皇帝用十二道金牌召回。紧接着又被奸贼秦桧以"莫须有"的罪名逮捕审讯，囚禁于杭州大理寺监狱。当时，岳银瓶才十三岁。当她惊闻父亲的冤屈之后，悲愤填胸，便咬破指头，写下血书，向朝廷申诉父亲二十多年来忠心耿耿、英勇抗金，为大宋江山立下丰功伟绩，结果却遭奸党陷害的奇冤，然而此举却遭到满朝奸党的阻截而未果。

当年农历十二月二十九日（1142年1月27日）除夕之夜，一代举世闻名的抗金民族英雄岳飞连同长子岳云、部将张宪等3人，被奸党惨杀于大理寺风波亭内，铸下千古奇冤。

噩耗传来，岳银瓶悲痛欲绝，遂怀抱父亲生前留给她的一个银瓶，投下岳府东面（今杭州市庆春路660号）的一口水井而死，以此舍身殉父。后人把岳银瓶称为孝娥。

明朝正德十四年（1519年），按察使梁材在该井上盖起一座亭，命名为"孝娥井"。后来，杭州又有一官员刘公瑞在该井旁边竖碑铭文，碑铭曰："天柱绝，日为月，祸忠烈，奸桧孽。娥痛父冤冤难雪，赴井抱瓶泉化血。

愤如铁，曹江之娥符尔节。噫嘻！井可竭，名不可灭。"

清朝同治年间，人们又在该井外圈镌刻"孝娥赴义处"五字，并修建孝女亭，亭内设置清代碑刻二处。至今仅存民国年间重修之孝女亭与碑刻各一。

诗曰：

咬指写书诉奇冤，舍身投井殉父难。

将门孝义银瓶女，勒石流芳万古传。

原谷"学"父

人们常说，父母是孩子的第一任老师，父母的一言一行，将对孩子产生非常大的影响。但是，孩子并不一定要事事学习父母。父母也有不对的时候，孩子要学会劝说父母。原谷在这方面就做得很好。

原谷是春秋时陈留一带人。他九岁时，祖父已经年老不能耕作了，父母就开始厌恶祖父，还经常虐待祖父。小小的原谷心里很同情祖父，经常安慰祖父。有一天晚上，父母悄悄地商量，要在第二天将祖父丢弃荒郊野外。原谷听说后，跪在双亲面前求情，可是遭到了父母的厉声斥责。

次日清晨，父亲和原谷一道抬篓。在路上，原谷抬着篓子走在前面，一边走一边回头望望祖父。风烛残年的祖父坐在篓子里，神情黯淡，表情呆滞，忧伤地看着频频回头的孙子。到了野外空旷无人处，父亲把祖父丢弃荒野，带着原谷准备回家。可是，原谷让祖父从篓子里出来，把篓子紧紧地背在了身上。父亲不解地问："要这个破篓子干啥？"原谷一本正经地回答："等您年老了不能耕作时，我好用它把您也送到这里来。"父亲听了当即发怒道："小孩子，怎么能跟大人说这种话？"原谷反驳道："儿子应当听从父亲的教诲。您能这样对待爷爷，我为什么就不能用同样的方法对待您呢?"

原谷的话使父亲大为震惊，继而羞愧难当。他醒悟过来后，立即跪倒在父亲面前，哭求饶恕，并小心翼翼地将祖父放进篓子，面带愧色将老人抬回家中，尽心赡养，孝敬终身。

李应麟以孝待继母

李应麟是清朝人，家住在云南昆明，从小就非常温顺善良。

那时候天下不太平，到处都在打仗。有一次，他和父亲碰上了战乱，父子俩被乱军冲散了，他自己被抓到了很远的地方。在那里，他日夜思念家乡，乘看管的人不注意，就偷偷逃了出来。他根据记忆，一路上向人讨饭，历尽了千难万险，最后终于找到了家。

后来他的母亲不幸去世了，父亲一个人很孤单，就娶了一个继母。然而，继母对李应麟很不好，特别是有了自己的孩子后，经常虐待李应麟。李应麟总是默默地忍受着。李应麟长大了，就到街上去给人算卦，用算卦的收入来供养父母。尽管这样，继母还是将他视为眼中钉，肉中刺，百般刁难，稍微不如意，就用棍子狠狠地打他。每当这时，李应麟总是跪在继母面前，老老实实地让继母打，自己恭敬如初，丝毫没有抗拒之意。

尽管每天李应麟总是处处小心，事事谨慎，但还是躲避不了继母的虐待。有一天，李应麟不知道又是哪里惹得继母不高兴，继母大发雷霆，向他的父亲告状。父亲听继母说了李应麟的种种不对，信以为真，勃然大怒，不问青红皂白，竟然要将他逐出家门。李应麟请求父亲不要赶他走，但父亲不听他的，一个劲地挥手，斥责他，要他快滚。李应麟无可奈何，只好流着泪离开了家。

可是，李应麟对父母亲毫无怨言，仍然很孝顺他们。每逢父亲的生日，李应麟就会用辛辛苦苦算卦赚来的钱去买鸡、买米，准备好礼品，回家给父亲做寿。有一次，李应麟给人家做工，正在耕田，突然听人说继母病了，问明了继母的病情，立刻丢下手中的工具，跑到三十里外的地方求医抓药。无论刮风下雨，他天天如此，直到继母的病好了为止。

李应麟对继母所生的三个孩子都很好，就像是一母所生的一样，三个弟弟对他也很好。

终于有一天，继母醒悟过来了，悔恨不已。从那以后，继母就对李应麟变得慈祥起来了，而李应麟也不计较以前的事情，于是一家人又和和气气地生活在一起了。

吴猛以血喂蚊

吴猛是晋代人，从小就十分懂事。他刚满八岁，就知道如何孝敬父母。

每到夏天，房子由于低矮，阴暗潮湿，所以蚊子特别多。这些蚊子非常讨厌，一到晚上，就在屋子里飞来飞去，一个劲地吸人的血。吴猛的父母都是庄稼人，每天白天要干很重的农活，本来想晚上睡个好觉，可是这些可恶的蚊子来叮他们。吴猛家里很穷，买不起蚊帐，所以父母一连几个晚上都没法睡好，加上白天还得照样出去干活，几天下来，人不仅没有精神，还明显消瘦了。

吴猛看在眼里急在心里，恨不得一把火把这些蚊子都烧死，气归气，可哪能真放火呢！那样一来，蚊子是烧死了，可家也没有了呀，显然这种方法是行不通的。吴猛想呀想呀，最后他想出了一个自认为是很好的办法。他想："蚊子肯定也是饿了，才会出来叮人的，如果我喂饱了它们，它们就不会再叮人。"于是，这天晚上，吴猛傻乎乎地坐在床前，光着上身，一动不动的，任凭蚊子在他的身上叮咬。他把前来吸血的蚊子都喂得饱饱的，他的上身到处红肿，又痒又疼。可是吴猛就是强忍着，没有驱赶一只蚊子，因为他害怕蚊子一旦被赶走，就会飞到父母的床前去吸父母的血。

就这样，吴猛每天晚上都忍受着蚊子吸他的血，并且瞒着父母。直到有一天，母亲发现他的全身都是红点，还以为他生病了，一再追问，才明白是怎么回事。吴猛告诉母亲说："我每天坐在床边让蚊子叮我，如果它们在我这里吃饱后，就不会去叮你们了，那么你和父亲也就可以睡个好觉了。你们干活那么辛苦，我又不能帮你们，所以想让你们睡得安稳些。"母亲听完这话，紧紧地抱住了儿子。

李晟教女事姑婆

李晟是唐代的大将，战功赫赫，但是从来不因此盛气凌人，他经常教育他的子女，说："你们不要因为我的身份，就盛气凌人，不把别人放在眼里。你们要孝敬姑婆，与人好好相处。"女儿嫁给崔枢后，李晟教育女儿更加严格。

李晟60大寿的时候，儿女为他举行盛大的生日宴会。当时，宾客盈门，处处笑语声声，张灯结彩，人人喜气洋洋。李晟与众儿女欢聚一堂，举杯庆贺，祝福李晟。

正在这个时候，有个女仆匆匆走到李晟女儿的跟前耳语了一会儿，他女儿的脸顿时黯然，露出为难的脸色，后来离开座位，出去对女仆说了点什么。李晟很奇怪，等女儿回来后就问女儿："刚才出去那么久，到底为了什么事？"女儿回答说："昨天晚上，婆婆病了，刚才是她派的仆人叫我回家去，因为父亲尚未过完生日，所以我让仆人先去请大夫，等您过完生日我就回去。"刚听女儿一说，李晟的脸色就已经变得铁青，等女儿说完，他的筷子就"啪"的一声扔到了桌子上，厉声地斥责女儿："你就是这么做儿媳妇的吗？我平时是怎么教导你的！你婆婆在家生病，孤苦无依，没人照顾，你倒好意思在这给我庆祝！我怎么会有你这样不孝的女儿啊！"女儿一听，泪流满面，分辩道："女儿不是不孝，只是父亲没有过完生日……"李晟大怒："不知反省，反而强词夺理……"李晟的妻子一看李晟脸色不好，也来相劝："老爷，别生气，当心身子，气坏自己倒是不好了，再说，女儿也是一片孝心，想要给自己的父亲过完生日，这是人之常情，考虑不周的地方也是有的，改过就是了。再说，若是女儿真的不孝，怎会记挂您的生日？若是女儿真的不孝，又怎么会让仆人先去请大夫，做出此种安排？"李晟听后，知道自己对女儿严厉得有些过头，于是舒缓了下语气，对女儿说："女儿，我知道你的心意，但是我们得站在别人的角度想问题，若是生病的是我或是你娘，你还能安心地坐在这里吃饭、喝酒、为人庆祝生日吗？恐怕是一刻也待不下去了吧？不管有什么事情，你也会先赶来看我们的吧？既然你已经嫁过去了，那你婆婆也是你的母亲，她现在卧病在床，无人照顾，你就应当赶快赶回去照顾她，怎么可以还坐在这里没有事情一样呢？你这样做又怎么称得上是孝顺呢？"女儿听着这一番话，惭愧极了，她说："女儿不好，是女儿的错，女儿马上回家去了。"于是他女儿放下酒杯，匆匆离去。

李晟在家也是坐立不安，想了想，也是赶到亲家家中去看看才好。于是，他赶紧备好车马赶来了。来了之后，也不忘记训斥女儿一番，同时也责备自己教导无方。

这件事传出去后，大家纷纷赞扬李晟教导女儿的事迹。

绝笔救父

复生:

你大逆不道,屡违父训,妄言维新,狂行变法,有悖国法家规,故而断绝父子情缘。倘若不信,以此信作为凭证,尔后逆子伏法量刑,皆与吾无关。

谭继洵白

谭继洵是谭嗣同的父亲,复生是他对儿子的称呼。谭嗣同是维新变法的英雄,与林旭、杨深秀、刘光第、杨锐、康广仁并称"戊戌六君子"。

都说父子情深,那么父亲又缘何如此抵抗变法之事,写下如此恩断义绝的家书呢?

中日甲午战争以中国的失败而告终。当时,谭嗣同正在浏阳倡办《湘报》,成立学社。之后,他就以学社为阵地,联合志士仁人积极宣传新学,探讨爱国真理,寻求救亡之法。这期间,谭嗣同的才华被光绪皇帝赏识,不久被授予四品衔,与康有为、梁启超等人一起,成为光绪推行新政的心腹参谋。

但新法一开始就遭到以慈禧太后为首的顽固派的激烈反对,他们企图置维新派于死地。事态演变得越来越激烈,到 1898 年 9 月 21 日,赞成维新派的光绪皇帝被囚,百日维新宣告失败。

于是慈禧下令大肆搜捕维新志士,谭嗣同自然在劫难逃。当时梁启超等人劝他一起逃往日本避难,但是被他斩钉截铁地拒绝了。他说:"各国变法无不以流血而成,今中国未闻有因变法而流血者,此国之所以不昌也,有之,愿自我开始!"他又对梁启超说:"你快走吧,多多保重,将来变法要靠你们了!"

梁启超等人离京以后,北京城内乌云密布,眼看一场更大的风暴即将来袭。

谭嗣同早已将个人安危置之度外,但他知道清政府一贯厉行"一人犯法,累及家族"的株连法,想到自己被捕后定会累及七十多岁的老父亲,他顿时心如刀割。父亲是他唯一的亲人,早在谭嗣同12岁的时候,他的母亲和姐姐、哥哥三人均病死于一场瘟疫,母亲临死前对他说:"你父亲脾气倔强,我死后你要好生顺着他,照顾他。"在母亲病故之后,谭嗣同也感染了瘟疫,一连三日高烧不退,父亲到处求医治病,日夜在他身边守护,终于使他逃脱了死神的魔爪。然而现在眼看父亲会因自己而受刑,作为父亲唯一的儿子却束手无策,谭嗣同既心痛又着急。

然而逆境之中显奇着儿,他心中忽然一亮,转身走到书桌前,取出信笺秉笔而书。写好之后,他长长吐了一口气。他将信笺折好放进抽屉后,走到窗前仰天自语:"父亲,孩儿有难,决不牵累您老人家,母亲生前重托,我也绝不会忘记!"原来他写下的,就是故事开头那封父亲要求断绝父子关系的家书。落款是父亲的名字,笔迹是父亲的笔迹,不过这一切都是谭嗣同为了搭救父亲伪造的。

果然到了第二天,一队清兵冲进浏阳会馆抓谭嗣同,还四处搜寻书房里的"罪证"。这时,谭嗣同看到书桌里那封伪造父亲笔迹的信笺被清兵搜到,心中的石头才落地,父亲终于有救了,他也可以安心地走了。

1896年9月28日下午,北京宣武门外菜市口大街刑场上发出震撼天地的疾呼:"有心杀贼,无力回天;死得其所,快哉快哉!"谭嗣同英勇就义。

而那封使父亲幸免于难的书信,也成为谭嗣同的绝笔。

对父母"强迫"的孝心

金巧巧是知名的青年演员，沈阳人，她的父亲和母亲都是高级知识分子，职业为大学老师，由于严格的家教，金巧巧从小就养成了自立的个性和坚强的性格。幼儿时期，父母就送她学习芭蕾舞，小脚常常被磨得血肉模糊，但懂事的金巧巧总瞒着父母，想方设法不让他们看见。有一次，妈妈洗袜子看到了金巧巧发肿的小脚丫，心痛得直掉泪，可乖巧的金巧巧却学着大人般的口吻安慰妈妈说，一点也不疼。当时妈妈真是悲喜交加，为自己养了这么一个懂事、孝顺、疼爱父母的女儿而感到由衷的欣慰和自豪。

1994 年 9 月至 1998 年 6 月就读于北京电影学院表演系（本科），从北京电影学院毕业后，金巧巧只身一人在北京奋力打拼，演艺事业刚有起色的金巧巧便拿出了自己全部家当，在北京购置了一处房产作为新家，为的是把父母从沈阳老家接过来，好好孝敬二老。光阴似箭从 1998 年到现在，一晃十年过去了，金巧巧一直陪在父母身边，细心呵护、照顾，寸步不离。圈子里的朋友，曾经不解地问金巧巧，和父母住在一起多不方便，为什么不搬出来住？金巧巧说，她从小就和父母住在一起，怎么会感到不方便呢？要是他们不在她身边，她反而担心的不得了。她要每时每刻都看到他们健康、快乐，这就是她最大的安慰和幸福了。为此，金巧巧的爸爸还透露了女儿给他们二老制定的"四强迫"：一、强迫体检。每年春天，女儿都会精心安排好医院和医生，带父母去做例行体检。为此金爸爸还颇有微词，其实，父亲心疼女儿挣钱不容易，自己身体又这么硬朗，何必花这冤枉钱！可金巧巧从不这么认为，她说这钱花得值得，身体健康是革命的本钱。只要父母健康，她就有了奋斗拼搏的原动力，只要父母生活幸福，自己辛苦一点算不了什么。二、强迫上医院看病。每当父母身体稍有不适，总逃不过女儿锐利的眼睛。每到这个时候，金巧巧都会拉着爸妈上医院看病。用金巧巧自己的话说，就是父母的健康是一点也马虎不得的，否则有一天自己会后悔莫及的，她不想让自己留有遗憾。三、强迫买衣服。金巧巧平时很节俭，如今还穿着几年前购置的衣服，舍不得丢掉。然而，女儿为父母购置衣着却十分大方，遇见称心合适的衣服就会给爸爸妈妈买回来。她说爸爸妈妈年轻辛辛苦苦操持家庭生活，舍不得穿什么好衣服，如今自己能挣钱了，一定要父母享受享受生活。四、强迫上饭店改善生活。平时，父母的饮食很简单，金巧巧会不时带他们到有特色的饭店换换口味。

金巧巧长大了，到了谈婚论嫁的年龄，每每提及择偶标准，金巧巧总是把是否孝顺双方老人作为挑选另一半的必要条件。金巧巧说不孝顺父母的人，是丝毫没有责任感的，没有爱心的，这样的男友自己无论如何也不会接受。其实不光对未来的男友，对身边的朋友，金巧巧也是这样要求他们的。在她看来，只有对得起父母的养育之情，才能担负起对朋友和社会的责任。

目连救母

从前有个叫目连的佛弟子，他在俗世的母亲叫青提夫人。他们住在西方，家里很有钱，有数不清的东西，数不清的牛马。青提夫人为人又小气，又贪心，还喜欢滥杀小动物。丈夫死了之后，她一个人带着儿子过活。这个儿子小名叫罗卜，他妈妈没有善心，他却很有善心，经常施舍穷人，尊重和尚，布施捐钱，每天设素食招待僧人，用心读大乘的教义，从不间断。

有一天，罗卜要出去做生意，先到屋里向母亲告别："儿子要去做生意，挣了钱来侍奉您，家里的钱，我想分成三份：一份我带了去，一份留着您用，另一份施给穷人。"

母亲听了，觉得很符合自己的心意，就让目连去了。自儿子走了之后，青提夫人在家过得十分可心，天天杀鸡宰羊地烧好东西吃，一点也不想儿子，更不要说弄清自己行动的好坏了。每逢尼姑和尚来的时候，就叫佣人棒打着赶他们出去。看到孤老，就放狗去咬。过了半个来月，罗卜做完生意回来了，在回家之前，他先叫佣人回家报告一声。青提夫人听说儿子回来了，匆匆忙忙地在院里周围挂了彩旗来欢迎，以至于把草皮也踩坏了。过了两天，罗卜回到家，拜见母亲，向母亲问好。青提夫人见了儿子，十分欢喜，说："自从你走了之后，我在家里，经常做善事。"

有一天儿子在邻居家谈到了青提夫人。邻居说她不做善事，每天杀生来吃，不拜佛祖却拜鬼神，和尚尼姑来了，她叫人欺侮他们。儿子听了，闷闷不乐地回家，问母亲这是不是事实。母亲听说了，怒气冲冲地说："我是你妈妈，你是我儿子，我们是怎么样的至亲，不相信我的话，反而听别人乱嚼舌头。今天如果你不相信我，我就发咒，我如果说了谎话，七天之内就死掉，死了下地狱。"

罗卜听了，哭着叫母亲不要生气，不要发这样的咒。哪知青提夫人发誓，上天早就知道了。青提夫人七天之内果真死了，灵魂到了地狱受苦。罗卜见母亲死了，十分悲痛，戴了三年孝，设了七七四十九天的斋饭，他想着如何来报答母亲的恩德，想来想去，只有出家最好。

如来佛什么都晓得，等罗卜出了家，就让他学到了第一流的神通，给他取了号，叫作大目连。大目连晓得很多知识，本领超过了罗汉，有了尊贵的地位。他还在想怎样来报答父母，所以用天眼来看两位老人托生什么地方。看到阿爹已升入天堂。天天过得快乐逍遥，母亲却在地狱里受折磨。

目连看到母亲受苦，十分难过，就前来告诉如来："如来佛啊！我母亲生前做了许多善事，应该升到天堂的，却下到了地狱，这到底是为什么？我虽然和罗汉一样尊贵，能耐却是有限，弄不清其中的道理，所以我来问您。希望您可怜我，告诉我这里的奥秘。"

如来把目连叫到跟前："你听我说，不要这样哭个不停。只因为你母亲活着的时候不行善事，天天杀生，欺侮和尚尼姑。是她自己作了孽，就一定要受到报应，到地狱里受苦，有谁能救得了呢？"

目连听了，苦闷极了。既然知道了母亲受苦的根源，他就打算去救母亲，只是恨自己神通不够，进不了地狱的门。他向如来请求说："我想见一眼我的母亲，可是我的神通还不够。希望您能发发慈悲，拿出您的威力来，就算只能看一眼，我也永生不忘您的恩德了。"

如来的神通是别人想象不出的，听了目连的多次恳求，如来见他可怜，就借给目连一条神奇的拐杖，一个神奇的钵盂。目连借来神通，"腾"地升到空中，像风一样快，一会儿到了地狱门口，摇着拐杖，地狱门就自动开放了。

地狱里面黑洞洞的，许多重黑色的墙壁，许多扇漆黑的大门，四面是黑铁做的城墙，城中有许多铜做的烟囱，黑红的火焰从里面喷出来。在城中受罪的人，每天要死去活来上万次，有的要走刀山，穿剑林，有的用铁犁拉过身子，有的用铜汁灌到嘴里，有的被迫吞下滚烫的铁丸，有的手抱着热的铜柱，身体被烤得焦烂了。他们身上带着刑具，一刻也不能脱下。牛头小鬼每天来割他们身上的肉，看守的小卒每天来拷打他们。放在锅里又煎又煮，受的罪实在难当。目连的妈妈青提夫人也在这些人中间，遍体伤痕，哪里还有往日的模样！

目连想见母亲，就低声下气地再三请地狱的看守照应，才算被允许了。这时青提夫人虽然听到了儿子的叫声，可是浑身像是散了架，如何挣得起来？夜叉查点过罪人的人数，把要领出的罪人名单交给小鬼，牛头和狱卒拿着棒，举着叉，将青提夫人拉了出来。目连这才看到了母亲，几步抢上前去，哭着抱住母亲，长久说不出话来。过了好久，才边哭边说："母亲，您做了那么多善事，总应该升入天堂，为什么却落得今天受这样大的苦？"

青提夫人叫目连的名字："罗卜啊罗卜，今天落到这样的下场，都是因为我生前造的孽。想我活着的时候，为人小气，嘴巴又馋，老是杀生，不做善事，哪想到有今日哪！罗卜啊罗卜，娘现在遭的是什么罪呀，每天里又渴又饥，有时叫我上刀山穿剑林，有时把我扔到沸水里煮，有时铁犁拉过我的身体，有时用铜汁倒进我嘴里，还把我绑在烫铁床上。这么多年了，我还没有喝到过汤水，我的身体差极了，还全是伤疤啊。"

目连听了，更加难过，看母亲生前生后，面貌像变了个人。自己地位高贵，常有好菜好汤，自己的亲生母亲却是连一口汤也喝不上。目连施展神通，变来了好吃的饭食，端给母亲吃。哪知青提夫人活着时罪太深了，汤一端上来就成了铜汁，饭菜刚想吃就变成了大火，目连看到这个情景，知道是母亲以前做错了事，流下了眼泪。

目连施展本领又回到了如来佛那里，把看到的跟如来讲了，请求如来佛救救自己的母亲。如来佛本来是个很慈悲的人，无时无刻都想为别人做好事，看目连这样孝顺，为了救母亲，做了那么大的努力，就告诉目连说："我可以告诉你一个方法。你要多多准备些好的果子和吃的，等到有一天，许多和尚都解去忧愁，罗汉们都欢喜的时候，你把好菜好果端出来，再三地恳求他们救你的母亲，或许能成功。佛祖在世的时候曾经留下过这个仪式，把它叫作盂兰会，所以现在还推崇它。"

目连听了，非常高兴。就照着如来说的去做，每个座位上都用彩条和花朵来装饰，香炉里焚上上好的香，准备了好多稀罕的食物，在案桌上供起

来，真心真意地企求如来和众多的佛爷，救救自己的母亲，让她离开阴间，早日升入天堂。

这样的诚意，终于使得目连的母亲提早离开了地狱，免得长期遭受折磨。但因为罪孽深重，不能够升到天上，脱胎变成了都城里一条母狗。每天在街上跑着，吃着不干不净的东西。

目连的天眼看到了这一切。他来到了京城寻找这条母狗。狗见了这个和尚很高兴。目连知道这是母亲变的，眼泪流了出来，就问母亲现在做狗，比在地狱的时候，情形怎么样。青提夫人见儿子发问，心中也很高兴，就说在地狱里，白天黑夜都受苦，这也是自作自受。幸亏目连设了盂兰会，才让她离开那里。虽然变成一条母狗，东西不干净但毕竟还能吃下去，比在地狱时要好多了。只是觉得太对不起目连了。

目连知道自己的力量不能再次救母亲上天，就又来告诉如来。如来正好在讲授这方面的教义。被目连的一片孝心打动，就叫目连记着：在庵园里，请上四十九个和尚，设上七天的道场，日日夜夜要念经拜忏。挂上布幡，点上灯笼。看到动物就要放它一条生路，自己要读佛经中大乘的教义，诚心地祭请各个佛祖。目连一一照办，青提夫人才终于升了天。

佛经里经常告诫弟子们，一定要像目连一样孝顺。如果父母双亲都还健在，就要听他们的话，好好侍奉他们。如果他们有天忽然死去了，就要吃素食听佛法来报答他们的养育之恩。不能像一些笨人，连自己的父母也不报答。禽兽们也知道哺养的深情，何况自己是父母生下来的，却不去行孝道！

中秋过十六的典故

中秋节，是我国四大传统节日之一，可以说是普天同庆。然而，浙江宁波欢度中秋节却是在八月十六，此中缘由，出自当地古代一位大清官、大孝子的一段感人故事。

南宋时，明州（今宁波市）鄞县有个名叫史浩的书生，他的外祖父曾随岳飞元帅英勇抗金，南征北战，屡立战功。后来，岳元帅惨遭秦桧等奸臣陷害，沉冤莫白。外祖父因此在满怀悲愤之下，解甲归田，回到明州老家经营酒业。然而，外祖父念念不忘为岳元帅昭雪冤情，光复大宋河山。

史浩从小就经常听外祖母讲述岳飞与外祖父等忠臣良将的英雄事迹，深受教诲，立志刻苦攻书，准备长大后报效祖国。

宋高宗绍兴十五年（1145），史浩中了进士。由于他出色的才华和高尚的品德深受皇帝赏识，因此官职不断升迁，升至枢密使，还被聘授为太子教读，深获太子敬重，成为南宋著名贤臣之一。

隆兴三十二年（1162）六月，宋孝宗登基即位，即提升史浩为右丞相。同时采纳史浩等爱国人士的策略，先为岳飞平反昭雪，追封岳飞所有家眷、部下的官爵；后于次年二月，贬逐秦桧党羽，并任命力主抗金的张俊为枢密使，统率江淮各路兵马，出师抗金。

张俊抗金，开始节节胜利。后因部将邵宏渊与李显忠闹矛盾，导致符离之败。这样，大大动摇了宋孝宗抗金的信心，不仅削除了张俊的兵权，还重新任用秦桧的党羽汤恩退，并将败绩归咎于史浩等忠臣良将，把史浩降职为江浙巡察。

史浩一到江南，就简装微服，深入各处城乡，明察暗访百姓疾苦。获悉地方上的许多贪官污吏、土豪劣绅，长期以来不顾国计民生，只顾贪赃枉法，横征暴敛，与连年的风灾水患成为人民的两大祸害，导致民怨沸腾。于是，史浩一面大力惩办祸国殃民的官吏豪绅，一面为民请命，上表朝廷请求拨款兴修堤防水利，治患抗灾。亲自率领百姓勘察各地河道、堤防，制订疏通河道、固筑堤防和引水灌溉等兴利除弊的各项规划，而且亲临现场督工，沐雨栉风地带领百姓日夜苦干、大干，一定要抢在"秋老虎"（江浙沿海台风、水患的别称）未来之前，把人民财产受灾的损失降到最低程度。

史浩这一系列的善举，深受江南百姓的爱戴，人们齐声称颂他为"史青天"。百姓欢欣鼓舞，干劲冲天，江浙一带处处呈现出百废俱兴，欣欣向荣的景象。可是，史浩却因操劳过度而日益消瘦，双眼时时布满血丝。

终于有一天，史浩再也支撑不住，昏倒在工地上。这下子把大家都吓坏了，七手八脚忙把史老爷抬到就近的农舍中，请来医术最好的郎中为他诊治。郎中经过把脉之后对大家说："老爷因劳累过度，加上长期的日晒雨淋，得了寒热症。除了对症下药之外，还须静养数天。"

3天后，史浩的病情大为好转，但体质还很虚弱，刚刚起坐，便首先询问各地防灾工程进展如何？当得知一切顺利之后，忽然又若有所思地询问身边侍卫："今天是什么日子？"当他得知已是农历八月十六时，马上起身，吩咐左右带马过来，然后翻身上马，带领两个随从，匆匆赶回百余里外的鄞县老家。任凭大家怎么苦劝，都阻拦不了。

原来，史浩是个出名的大孝子。他历来不管在何处当官，一定要在每年八月十五日这天赶回老家与家人团聚，共庆中秋佳节，接着便于次日为外祖母祝寿。而外祖母也特别疼爱这个孙儿，每年的中秋节，老人家就早早备好晚宴，等待孙儿到来。

可是，今年的中秋节，外祖母偕同全家人一等再等，一直等到月上三竿还不见史浩的影子。一家人不知何故，急得团团乱转。老夫人更不用说，便忧心忡忡地宣布罢宴。

次日傍晚，史浩终于形容憔悴，风尘仆仆地赶到家中，在家眷兴高采烈地迎接下，双膝跪倒在外祖母面前，诉说为何误了回家过节和为祖母祝寿的缘由，请求外祖母宽恕。外祖母听罢，笑眯眯地扶起史浩，连声称赞说："好孙儿，您尽心竭力为民办好事，不仅是个好官，还不愧是俺史家的好儿孙，错过一次中秋节不要紧。"

这时，外面突然人声嘈杂，院子里一下子涌进来许多人。原来，全村的人都早已知道史浩为民办事而误了回家同老太夫人共庆中秋，因此大家也就一齐在昨天不欢度中秋节。此时闻说史浩回来，个个和颜悦色端着月饼和果品，一齐来到史府，齐声对着史浩和老夫人说："十六的月亮比十五圆，大家就在今晚一同欢度中秋吧！"

从那时起，宁波人都拿史浩的事迹教育后代。而宁波中秋过十六的习俗也就一直沿袭至今。

连着母子心的电话

佟大为是80后孝子的榜样。他1982年出生于辽宁抚顺，年轻有为，现在是著名的青年演员，深受广大观众的喜欢。如何更好地孝顺父母？佟大为有自己独到的见解。很多朋友认为只要给父母钱，为家里置办东西，就是孝顺，佟大为却不同意这种观点。他认为父母不缺这些东西，最关键的是要看透、理解父母的心意，懂得去表达孝心，多在精神方面给父母关爱。

佟大为一年大部分时间一个人在外拍戏，不管一天的工作多么紧张忙碌，每次都会在电话的另一头和母亲亲切的耳语，唠家常。把自己的见闻、感受、一天的工作心得体会，和同事相处的是否融洽，甚至今天吃了什么，穿了什么，天气冷不冷，在外地的生活习惯不习惯，又见到哪些影迷和观众，他们都和自己说了些什么，身边朋友的趣事，今天拍戏的剧情是怎样的，领导对自己的表现是否满意……佟大为都会把这些一一告诉母亲，因为这些本来就是母亲百听不厌的话题。儿子乐于与母亲分享一天的心情和感受，他甚至把每天和母亲的电话沟通当成了自己最享受的"夜宵"。孝顺的佟大为从不认为和母亲日复一日而又近乎是同样内容的电话沟通可有可无，儿子内心懂得母亲内心最渴望了解儿子的一切，不然母亲一颗牵挂的心就老是悬在半空中，担心儿子的一切。所以为了让母亲心安理得，佟大为把和母亲的沟通视为铁打不动而且特别有意义的事情，每天和母亲煲起电话粥来都津津有味，乐此不疲，心情愉悦。有时一天竟然打了好几次，而连他自己都没有察觉。不了解实情的人还以为他是给女朋友打电话呢。

提起孝顺父母，佟大为感触颇深。他联想起了中央电视台的一个公益广告：一位年迈的母亲满怀欣喜地做好一桌饭菜等儿女回家团圆，可一打电话，儿女们不是在开会，就是在出差，要不就是在和朋友聚会，结果空空的桌子边只剩下老人孤单落寞的身影。佟大为特别理解母亲的心声，他绝不让自己的母亲像这则广告中的母亲那样感到孤单寂寞。只要稍微有空，佟大为就会想尽一切办法回家看望母亲。陪母亲聊聊天，叙叙旧，喝杯茶，给母亲捏捏脚，捶捶背，陪母亲到商场转转、公园散散步，只要陪在母亲身边，无论干什么，母亲都会像孩子一样高兴。孝顺的儿子从不让母亲感到孤单寂寞，他努力让母亲的世界到处都充满着自己的欢声笑语。

张良敬老得兵书

张良（约前251—前186），字子房，汉初"三杰"之一，伟大的谋略家、政治家，原六国之一韩国贵族的后代。曾经结交刺客，想用大铁锤击杀秦始皇，没有成功。后来投奔刘邦，成为重要谋士。刘邦曾称赞他能"运筹于帷幄之中，决胜于千里之外"。

张良刺杀秦始皇失败后，被全国通缉，他只好更名改姓，在一个叫下邳的地方躲了起来。

有一天，他经过一座石桥，看到桥上坐着一位老人，穿着布衣，鹤发童颜，神态十分悠闲。老人也看见了张良，仔细打量着他，若有所思地点了点头。

张良拜师

就在张良走过老人身边的时候，老人忽然"哎呀"叫了一声。张良一看。原来老人的鞋子掉到了桥下。老人盯着张良，粗声粗气地说："小子，你帮我把鞋子捡上来吧。"

张良一愣，没想到老人会用这种口气跟他说话。不捡吧，觉得心里过意不去，捡吧，老人的态度又实在让人受不了。

看他站着发愣，老人催促道："还不快去捡？难道你要让我老人家亲自动手吗？"

张良强忍心中的不满，走到桥下，帮老人把鞋子捡了上来，递给老人。没想到，老人不但不感谢，还大声说："给我穿上！"

张良看着老人，想知道他是不是在捉弄自己。然而老人的眼中并无恶意，反而透露出慈祥和智慧。这眼神让张良感到温暖。于是他跪下来，恭恭敬敬地帮老人穿好鞋，然后向老人告辞。

老人大笑，说："孺子可教啊！五天后的早上，咱们桥头再见！"

五天后，张良一觉醒来，发现天快亮了。忽然记起老人的话，赶紧起身，急匆匆地赶到桥上。老人此时已经站在桥头上，见张良才来，生气地说："和老人约，怎能晚到？五日后再来！"说完就走了。

第二次，张良早早就去了，没想到还是比老人晚。

第三次，张良半夜就到桥上等候，等了一会儿老人才来。老人高兴地说："这就对了。"于是拿出一本书，说："这本书你拿去吧，熟读此书，就可辅助明君，必成大业。"

张良跪下接过书，正想说些感谢的话，老人已转身飘然而去。

张良回到家中，打开那本书，原来是久已失传的《太公兵法》。从此，张良日夜研读这部兵书，终于成为著名的战略家，辅佐刘邦成就了帝业。

以忠尽孝的马本斋

马本斋是各族人民敬仰的英雄，殊不知英雄的背后，有一位伟大母亲的关怀与支持。正因为如此，马本斋一生最敬重的，就是自己的母亲。母亲的深明大义，使马本斋通过以忠尽孝的方式，实现了忠孝两全。

1937年夏天，"七七事变"的消息传到了马本斋的家乡东辛庄，他与母亲商量："国难当头，我作为中华民族的子孙，决不能袖手旁观！"母亲赞成他的意见。于是马本斋领了村里一帮小伙子习拳练武，准备对付侵略者。

这年8月30日，是东辛庄人民最难忘的日子。上午，全村人不约而同都来到了清真寺。在高涨的爱国气氛中，东辛庄"回民义勇队"宣告成立，马本斋被推举当了义勇队的队长。站在一旁的母亲语重心长地对儿子说："本斋，大伙这样看重你，你可得好好给大伙儿办事啊！"马本斋深知母亲的心意，他郑重地点点头，从此开始了保家卫国的战斗。

"回民义勇队"的旗帜竖起后，队伍越来越强大。1937年秋后，马本斋率领"回民义勇队"开赴抗日杀敌的战场，打翻日军的军用卡车，阻击下乡骚扰的汉奸队伍……在斗争中，他听说共产党、毛主席领导的队伍才是真正打天下的队伍，只有八路军才能取得革命的彻底胜利，于是他率领"回民义勇队"参加了八路军。从此，在共产党、毛主席的领导下，他们成了打不烂、拖不垮的铁军，所到之处，攻无不克，无坚不摧，被誉为百战百胜的"回民支队"。

然而敌人是无比狡猾的。1941年8月27日，趁"回民支队"转移时，敌人抓去马本斋的母亲，妄图以此来迫使马本斋投降。母亲被捕的消息很快传到了"回民支队"，大家都纷纷要去营救。一向孝顺母亲的马本斋闻讯更是心如刀绞，他回忆起母亲给他讲"苏武牧羊""岳母刺字"等故事的情景，回忆起母亲教育他为穷人拉队伍，使他走上革命道路的往事，心头涌起阵阵波涛。他对政委说："请党放心，我是共产党员，从入党那天起，我就把自己的一切交给了党。娘被抓走了，儿子心里是难过的，但是儿子照样打鬼子，才是对母亲最大的孝，也是对母亲最大的安慰。"

面对敌人的威逼利诱，母亲坚决拒绝劝儿子投降，为了不让儿子为难，她甚至选择了以绝食同敌人斗争，最终光荣牺牲。母亲的牺牲使马本斋悲痛不已，然而他的选择是擦干眼泪，继续和敌人进行不屈不挠的斗争。

带病照顾母亲住院的孝女

牛莉出生于运动员世家。从影前，牛莉是个运动员，荣获花样游泳冠军，射击冠军。牛莉说，自己首先是一名军人，然后是一名演员，所以她认为自己很坚强。但铁打的汉子也有脆弱的时候，更何况作为女性的牛莉，牛莉也不例外，她也有自己的酸甜苦辣。但即使在外面再苦再累，受了多大委屈，拍戏的时候无论受伤生病或是遇到难处，牛莉都不会向父母倾诉，她告诉父母的从来都只是自己顺心的方面，她之所以这样做，她要让他们为自己少操心。

2002 年秋天，牛莉在深圳拍摄电视剧《豪门惊梦》，不幸将左腿摔成骨折。

伤势很严重，痛得她整夜睡不着觉。但父母打来电话询问她的近况，她强忍着泪水，对母亲说道："妈，我很好，请您和爸爸放心。"挂上电话后，这头的牛莉蒙头大哭，让泪水任意的流淌。

在拍摄完《豪门惊梦》后，牛莉的腿依然没有完全恢复，她回到了北京的家里。推开家门，让她意外，她没有看到父母迎接，表弟告诉她："你妈患糖尿病住院了。"牛莉连忙赶到了医院，在病床上见到了被疾病折磨的面容憔悴的母亲，她眼泪止不住地流出来了，边哭边说"妈，你都病成这样了，为什么不通知我回来照顾你？"

而躺在病床的母亲却突然看出了牛莉左腿有些异样，发现她走路有些不正常，反问她："孩子，你的腿怎么了？是不是受伤了？"牛莉这才把腿受伤的事情告诉了母亲，听完牛莉的诉说以后，母亲心中充满了责备与欣喜。责备她受重伤也不给家里说一声，欣喜的是女儿的腿并无大碍。

母亲心疼她，让她继续接受治疗，在母亲的要求下，牛莉最后也住进了那个医院接着治疗左腿。于是，在这间医院的病房里，人们欣喜地看到有一对穿着病服的一老一少，她们脸上洋溢着无比的幸福。大家认出了年纪轻的那个是明星牛莉，她走路显得有点瘸，但是她仍然尽力扶着一旁的母亲，陪母亲散步。母亲躺在病床上，她就给母亲揉揉肩、膀捶捶腿；母亲要到病房楼下晒晒太阳，她就搀扶着母亲一步一步缓缓地下楼。尽管自己的腿没好利索，但是牛莉一直尽心照顾母亲，全然忘了自己也还是个病人，也需要照顾。在她心里，母亲比自己要重要得多。

牛莉说父亲最喜欢唱的一首歌是《常回家看看》，而她总是用自己的行动诠释着那充满生活亲情的歌词。无论拍戏多忙，牛莉总会抽出时间回家陪父母聊天。她给父亲专门开辟了养花的空间，回到家时，系上围裙给妈妈打扫卫生刷碗筷，给父亲捶背按摩，每当和父母在一块的时候，她说自己是最幸福的。

牛莉对父母的照顾很细心，现在每年牛莉都会安排父母去国外旅游，当他们旅游回来后，她恭耳倾听他们讲述一路见闻的异国风情。母亲的身体不好，牛莉会牢牢记得让母亲定期去做健康检查。牛莉说，自己要做他们贴心的小棉袄，让他们感觉到舒心。

感应章第十六①

【题解】

本章论述孝悌之道，如果能做到诚心恭敬、圆满无缺，就会和天地、先祖相互感应，从而达到天、地、人和合的境界。

【原文】

子曰："昔者明王，事父孝，故事天明；事母孝，故事地察②；长幼顺，故上下治。天地明察，神明彰矣。故虽天子必有尊也，言有父也③；必有先也，言有兄也。宗庙致敬，不忘亲也；修身慎行，恐辱先也。宗庙致敬，鬼神著矣。孝悌之至，通于神明，光于四海④，无所不通。《诗》云：'自西自东，自南自北，无思不服⑤。'"

【注释】

①感应章：此章言孝心感动天地神明、天地神明降福保佑之事，故以"感应"为名。又，据阮元《孝经注疏校勘记》，"感应"二字，石台本、《唐石经》、岳本皆作"应感"，邢昺的《正义》本也作"应感"。

②昔者明王五句：司马光说："王者父天母地，事父孝，则知所以事天，故曰明；事母孝，则知所以事地，故曰察。"又《周易·说卦》："乾为天，为父；坤为地，为母。"说明父道与天道相通，母道与地道相通。

新二十四孝图（六）

③父：谓诸父。即伯父、叔父。

④光：通"广"，充满。

⑤《诗》云三句：见《诗经·大雅·文王有声》。思：语助词，无义。

【译文】

孔子说："从前的圣明帝王，因为他们事奉父亲孝顺，所以也就知道该怎样事奉天神；因为他们事奉母亲孝顺，所以也就知道该怎样侍奉地祇；因为他们能够处理好家庭的长幼关系，所以也能够处理好国家的上下关系，天神地祇洞察孝子的所思所行，感其至诚，于是降福保佑。所以，即令是贵为天子，也必有他所尊敬的人，这就是他的诸父；也必有他所礼让的人，这就是他的诸兄。在宗庙中举行祭祀表达敬意，表示没有忘记亲人；注意自身修养，做事谨慎小心，这样做是唯恐给祖先带来耻辱。在宗庙中举行祭祀表达敬意，感动了鬼神，鬼神就纷纷降临，接受祭飨。孝悌之心达到了无以复加的地步，它就会和神明相通，充满整个世界，没有达不到的地方。《诗经》上说：'从西到东，从南到北，普天之下，没有不服从的。'"

【解析】

人有生必有死，把生前和死后做一个比较，就会发现：人的寿命十分有限，而死后的日子却无限久远。因此，产生"永生"的欲求，也是人之常情。永生不可能，于是诉诸立功、立德、立言。这也实在不容易，便顺理成章地认为"灵魂不灭"，因为身虽不在，魂却可以长存。人死后返回原来的地方，称为归。《说文》指出："人所归为鬼。"与鬼相对的即为神，可以"引出万物"。我们相信"生前有卓越贡献的人，死后应该尊之为神"。父母对家庭来说，无论如何都是伟大的，所以死后立有神主牌。把亡故的父母尊为神，让家人定期祭拜以表示追思，也用来教导子女不可忘记祖先的恩泽。因为如果没有祖先，就不可能有我们这一家人，这种大恩大德，永远都报答不完。大恩不言谢，必须长远铭记在心，而且代代相传，用祭祀来表达敬意，心目中永远有先人。祭祀时必须诚心恭敬，自然会感到先人的精神如在我的面前，所以孔子说："吾不与祭，如不祭。"意思是祭祀的形式并不重要，重要的是藉由诚挚的感通之情，以表达深层的敬意。父母在世时，子女要孝敬；父母去世以后，子女在有生之年也必须孝敬。虽然形式不同，但敬意则应该始终如一。

《论语·泰伯篇》记载："禹，吾无闲然矣！菲饮食而致孝乎鬼神；恶衣服而致美乎黻冕；卑宫室而尽力乎沟洫。"致孝乎鬼神，便是向鬼神表达孝敬的诚挚之意。禹对自己的饮食，简单菲薄；对鬼神的享祀，却很丰厚。致美乎黻冕，指祭祀时所穿的礼服，相对于平日所穿的恶衣服，显得很考究。

尽力乎沟洫，表示对农田水利的尽力发展。禹住在简陋的房屋，对人民的公共设施却不惜费用去做。这种公而忘私、实事求是的精神，推展到对鬼神的感念，孔子十分赞叹，所以说他对禹"无闲然"，没有什么不满意的地方。该做的事，要靠自己的力量尽量把它做好。我们祭祀鬼神，并不在乎祈求保佑或恳求协助。我们虔诚敬慎，藉着彼此的感应，使鬼神的德和我们的德联结在一起。因为人力有限，若能获得有如神助的信心，当然可以做得更好。但在未尽力之前，不应该舍近求远去寻求鬼神。

我们不必关心鬼神要不要穿衣服，吃些什么东西，需不需要一辆名牌汽车，要不要花钱。我们应该在父母生前"事之以礼"，死后"葬之以礼"，这样才谈得上"祭之以礼"。所以，孔子主张"未能事人，焉能事鬼"。死后再怎么丰厚的祭品，也远不及我们在父母生前所表达的孝敬。

【生活智慧】

1. 天公地母的称呼，应该是《易经》乾天坤地的转化。《易经》以八卦为一个家庭的象征：乾为父、坤为母、震为长男、坎为中男、艮为少男、巽为长女、离为中女、兑则为少女。天地和男女一样，只是各有所长、各有所分别而已，并没有尊卑、贵贱的不同。天的光明与地的明察，对万物的生长同等重要，缺一不可。父母也是一样，对子女的生育成长同等重大，当然也最好能够双全。

2. 天地的神明，只有在子女实践孝道时，受到感应才会降福保佑。我们时时刻刻都应该谨慎小心，以免出了差错有辱父母，经不起神明的考验。若是良心不安，那就无法获得神明的保佑了。《易传》所说"自天祐之，吉无不利"，并不是天先降福，人才能吉祥顺利。把"自"字放在天的前面，表示人自己必须先尽心尽力，天神才会降福而助人顺利。此乃符合尽人事

（自己先尽心尽力）听天命（天地神明随后才降福保佑）的说法，可见道理是相通的。

3. 我们的天性得之于天地，所以称为天性。我们的身体，是父精母血的结晶。我们对于天地、父母，应该同样孝敬事奉。古人行婚礼，新郎与新娘左右对立，表示双方情投意合，而且同等重要。于是一拜天地，二拜祖先，三拜父母之后，才可以夫妻互拜。第一拜天地，是向上天表明双方已经尽力彼此了解，也获得双方家长的同意，祈求上苍祝福，使夫妻成为"天作之合"的佳偶。二拜祖先，是将富有生育能力的新妇向祖先引见，希望接纳新妇为家族中的生力军，并保佑早生贵子，以生生不息。三拜公婆，主要是新妇入门，要多向公婆学习，并且好好侍奉公婆。有了这三拜之后，夫妻交拜表示当着天地、祖先和父母之面，宣誓永结同心、互相尊重和彼此包容。在充满孝道的气氛中，完成神圣庄严的人生大事，并没有半点儿戏，所以可长可久。做事重视先后次序，向祖先致敬，不忘亲也。

4. 父母看到子女敬天地、拜祖先，会有什么样的感觉？这是十分容易了解的。稍微将心比心，就会立即联想到：生前如此孝敬，死后也不致相差太远。因此，父母对于"死亡"的恐惧，将会大幅地降低。"生无忧而死无惧"，对人生来说，具有十分重大的意义。子女的孝敬，则是最坚牢而可靠的基础。有了子女的孝敬，父母生前无所忧虑，死后也将无所恐惧。

【建议】

神明不应该被当作祈求降福赐禄的对象，否则便是不诚。严重违反了"诚者灵"的基本原则，神明当然不会做出什么回应。神明的意思，原本是我们看祂很神奇，神看我们很明白。我们和神明的沟通桥梁，只有"道德"，别无其他。通神明之德，是我们唯一能够做到的事情。虔诚祭祀，以祖先的

德来提升自己的警觉性，致力于品德的修养，就好像把祖先的德再度彰显出来一样。抱持"敬神，但不依靠神的力量"的心态，才是"敬鬼神而远之"的真正用意。藉着对神明的礼敬，来唤醒自己的本有明德，使自己的生命光辉持续不断地增强，而丝毫没有迷信的色彩。这就是明智的感通，称为"正信"，也就是真正的信仰。

【名篇仿作】

《女孝经》胎教章第十六

【原文】

大家曰："人受五常之理，生而有性习也，感善则善，感恶则恶，虽在胎养，岂无教乎？古者妇人姙子也，寝不侧，坐不边，立不跛。不食邪味，不履左道。割不正不食，席不正不坐。目不视恶色，耳不听靡声，口不出傲言，手不执邪器。夜则诵经书，朝则讲礼乐。其生子也，形容端正，才德过人，其胎教如此。"

【译文】

曹大姑说："人在接受人伦的教育的时候，生来就是有习性的，要是生来就接受善的教育，将来他就是善的，要是他接受的是恶的教育，将来他就会变成恶人，虽然还只是养在胎里，但岂能够忽视教育的作用？古代妇人在怀孕的时候，睡觉是不侧身，坐着是不靠边，站立的时候不翘着腿。吃饭的时候，不吃那些不正的味道，不做不正派的事。肉要是没有按照礼制的方式切割，就不吃，座席不正就不坐。眼睛不看不好的景物，耳朵不听靡靡之音，不说傲慢的话，手中不拿邪器。晚上要诵读经书，早上则要讲礼乐。其所生的孩子，容貌端正，才德超过一般的人，这是因为受过胎教。"

《忠经》证应章第十六

【原文】

惟天鉴人，善恶必应。善莫大于作忠，恶莫大于不忠。忠则福禄至焉，不忠则刑罚加焉。君子守道，所以长守其休，小人不常，所以自陷其咎。休咎之征也，不亦明哉？《书》云："作善降之百祥，作不善降之百殃。"

【译文】

上天在鉴别人的时候，善恶是区别对待的。最高的善就是忠，最大的恶就是不忠。如果臣子忠于君王，福禄就会到来，如果臣下要是不忠，刑罚就会落到自己的头上。君子守道，就是要长久地坚守自己美好的一面，小人反复无常，所以常常会得到惩处。奖励和惩处的凭据，不是非常明确吗？《尚书》说："做善事的话，就会带来许多吉祥的事，做不善的事的话，就会带来许多遭殃的事。"

司马迁不负父命

司马迁是我国西汉伟大的史学家、文学家。

作为史官，既要记载帝王圣贤的言行，也要搜集整理天下的遗文古事，叙事论人，为当时的统治者提供借鉴。司马迁的父亲司马谈便有志于此。他做太史令之后，就开始搜集阅读史料，为修史做准备。但是，他感到自己年事已高，要独立地修成一部史著，无论是时间、精力，还是才学知识都还不够，所以司马谈寄厚望于他的儿子司马迁，希望他能够早日参与其事，最终实现这个宏愿。

司马迁从二十岁便开始了他的游历生活。他到过会稽，访问夏禹的遗迹；到过姑苏，眺望范蠡泛舟的五湖；到过淮阴，访求韩信的故事；到过沛邑，访问刘邦、萧何的故乡。看到儿子眼界开阔，学识精进，司马谈非常欣慰。这位老学者在病危时，紧紧握着司马迁的手，流着眼泪对他说："我们的祖先曾经是周王朝的太史，再往上追溯，前代祖先还曾经在虞夏之朝有显赫的功名，难道这些要在我这一代中断了吗？如今天子封禅泰山，是承接千年绪统的重大举措，而我却不能从行，是命运这样决定的吗？我死之后，你一定要接着做太史令，一定要继承我的事业。当今大汉兴盛，海内一统，明主贤君忠臣死义之士，我任太史令而没有记载，内心十分惶恐，你应当时时想着这件事！"司马迁低着头，哭泣着说："儿子不才，但一定记住完成父亲未完成的事业，详细论述先久昕记录的史事，不敢遗漏！"父亲的教诲嘱托

中华传世藏书

孝经诠解

《孝经》原典详解

极大地震动了司马迁，他看到了父亲作为一名史学家难得的使命感和责任感，他也知道父亲将他毕生未竟的事业寄托在自己的身上。做了太史令的司马迁，大量阅读书籍和重要资料，费尽心血，埋头整理和考证史料。

天汉二年，李陵投降匈奴。汉武帝大怒，司马迁直言为李陵辩解，认为李陵在矢尽粮绝的情况下投降匈奴，情有可原，只要他不死，一定还会效忠大汉。盛怒中的汉武帝听了司马迁这番话，认为司马迁有意替李陵护短开脱，反对朝廷，将司马迁关进监狱。

后来，汉武帝听信传闻，处死了李陵的全家，对司马迁也处以宫刑。司马迁的身心都遭受了极大的痛苦。他本想一死了之，但想到父亲的遗愿，想到自己未完成的事业，便打消了这个念头。他想："人总是要死的，有的重于泰山，有的轻于鸿毛。如果我就这样死了，不是比鸿毛还轻吗？我一定要活下去！我一定要写完这部史书！"想到这里，他尽力克制自己，把个人的耻辱、痛苦全都埋在心底，重又摊开光洁平滑的竹简，在上面留下一行行工整的字迹。

此后，司马迁忍辱负重，专心著述。经过十年的艰苦努力，终于完成了《史记》。后来鲁迅先生称赞《史记》为"史家之绝唱，无韵之《离骚》"。

忠国孝母许班王

许国佐（1605—1646 年），字钦翼，号班王，旧庵，自署百花堂主，广东省潮州府揭阳县在城（今榕城）人。国佐性格豪爽，天资聪敏，酷爱诗酒，侍奉双亲至孝。

明朝天启七年（1627 年）省试考中举人。崇祯四年（1631 年）登进士，选授四川叙州府富顺县县令。

任职期间，许国佐千方百计兴利除弊，广施善政，尊重乡贤，体恤民情，设议局、均税赋、废奴制、严惩横行霸道之土豪劣绅，百姓大为赞颂，也使邻县相互仿效。一时间，轰动巴中、巴西、川南等地区。由此也就得罪了不少祸害地方之权贵，他们便暗中勾结，买通了川军提督洪文峰，巡抚牛兆山，捏造"私调兵马剿山灭寨，草菅地方烧杀无度和撰题反联、欺君罔上"等罪名，将国佐革职查办，囚禁天牢。

后来，幸得朝中诸多知情的忠良和川南百姓极力为国佐申诉辩诬。两年之后，冤案终于澄清昭雪。朝廷便将这位公正廉明、抗暴治县的许国佐调任贵州省遵义县县令。

在此期间，正值朱明王朝阶级矛盾和民族矛盾激化、江山摇摇欲坠之时，关外满清皇太极和多尔衮统帅十五万满、蒙精悍大军再度扑向山海关，试图破关之后攻取北京；李自成等十三家农民军蜂起于四川、陕西、河南各省，到处攻城略地；朝内百官又结党营私，明争暗斗，狱中人满为患；崇祯皇帝刚愎自用，处处疑忌，滥杀功臣良将；满朝文武百官人人自危，忠良之士纷纷隐退……

崇祯十年（1637年）春，皇帝急召政绩卓著的贤明县令许国佐入京，升任兵部主事，协同刚从狱中释放的兵部尚书傅宗龙统领边军三十万，开赴燕山御敌。

初试锋芒，许国佐从战略上倚仗险要地势，利用敌军常胜的骄气，从战术上采取"据险设伏，诱敌入网，施行火攻，分割围歼"。傅尚书依计而行。结果，几经激战，竟用五万边军就大破强敌十五万精悍步、骑兵，使敌兵伤亡过半，大败退回了辽东。而后，许久未敢轻举妄动。

燕山大捷，龙心大喜，视许国佐为扶国栋梁，中流砥柱，升职为兵部员外郎，兼督九江饷务。

就在许国佐为国家力挽狂澜之时，突然接到一封家书，告知父亲许有丰身患重病，卧床不起。许国佐顿时放声大哭，哭毕之后他踌躇了：论忠，他必须为国而死；论孝，他必须请假而归。倘若不归而父死则极为不孝，不孝之臣则天下切齿，何以辅助朝政？

苦思了两昼夜，他终于无可奈何地决定：天下事只有由君王自为了。

崇祯皇帝终于恩准这位兵部属官回乡尽孝，并赐予御用灵芝草一对以宽慰他。命其尽孝之后即速回朝辅政。

崇祯十七年（1164年）三月十八日，甲申国变，李自成攻陷北京，崇祯皇帝自杀。国佐在家闻讯，即刻昏厥过去，醒来失声痛哭。于是便披麻戴孝，光着脚板率领知县吴煌甲及一众官吏，跪哭于揭阳孔庙。回想多年来匡扶社稷的百般心计竟然随皇上的仙逝而付之东流，不禁眼前一黑吐血倒地。事后，他带头在县衙为崇祯设灵祭奠，闹了四十九天，竟瘦了十多斤。

而后，明室旧臣马士英等拥立福王（弘光皇帝）朱崧在南京即位，意图复国，召国佐到南京复职勤王。国佐因父亲病重侍奉汤药而未能赴任。次年，清兵攻破南京，杀害了福王。明室遗臣黄道周、郑芝龙等又拥立唐王朱聿键（隆武皇帝）在福州即位，诏令许国佐复职兵部侍郎，速到福建辅政。此时，恰逢父亲去世又未能成行，等到许父安葬之后，闽粤到处已经兵荒马乱，道路不通，无法赴任。

清朝顺治三年（1645年）六月九日，揭阳县龙尾乡石坑村武生刘公显，因官场失意，便聚众造反。自称"大明镇国大将军领九天都督"，招集江西流民首领曾诠、福建流民帮主马麟等人马，号称"九军十八将"，先后攻占揭阳城外各都乡寨。

次年初秋，九军探得揭阳县令吴煌甲积劳病死，继任县令赵甲谟又失职获罪入狱，许国佐与罗万杰（揭阳人，崇祯十六年退隐之吏部主事、都察院右金都御史）等人离县未归，城中协守官员不多。便乘机设计智取了揭阳城，捕杀了知县谢嘉宾，都司黄梦选，推官刑之桂等官吏七十八人，只留下许国佐之母余氏老夫人作为人质，谦恭礼待，用车马送往桃山都九军大营，以此胁逼许国佐入伙。此时，许国佐正和罗万杰在潮州府衙与潮惠巡抚程峋等人策划募兵勤王，抵御清兵，护卫福建小朝廷；另一方面对揭阳九军施行剿抚之事，突然闻讯揭阳县城已被九军攻陷，城中官吏士绅均遭九军斩杀，老母亲也被九军扣留为人质……

国佐闻讯，顿时五脏崩裂，昏倒在地。醒来时痛不欲生，立刻辞别众官，飞身上马，快马加鞭，直奔揭阳。

刚到揭阳，只见残垣倒塌，尸骸遍地，烟火未熄，四野成灰……他顾不了许多，只想直闯敌营，以身换回亲娘，若能如愿，虽死无憾；若为救母而被迫屈身事贼则宁死不从。

国佐来到榕江，北河横亘眼前，波涛滚滚。此时正值劫后，途中行人稀少，江面舟楫绝迹。国佐救母心切，挥鞭策马跃下寒冷的江波之中，双手拉紧缰纯，随马泅渡过河。

国佐终于策马冲进桃都山前九军大寨。刘公显得知国佐到来立刻恭身出迎，厚礼相待，百般劝其归顺，共举反旗，国佐誓死不屈从。

刘公显深知国佐乃辅国贤臣，忠孝驰名江南。若欲召令百粤，非此人莫属，便把国佐囚禁起来，厚礼款待，意图慢慢瓦解他的意志。

后来，揭阳百姓聚众密谋劫狱救出国佐，不料计策被九军密探侦破。于是刘公显先将国佐杀害，国佐被害时年仅四十二岁。这时，隐居在桑浦山下玉简峰的辜朝荐，闻知国佐被杀的噩耗，顿时悲愤填膺，用剑在峰前石崖之下凿下四个大字：天绝南臣。

国佐生前著有诗集《蜀弦集》、文集《班斋数句话》《旧庵拙稿》等。

其诗集于清乾隆年间，由其侄孙（进士）许登庸辑纂成册。

许国佐忠国孝母的事迹以及文学上的成就一直激励着后人，为纪念和弘扬这位先贤的精神，今揭阳市成立了"许班王研究会"。

刘兰姐劝姑孝祖

明朝中期，浙江绍兴府山阴县有一户姓杨的人家，娶了一个童养媳，名叫刘兰姐。兰姐年方十二岁，却深明人情事理，对家人十分殷勤恭敬。她见婆母王氏动不动就冒犯长辈，经常咒骂祖母"老不死"，言辞十分粗野，兰姐听后甚为难过。

一天深夜，刘兰姐来到王氏房中，长跪不起。王氏甚觉惊异，便问何故？兰姐回答说："媳妇担心婆母不敬太婆母，日后媳妇也以您为榜样，待您老迈之时，也把您视为'包袱'随意虐待，那时您会多么伤心啊！太婆母长命百岁乃是我家之大幸，恳求您三思而行呀！"

王氏听后恍然大悟，生发许多感触，便面带愧色地说："贤媳妇一席良言，惊醒梦中之人，使我获益匪浅啊！"自此，王氏痛改前非，对待祖母温良恭顺，而兰姐对王氏也是如此。终于一门和谐，邻里赞颂。

孙棘兄弟相代

孙棘，是南朝宋武帝大明年间人。当时，朝廷征召壮丁去防卫边疆。孙棘的弟弟孙萨应征去充军，没有按期到达。根据当时的军法，他被判入狱。孙棘的妻子许氏，劝慰丈夫说："你是一家之主，怎么能眼睁睁看着弟弟受罪呢？姑姑临终时，要你照顾好弟弟。可是他现在还未娶妻成家，却进了监狱。你快想想办法啊。"于是，孙棘便来到郡里，表明愿意代替孙萨受罚。而孙萨从三岁起就和哥哥相依为命，也深受哥哥照顾，因此感恩之心使得他不愿意让哥哥为自己受苦，便说是自己犯法，接受刑法是合情合理的。就这样，兄弟俩相持不下。太守张岱，怀疑他们两兄弟不是真心，便将孙棘和孙萨分别安置在不同的地方，分别审问。结果两人的态度还是那么坚决，当审问哥哥孙棘时，官吏说："已经问好孙萨了，他同意你替他受刑。"孙棘听后，丝毫没有异样，甘愿替弟弟受罚。当问到弟弟孙萨时，弟弟也乐于自己受罚、不连累哥哥。官吏回报说："准许他们请求的时候，他们都是一副同样的表情，他们都心甘情愿自己受罚！"于是，太守张岱写表章禀告朝廷，皇上下诏说："孙棘和孙萨是普通老百姓，但却有如此高尚的品行，所以应该宽大处理。"最后特别赦免了他们。

赵娥手刃父仇

赵娥，东汉酒泉郡禄福县（即肃州）人，父亲叫赵君安，丈夫叫庞子夏。庞子夏去世后，赵娥在禄福县抚养儿子庞淯。

赵娥的父亲赵君安被禄福县豪强李寿所杀，而赵娥的三个弟弟又相继死于瘟疫。李寿得知后，高兴地对众人说："赵家强壮绝尽，只剩下女人了，我又怎么会怕她来复仇呢？"赵娥听此狂言，激发了长期以来的报仇之心。悲愤地发誓说："我一定要亲手杀了李寿！"此后赵娥经常夜间磨刀，扼腕切齿，悲涕长叹，毫不在意别人嘲笑她是女流之辈。

李寿每天骑马带刀，防卫森严，行事飞扬跋扈，众人都躲着他走。终于有一天早晨，赵娥跟踪李寿到都亭前，抓住李寿的马头，大声斥骂。李寿一惊，企图调转马头逃跑。赵娥挥刀奋力朝李寿砍去，这时马因受到惊吓，将李寿摔在路边的泥沟里，赵娥找到李寿，又用力砍去，因用力过猛，刀砍到了树干被一分为二，李寿也受了伤。李寿拿着自己的刀大喊大叫，一跃而起。赵娥随即挺身奋起左手抵住他的额头，右手卡住他的喉咙，反复周旋，最终李寿气闭，倒在地上。赵娥就拔出李寿的刀，割下李寿的头，到官府自首。

当时的禄福长尹嘉，不忍心给赵娥定罪，就主动辞去官职，不受理此案。继续受理此案的官员也不愿意定她的罪，而且想私自放走她。赵娥却视死如归，坚决不做贪生怕死之人，颇有大义凛然之气。后来，朝廷大赦天下，赵娥终于名正言顺地回家了。

茅以升设奖学金

茅以升是我国著名的桥梁学家。对于这位驰名中外的桥梁学家来说，桥就是他的生活乐章，就是他的生命绝唱，就是他的整个世界。

然而，在茅以升的感情世界里，还有一道绮丽的"彩虹"，还有一座通往人生之路的长桥，那就是生他养他，并为他毕生敬重爱戴的母亲——韩石渠。母亲就像一座引导他不倦求知、自强做人的桥，就像一座支撑他艰苦创业、造福人类的桥。

每当茅以升回顾自己的学业时，他总会无限深情地怀念自己深明大义的母亲。茅以升十五岁时，离开家乡北上投考唐山路矿学堂。进校才三个月，辛亥革命爆发，推翻了清政府的统治，他和同学们想弃学从军。他写信给母亲，希望得到母亲的支持。

母亲回信说："你想参军报国，想法可嘉。但你年纪还小，知识不多，就是一心想为国出力，也没多大本事。应安下心来，继续读书为好。"茅以升接受母亲的劝导，留在学校发奋读书。

后来，孙中山先生去唐山路矿学堂视察，勉励学生学好本领，为国效劳。听了孙中山的讲话，茅以升回忆起母亲的叮咛，立志做个有真才实学的人。在唐山路矿学堂的几年学习中，几乎每次考试他的成绩都是全班第一。

1916年，茅以升听说北京清华学堂招考留美预备生，想去报考。当时有人劝茅以升的母亲说，美国离家很远很远，要漂洋过海，孩子这么小，你怎么舍得让孩子离开你呢？茅以升的母亲回答说："读书是大事，孩子的前程要紧，让他到外面见见世面，多学些知识，有什么舍不得。"母亲坚决支持儿子去北京报考。

临行前，母亲为儿子一针一线地缝衣服，准备行装。她勉励儿子说："孩子，去吧，走后别惦念家里。凡事预则兴，不预则废，古时候大禹治水三过家门而不入，终于大功告成，你一定要学大禹治水的精神！"茅以升终于考取了清华留美生，后出国留学，学成后回国成为一名桥梁专家。

在茅以升人生的每个关键时刻，他都能得到母亲的启发、教导和鼓励。修建钱塘江大桥时，茅以升遇到了重重困难。母亲对他说："唐僧取经，八十一难，唐臣（茅以升的号）造桥，也要遇到八十一难，只要有孙悟空，有他那如意金箍棒，还不是一样能渡过难关吗？"在母亲的鼓励下，茅以升克服了各种困难，造好了钱塘江大桥。

茅以升常把自己一生的成就归于母亲的教养之恩，他对母亲极为孝敬。茅以升在贵州平越时，生活极规律，每天早晨必定先去母亲房间问安，然后才去上班。

为母亲庆祝七十大寿时，兄弟几人在茅以升家商量怎么为母亲祝寿。哥哥说："母亲爱子胜于爱自己，她发现我们有不良倾向时，总是耐心开导，从不暴躁训斥。现在我们学有所就，能报效祖国，得感谢她老人家的养育之恩。我们兄弟几家合在一起为母亲祝寿吧！"

弟弟说："母亲为了儿子们的成长操劳了一辈子，我们应该在家乡建造一座花园小楼，让母亲过个幸福的晚年。"

茅以升说道："我们兄弟几人能够学有成就，全靠第一任老师——母亲。我们大力弘扬母亲孜孜以求、诲人不倦的精神，就是对母亲七十寿辰的最好祝贺。我建议以母亲的名字设立'石渠奖金'，奖励研究土木工程学的优秀学员。"茅以升的主张得到弟兄们的赞同，兄弟几人共同出资，请中国工程师学会在唐山工程学院设立以母亲名字命名的"石渠奖金"，奖励研究土木学有成就的学员。

道丕法师诵经获父骨

后周有个叫道丕的法师，是陕西长安贵胄里人。他从小就想通了人世间的道理，立志出世，七岁就出家做了和尚。十九岁那年，长安发生战事，他只好带着母亲到华山躲避战祸。他找了一个山洞，和母亲住了进去。因为战争的影响，米价很贵，他一个普通的和尚，哪有什么钱买米？他饿着肚子，四处乞讨，要来一点粮食供养母亲。母亲心疼地问他："你吃饱饭了吗？"他回答说："我已经吃饱了。"其实他饿得肚子咕咕叫。

他的母亲心中一直惦记着一件事，就是他的父亲，前几年在霍山的战役中阵亡，没有安葬。一天，母亲对他说："你父亲在霍山战死，尸骨暴露在风霜中，你能把它寻回来安葬吗？"法师说："我一定会把这件事办好的。"他把母亲安顿好，就一路赶往霍山，寻取父亲的尸骨。他千里迢迢地来到战场上，只见东一堆西一堆的累累白骨，实在搞不清楚究竟哪一具是父亲的遗骨。他就日夜地诵经，向空中祈祷说："古人精诚感应，有滴血认骨的事，现在我要寻取父骨，恳求神灵指示，群骨之中，如果有转动的，那就是我父亲的遗骨。"他目不转睛地注视着一大堆白骨，精诚祈祷，过了几天，忽然有一具骷髅从骨堆中跳了出来，不停地摇动。他知道这一定是父亲的遗骨，不禁高兴得跳起来，跑过去，把那具骷髅紧紧地抱在自己的怀中，兴冲冲地往家赶。就在这天夜间，他母亲也梦见丈夫归家了。翌日晨，他母亲果然看到道丕法师带着父亲的遗体回来了。母子俩按照当时的礼制，把道丕的父亲安葬好。

孙思邈因孝成药王

孙思邈是唐代著名医药学家，他用毕生精力研究医药学，所著《千金方》记载了八百多种药物和三千余个药方，被人们称为"药王"。

孙思邈并不是出生于医生之家，而是出生于陕西耀县的一个贫苦农民家庭。他的父亲是一名木匠。他七岁时，父亲得了雀目病（即夜盲症），母亲患了粗脖子病，给生活造成许多困难。有一次，父亲在锯木时，看到他在一边发呆，就问他："孩儿，你长大了也要做木匠吗？"孙思邈回答说："不，我要做一名医生，好给父母亲治病。"父亲乐了，觉得儿子这么小小的年纪，

孙思邈

竟有如此大的孝心，真是了不起，长大后一定有出息。第二天父亲就带孙思邈去城外一座大窑里上学。孙思邈十二岁时，父亲就送他到附近的农药家张

七伯家去当学徒。孙思邈一走进张七伯家，就发现，院子里里外外堆满了药草，心里十分高兴，他想：要是在这些草药里找到治父母亲病的药，那就太好了！他在张七伯家当了三年学徒，谦虚好学，经常向师父问这问那，许多问题连师父也回答不上来。后来，他明白了，师父只会用一些土方治病，根本不懂药理。师父也感觉到，孙思邈天资聪颖，是一个可以培养的好苗子，就对他说："你聪明好学，我不能耽误你的前程，从这里北去四十里的铜官县有位名医，是我的舅舅，你到他那里去学医吧！"说完，写了一封信，让孙思邈带着去找那位名医，还送了他一本《黄帝内经》。

孙思邈到了铜官，找到了这位名医。在为期一年的学习期间，他一边向师父请教，一边研究《黄帝内经》，医学知识长进了不少。但这位名医也不知道如何治雀目病和粗脖子病，这使他十分失望。

第二年，孙思邈回到家乡，开始自己独立行医。在给乡亲们治病时，他不贪财物，对病人同情爱护，名气开始在家乡渐渐传开。有一次，他治好了一位病人的瘤疾，病人到他家来答谢时，得知孙思邈父母也身患瘤疾，就对孙思邈说："我听说太白山麓有一位叫陈元的老医生能治你母亲的病。"孙思邈听了非常高兴，第二天就前往太白山。从家乡到秦岭太白山有四百多里路程，孙思邈费尽周折，花了半个月的时间，才打听到陈元医生的住处，诚恳地拜他为师。孙思邈拜师心切，见了陈元就立即下跪，言辞恳切，陈元当即就收他为徒。在那里，孙思邈终于学到了治粗脖子病的祖传秘法，可是如何治雀目病却毫无头绪，师父也说不出所以然。

孙思邈喜欢刨根问底。一天，孙思邈问师父："为什么患雀目病的大多是贫苦人家，而有钱人家却很少见这种病？"陈元听了，受到启发，说："你的话很有道理，不妨给病人多吃点肉食试试，也许对病人有用。"孙思邈按照师父的话，给一位病人开的药方里，要求每天吃几两肉，但病人试了一个月仍毫不见效。于是他翻遍大量医书，终于找到"肝开窍于目"的解释。他按照书上所说的那样，给那位病人改吃牛羊肝，不到半个月果然见效。孙思邈高兴极了，马不停蹄地奔回家，立即用在太白山学到的方法给父母亲治病。不久，他父母亲的雀目病和粗脖子病都痊愈了。

仲由行乞百里求米

在孔子的七十二贤人中，其中有一个叫仲由的学生，深得孔子的赏识。

仲由生性淳厚，特别孝敬父母。令他最难受的是，他和父母常常吃些很粗劣的饭菜，那些菜都是从野外挖回来的，有的还带着浓浓的苦味呢！仲由每看到父母吃饭时难受的样子，伤心得眼泪掉了下来，可是，父母又必须吃野菜，否则就只能饿死。仲由的家里很贫穷，没有钱去买好一点的食物，仲由就苦思冥想，实在想不出什么法子。他听说，有一个地方比较富，可离他家有一百多里。他决心去那里找点粮食，好让父母吃。只有一个办法，就是乞讨。他经常跑到百里之外的地方行乞求借，弄到一些大米背回来。路途实在太遥远了，还得翻山越岭，仲由每背一次大米，就会磨破脚板，回到家里，脚都肿得不能走路了。但他一点也不觉得累，而是心中充满了快乐。

父母十分担心儿子，怕他吃不消，劝他说："儿呀，以后别去那么远的地方了，你这样辛苦，叫我们怎么安心呢？而且路途遥远，万一你有个三长两短的，叫我们怎么活啊！"仲由笑着安慰父母说："你们不用为我担心，我没事的，休息一两天就好了。而且我对那些路很熟悉，不会出事的，所以你们一定要自己保重身体，别叫儿子担心才对。"父母流着泪，一句话也说不出来。

自从仲由从百里之外的地方乞讨大米回来，父母吃苦菜时就没那么难受了。

邻居们看到仲由这么孝顺，都非常敬佩，交口称赞，而且还以此来教导自己的孩子，向仲由学习，孝顺父母。

仲由的父母去世后，仲由便去周游列国。到了楚国，楚王听说了他的事迹，十分敬重，重用他当上了大官，他开始过上了好日子，生活也慢慢富裕起来。他每天出去的时候都可以乘坐豪华的马车，家里美味的食物也堆满了仓库。可是，他并不快乐。当他坐在华丽的锦褥上，吃着丰盛的大餐时，就情不自禁地想起自己的父母，想起那些困难的日子，感叹地说："树欲静而风不止，子欲养而亲不在。现在就算是我想吃野菜，想为父母亲去背米，又怎么可能实现呢？更不用说他们能跟着我享受幸福的生活了，我那时没有让他们过上这么好的生活，内心是多么愧疚啊！"

顾恺之为母画像

顾恺之字长康，晋陵无锡人，魏晋时期的著名画家。他善于画人物、佛像、禽兽和山水，当时人称他为三绝。顾恺之的人物画非常出名，尤其是所画的女人"形神兼备"，妙可通神。据说，这与他的孝心有关。

顾恺之年少之时，非常不幸，他刚出生，母亲就去世了。他的父亲曾经担任朝廷命官，但因生性刚正，对官场的腐败和昏庸感到不满，一气之下干脆辞官回家，每日只是写诗作文，不问世事。顾恺之每次看到别人有母亲疼爱关怀，就很羡慕，回到自己家里，只有沉默寡言的父亲为伴，感到十分孤独，于是他经常按捺不住内心的感受冲进书房询问父亲："人家的孩子都有母亲，为什么唯独我没有母亲疼爱？我的母亲在哪里？"刚开始父亲闪烁其词，不愿意告诉顾恺之真相，但是儿子一再询问，父亲觉得长期躲避下去也不是办法，只好以实相告。

听了父亲的话，顾恺之伤心地大哭了一场，因为知道母亲去世，连见一面的希望也没有了，从此整个人更加沉默寡言了。顾恺之食不下咽，睡不安稳，翻来覆去只是想着母亲生得什么模样，他是多么想见见母亲啊。顾恺之一次又一次地询问父亲，母亲的脸庞是什么样，身材长得如何，性格如何。父亲耐心地讲解、描述，听了父亲的回答后，顾恺之心中逐渐有了母亲的脸型、身影

顾恺之

和神采。他发誓一定要把母亲画出来，要母亲生动地出现在自己面前。

他画了一张又一张，不厌其烦，不知疲倦。可是父亲见了顾恺之的画总是摇头说："不像。"可他毫不气馁，依然努力作画。他相信只要努力，就一定会把母亲画出来。顾恺之画到第十张时，父亲端详了一会儿，认真地说："不错，身材和手足有点像了，但还是不太像。"顾恺之欣喜若狂，因父亲这一句话更加用心了。不久以后，他画的像就得到了父亲的认可："像了，像了，只是眼神太呆滞，还不太像。"他不满足，仍是潜心画眼睛，画了改，改了画，反反复复。当他有一次送给父亲看画像时，父亲一看，大喜过望："啊，这真的是你的母亲啊。"到这一年，顾恺之才八岁。

顾恺之到了二十岁时，已经成为当时著名的画家了。同行对他有这么高的绘画技巧十分惊奇，便问他曾经拜谁为师，他莞尔一笑，回答说："我的母亲，她是我老师。"听了这个回答，许多人迷惑不解，等大家明白顾恺之的意思之后，不禁深深地为顾恺之的爱母之心所感动。

因不孝而遭雷劈

在中国有一句很狠的话就是"你被雷劈了"。这对于中国人来说就是遭天谴，就是做了不合理的事情被上天惩罚了。

在中国文献中因为，不孝而被雷劈的事情有好几起。据南宋潘阳人洪迈在他的作品《夷坚志》中记载：南宋时期的兴国军（今湖北阳新）有个叫熊二的人因为不孝而遭到雷劈。故事是这样的：熊二的父亲熊明以前在军队上服役，年老之后就被除了兵籍，因为年老体弱，不能够谋生，他的妻子也去世了。熊明只好将所有的希望都寄托在儿子熊二身上。但是熊二的脾气很坏，看待父亲如同路人一样，致使熊明不得不外出乞讨。熊明多次含着眼泪找到自己的儿子熊二，恳求收留自己，但是熊二每次都是大骂父亲一通，叫父亲滚远。熊明几次都想将儿子告官，但是又不忍心，只能是每天晚上在家里烧香祈祷，希望儿子能够回心转意。就这样两年过去了，有一天长空无云，熊二在外喝酒赌博，突然天空就暗了下来，暴雨突至，雷电交加，即使有人站在自己面前，也看不清楚。就在这时有人呼喊"熊二"，过了一会儿，天气又晴朗了，但大家都没有见到熊二。于是大家分头去找熊二，最后在城门之外找到熊二的尸体。只见熊二的两眼爆出，舌头也断了一截，背上有红字"不孝之子"，历历在目。洪迈在记载这件事的时候，时间竟然非常具体，是在南宋孝宗皇帝淳熙三年（1176）九月初七发生的。

在时隔三百年的明朝也有一件被雷劈的不孝子，被人记载下来。这件事记载在明朝人王文炳在万历年间修的书《庆远府志》中，当时的庆元府，即是现在的广西宜山县，在柳州的西北方向。庆元府有一个叫曾蛮的人，他对待自己的母亲非常不孝，每次吃饭的时候，总是给母亲很少的食物，他的母亲总是吃不饱。每年祭祀的时候，都会留下许多肉食，但是曾蛮就是不给母亲吃。并且他还经常和妻子一起骂母亲，甚至有时还打母亲，他的母亲只能忍耐着。就在嘉靖年间的一天，突然风雨大作，雷电交加，电击打中了曾蛮住的屋子，奇怪的是左邻右舍的房子都安然无恙。打雷的时候曾蛮的母亲的发髻挂在了一个竹筐上，虽然竹筐烧了，但是她的发髻好好的。曾蛮夫妇两个则是悬挂在了半空中，头发直直向上。很快，雨就停了。曾蛮夫妇两个人从空中摔下来，晕倒在地，几天后，就死掉了。

历史上在民间流传最广的当数戏曲《清风亭》中被雷劈死的不孝子张继保了。取材于南宋孙光宪《北梦琐言》，其中记载了唐朝张裼的故事。张裼是河间人，有五个儿子都有功名。按照《北梦琐言》记载，张裼的第五个儿子叫张仁龟，他是张裼与一个妓女所生的。张裼怕老婆知道，不敢将张仁龟带回家养大，就送给了他的一个朋友张处士。不过张裼还是很挂念这个儿子，常常在钱财上接济他们，并出钱供养张仁龟读书，张仁龟长大后，知道了自己的身世，于是就离开了养父，找到生父张裼的家里，这时生父已死，张裼的夫人经过一番考量，最后还是接纳了张仁龟。就在张仁龟走后，他的养父含恨去世了。张仁龟后来考中了进士，做了官，在他出使去江浙的途中，竟然莫名其妙地死了。当时的人认为张仁龟受到了天罚。这个故事到了明清之时，经过好事者的一番修改，张仁龟就成了戏曲中的张继保，他的养父母则成了张远秀夫妇，故事的名称就叫《清风亭》，又叫天雷报。整个故事围绕孝而展开，情节非常感人，张继保考上进士之后，不再认自己的养父母，最后遭到雷击而死。现在《清风亭》流传甚广，徽剧、京剧、川剧、湘剧、秦腔等剧种都有演出，成为宣扬孝道的重要曲目。

不孝子阿孝

相传有个富商，姓丘名仁。年近半百之时，老伴才产下一子。有道是：老年得子胜似老蚌生珠，老夫妻因此乐得几个昼夜合不上眼。此后，他俩把丘家这根独苗当作掌上明珠，取名阿孝。

阿孝自幼养尊处优，锦衣玉食，呼奴使婢，目空一切，在家犹如小皇帝，出外像似小霸王。父亲长年外出经商，对他缺少管教。母亲只知对他一味溺爱，百依百顺，由此，终于造成他性格野蛮顽劣，骄矜狂妄，小小年纪，除了父母之外，里里外外的人都十分讨厌他。

阿孝七岁那年，入学还没三天就成了害群之马，整天不是打同学就是骂先生，把课堂闹翻了天。先生无奈之下施加戒尺惩罚，丘母闻知，不管是非就携子登门向先生闹了一通，老师再也没办法管了。结果，阿孝读了三年书转换了九个学馆，斗大的字识不到一箩筐。后来，因坏得出名，远近学馆都把他拒之门外，他便索性丢掉书本流入社会，成了小混混。此时，父母才意识到这小子已被惯坏了，长此发展下去，后果不堪设想，须当对其严加管教，可是为时已晚，阿孝已"病入膏肓"，无可救药，父母只能顿足捶胸，无可奈何！

随着年龄的增长，阿孝混成了一个大流氓，终日勾结一帮恶棍烂仔，闯荡街头，寻花问柳，寻衅斗殴，吃喝嫖赌，为非作歹。父母若敢对他斥责，他轻则恶语相对，重则拳脚相加，最后竟把父亲活活气死。

丘父死后，阿孝更加肆无忌惮。不久，从外边带回一个叫阿花的女人，两人臭味相投，成了一对鸦片伴侣，赌场伙计，酒肉鸳鸯。不到三年，便把父母一生辛苦积攒的百万家产挥霍得一干二净。渐渐地，到了变卖家产度日的境地。

一天午夜，阿孝酒后回家，经过母亲房前，骤然听到母亲在梦中呓语，口里不停地喃喃念着："我…我要藏钱……"。阿孝听后心头一动，猜想母亲必然还藏着钱。次日早上，趁母亲外出之机，撬开房门，翻箱倒柜地搜了大半天，结果丝毫不见钱银的影子，只有母亲准备自己过世时用的寿衣，堆放在那只旧箱子里。阿孝便把这些寿衣悉数拿到当铺典当了，买些肉酒回家与阿花大吃大喝起来。

中午，丘母回家，见阿孝他们俩在扬筷碰杯，喝酒吃肉，便上前讨点充饥。阿孝见状把脸一沉，随手从地上捡起一块被丢弃的猪蹄骨递过去。丘母说："我这般年纪，怎啃得了这块骨头？"阿孝冷笑地说："这猪脚我已帮你剥掉了皮，你还不满意？好吧，想吃肉有的是，快把藏着的私房钱交出来！"丘母闻声心头一惊，急忙连声申辩。阿花在一旁看得不耐烦，便从门扇后面取出一根竹棍，怂恿阿孝动武。阿孝觉得有道理，马上接过竹棍，对着母亲恶狠狠地举起……

丘母早已被儿子打怕了，眼看又要遭受皮肉之苦，不得已供认还有几两碎银子，是她平时一分一文积攒起来的，藏在箱子里面的寿衣之中。阿孝闻说之下，犹如当头一棒，又心疼又悔恨，随即破口大骂母亲："你这老家伙，若早点实说，我就不会将那些'死人衣裤'全都典进当铺里，真是人有晦气，连当东西还得倒贴钱。"丘母听说败家子竟连她的寿衣也拿去当掉，立刻心如刀绞，老泪纵横，满怀悲愤却无处倾诉。只有跌跌撞撞地转身走出家门，一步一泪地来到南山冈上亡夫的墓碑前，跪倒地上，呼天号地地号啕大哭起来。哭着哭着便昏倒过去。不知过了多久，丘母被阵阵喝骂声惊醒过来，睁开肿胀的双眼，只见逆子和恶妇凶神恶煞地站在身旁，一个手执竹棍、一个拿着绳索，要她帮忙抬一块石板回家当作板凳。丘母此时又悲又恨，又渴又饿，但又无法抗拒，只得听从。这石板足有二百斤重，阿孝用绳索把它绑紧之后系上竹棍，叫母亲在前面扛抬那截短的，自己却在后边抬那截长的，还叫阿花帮忙搀扶。

丘母年迈力弱，咬紧牙关，用尽气力往上一抬，顿时浑身颤抖起来，只踉跄两步，便眼冒金星，两腿一软，跌坐在地上。阿孝见状破口大骂："无用的老东西，只会吃饭，不会干活，我已主动抬这截长的了，照顾你抬那截短的啦，你还假死假活的。"

此刻已近黄昏，四野寂静无人。阿花眼见时机已到，便对阿孝使了个眼色，两人乘母亲不备，一齐动手，用力将母亲推下山崖。山野之间回荡着一阵惨叫声……

丘母命不该绝，掉下山崖之后，只跌断了腿骨，划伤了皮肉，跌倒在山路边无法动弹。

这时，恰巧有个名叫阿厚的青年卖货郎路过此地，听得有人痛苦呻吟之声，便循声寻去，发现一位遍体血污的老妇蜷缩在山道旁，急忙上前把她搀扶起来，询问因何如此？

阿厚问明情由之后，不禁义愤填膺，表示要代丘母将这谋杀亲娘，十恶不赦的禽兽告上县衙治罪。丘母一听，却犹豫起来："虽然逆子罪孽深重，但万一被判成死罪，岂不绝了丘门香火？"沉吟片刻后，只好长叹一声，对阿厚说："恩人，算了吧！就让这恶人自遭报应吧！"

阿厚见丘母到此地步，恕子之心依然不灭，只好爱莫能助地摇头叹气，把丘母背回自己家中。

阿厚的妻子阿慧，见到丈夫从外边背回来一个身受重伤的老妇，急忙放下手中的活计，帮着丈夫把丘母安放在睡床上，一边小心翼翼地为丘母换衣服，洗净身上的血污，一边叫丈夫赶快请来郎中为其诊治。

经过郎中的悉心治疗和阿厚夫妇无微不至的关怀照顾，两个月之后，丘母的伤痛基本痊愈，能够下地走路了。

有一天一大早，丘母对着阿厚夫妻双膝下跪，叩谢救命恩情。阿厚慌忙将她扶起说："老人家，你我同是苦命之人。我自幼失去双亲，孤苦伶仃，非常羡慕人家有父母的关爱。您今被逆子抛弃，无家可归，不如就此长住我家，做我干娘，让我夫妻奉养您终生，不知尊意如何？"

丘母本来自恨一时无能报答阿厚夫妻的深恩大义，万没想到他俩竟然还要认她这个苦命的孤老婆子为干娘，顿时既感激又惭愧，两眼热泪盈眶，连声婉言辞谢。后来，见阿厚夫妻着实是情真意切，只好含愧答应了。

从此，阿厚夫妻对丘母百般孝顺。可是，丘母却有点受宠若惊，欢慰之余未免有些犹疑："自己万般关爱的亲生骨肉是何等的忤逆狠毒、素昧平生的干儿媳却这般至仁至孝，难道人情世理、人伦道德竟会如此悬殊倒置吗？"丘母百思不得其解，决定寻找机会试探阿厚夫妻。

有一天，丘母在家中帮忙"刮锅"（刮锅底烟灰）时，"砰"的一声，失手把铁锅打破了。阿厚闻声跑了过来，先对干娘浑身上下仔细地察看了一遍，见到干娘毫发无损，随即笑容满面地连声安慰干娘："打破旧锅乃是鸡毛蒜皮的小事，只要老人家不受损伤便是万事大吉。"

过了几天，阿厚出门做买卖。阿慧单身忙着家务，丘母抱着两岁大的孙儿在玩耍。突然间丘母向前打了个趔趄，手中的婴儿便掉在地上，摔得"哇"地一声大哭起来。阿慧见状赶忙过来从地上抱起婴儿，笑着安慰婆婆说："没关系，没关系，小孩个个都是在跌倒中长大的，只要婆婆平安无事就谢天谢地了。"丘母闻言顿时感动得热泪夺眶而出，一股暖流再一次涌上心头。

当晚，丘母把阿厚夫妻叫到跟前，悄声对他俩道出了多年来隐藏在心头的秘密：数年前，先夫丘仁眼见败家子阿孝已是劣性难改，无可救药，便暗地里偷偷在南山三叠石地方埋藏下两缸银子，以备老两口晚年无依无靠之时，取出度日。后来被逆子气得一病不起，临终之前，才将此事秘密告知老伴，再三告诫她千万不能轻易取出和走漏风声。时至今日，丘母决定将这批银子取出来献给这个温暖的新家庭。

阿厚夫妻听罢，连声推辞说："母亲，这是您老人家的私人财产，我等何德何能受此重礼，万万不能当受。"可是，丘母却心坚似铁，非要他俩接收不可，阿厚夫妻只好从命。于是他们带齐锄头绳索，随着干娘悄然来到南山埋藏银子的地方。几经挖掘，果真从地里挖出两缸银圆，欢欢喜喜地抬回了家中。

事后丘母用这些银子为阿厚一家建起了一座精致豪华的四合院，余下的一部分作为生意的资本。一家老小四口共享天伦之乐，过上了兴业发家、和谐幸福的生活。

一年后的一天早晨，丘母闻听门前有乞讨之声，便盛了满满一筒白米前去布施。当她走到门口一看，顿时两眼发直，脑袋瓜不禁"嗡"的一声，手中的白米不觉掉落，撒了满地。原来，眼前这两个蓬头垢面，衣衫褴褛的乞丐竟是逆子阿孝和恶妇阿花。丘母心头即刻好像被灌进了一盆辛酸苦辣的五味汤，"砰"的一声关上了门。

且说阿孝夫妻，他俩去年把老母推下山崖之后，满以为神不知鬼不觉，从此人少一口，米少一斗，不用再为这老婆子扶生送死，两口子可以逍遥自在。哪知道坐吃山空，不久之后竟将那唯一的一张睡床也卖掉了，落得夜间席地而眠。

一天深夜，阿孝在梦中突然被一阵剧痛搅醒，却是一只可恶的老鼠正在啃咬他的脚趾。阿孝勃然大怒，跳起身来，叫醒阿花，关紧门窗，两人合力捕捉老鼠。经过一番忙乱折腾，老鼠终于被捉住了。阿孝正要将它打死，阿花却说，就这样轻易打死太便宜了它，必须将它慢慢折磨，用火焚烧，方解心头之恨。阿孝觉得有理，便用绳子绑紧老鼠尾巴，叫阿花取来煤油浇在鼠身，划亮火柴点上，刹那间，"呼"的一声，老鼠变成一团火球，痛得"吱吱"叫，求生的本能使它拼命挣扎，绳子也被烧断，老鼠就满屋乱窜，所到之处，衣服、柴草、杂物都被接触燃烧。霎时间，满屋浓烟滚滚，烈火腾腾，任由阿孝夫妻奋力扑救，大火却越烧越旺，两人大惊失色，赶紧逃了出去，高声呼救。

这时，邻居村民都在睡梦中被这场火爆声、呼救声惊醒，纷纷跑出家门看个究竟。当人们看清是阿孝家中失火时，个个拍手称快，没人愿意出手帮忙救火！并非他们都幸灾乐祸，只是因阿孝一贯在家虐待双亲，出外欺凌乡亲，臭名昭著，恶迹昭彰，大家早已恨不得每人一口唾沫把他淹死。加上他是一座独立的四合院，怎么烧也不会殃及四邻。

就这样，片刻之间，丘家房屋被烧得仅剩下几截断垣残壁。阿孝夫妻虽保住了性命，但已无处栖身，无计度日。邻里百姓谁肯接济这两个"瘟神"，往日那帮狐朋狗友没人再愿意接触这两个穷鬼。万般无奈，夫妻俩只有流落他乡，留窑宿庙，沿街乞讨，不知不觉中来到阿厚家门前，想不到竟见到了虽遭毒手却大难不死的母亲。

阿孝夫妻认出了眼前这位身居豪宅、衣着华丽的老妇人正是母亲。起初大吃一惊，以为是大白天见鬼了，直至母亲关上大门方才回过神来，明白了眼前事的确是千真万确的事实。阿孝心头又不禁一动，暗忖：母亲去年未被摔死，却被这富户人家收留。此时自身穷途末路，何不抓住母亲心慈手软的弱点，爱子如命的性格，来个苦肉计？或许能使母亲回心转意，可获一笔意外之财。想罢便与阿花一阵耳语之后，双双跪在门前，一把鼻涕一把泪地大声号哭，哀求老母念及骨肉之情，宽恕晚辈的罪过，体恤他俩的困境。开门相认，酌情资助。

且说丘母，虽然对逆子恨之入骨，避而不见，但此时此刻却百感交集，心乱如麻。门外的哀哭声像利针一样刺痛着她的心。回想当初十多年里，受尽养育逆子之苦，却因本身晚年得子乐而忘形，只晓得对儿子过度的偏袒放纵，却忽视了对他严正的道德教育，导致他顽劣成性，步入邪道，迷途不返，害得老伴死不瞑目，自身又备受折磨乃至惨遭毒手，最终落得个家破人散、流离失所的悲惨下场。这一切虽然归咎于逆子之罪孽深重。但扪心自问，自身可完全推卸教子无方的责任吗？眼下这逆子恶妇死皮赖脸地纠缠不休，出尽家丑，长此下去，将如何是好？丘母经过一番苦苦思索之后，出于骨肉之情未泯和自责，还是边叹息边取出 30 两银子来到窗口，高声说道："无耻畜生，拿去吧！今后倘若再来纠缠，定要报官究治。"说完，便将银子掷出了窗外。

这样一来，阿花顿时见钱眼开，破涕为笑，飞快地从地上捡起银子塞进怀中，同时阿孝见此招果然奏效，又想得陇望蜀，马上跑到窗边，恳求母亲再度馈赠，谁知母亲却将窗门关上了。阿孝眼看如意算盘落空，只得转身，回头却不见阿花的踪影，顿时心头一紧，料定这贱货企图独吞银子而逃走了，便大步流星地追寻过去，一直追到街中，终于把阿花一把抓住，破口大骂，要她交出银子。阿花到了此时也不示弱，双方就在街上推搡扭打起来……阿孝用力过猛把阿花推倒在街边，"卟"的一声，脑袋撞在一块石板之上，顿时血如泉涌。直到围观的人们正想上前抢救时，阿花却一命呜呼了。

血案发生了，凶手阿孝当即被差役扭送到县衙。结果定了个失手杀妻之罪，收监候判。不久，阿孝就病死在大牢中。

"书圣"和水饺师傅

王羲之是我国历史上数一数二的大书法家。他的书法到底有名到什么程度呢？据说有一次，王羲之到集市上去，看见一个老婆婆拎着一篮子六角形的竹扇在叫卖。竹扇很简陋，没什么装饰，自然很难卖出去。王羲之很同情老婆婆，就在每把扇面上题了几个字。集市上的人知道后，都纷纷要买，一篮子竹扇一下子就卖完了。

王羲之的书法这么好，说起来，还跟另一个老婆婆有些关系呢！

那是发生在王羲之17岁时候的事情。当时，王羲之在卫夫人的精心指点下，书法大有长进，名气在外，很多人都想请他题字、写对联，这让他骄傲起来，经常拒绝为别人写字。

一天，他经过一家饺子铺，看见贴着一副对联："经此过不去，知味且常来。"字写得缺乏骨力，结构松散。王羲之心

王羲之

想："真是丢人哪，这样的字也敢拿出来献丑？"正想走开，突然感到有点儿饿，又看见饺子铺里座无虚席，就走了进去。

只见铺子里面是一堵矮墙，矮墙前边有一口大锅，锅内沸腾的水在翻滚。一只只饺子从墙的后边飞过来，就像排着队要下水的小鸭子一样，"扑通扑通"，不偏不倚都"跳"进了大锅的中央。他惊呆了。

不久水饺端上来了。看看，个个玲珑精巧；尝尝，味道鲜美可口。一大

盘的水饺一会儿就被王羲之给吃完了。

付账后，王羲之来到矮墙后边，看见一个白发老婆婆正坐在一块大面板前，独自一人擀饺子皮、包饺子馅，动作非常麻利。一批饺子包好了，她看都不看一眼，随手就把一只只饺子抛出墙外。

王羲之惊叹不已，恭恭敬敬地行了礼，问："老妈妈，您花了多长时间练成这手功夫的？"

"熟要50年，深要一辈子。"老婆婆回答。

王羲之心想：自己学写字才不过十几年，就自满起来，好不应该，脸上一阵发热。

他又问老婆婆："贵店的饺子名不虚传，但门口的对联却似乎叫人不敢恭维，为何不找人写得好一点儿呢？"

老婆婆一听，生气地说："听说王羲之那种人架子太大，哪里会瞧得起我这个小铺子？"

王羲之面红耳赤，一句话也说不出来，低着头离开了饺子铺。第二天，他亲自把一副对联送到白发老婆婆手中，老婆婆这才知道他就是王羲之。当老婆婆为昨天的事向他道歉时，王羲之诚恳地说："您哪里有什么错呢？您让我知道了自己的水平还很有限，让我懂得了学无止境的道理，您就是我的'饺子师傅'，我应该感谢您才对呀！"

从此以后，王羲之谨记"熟要50年，深要一辈子"这句话，虚心刻苦练习书法，终于成为一代"书圣"。

戏曲艺术大师敬老三小事

梅兰芳出生于京剧世家，北京出生的，8岁学艺，11岁登台，他刻苦钻研，勤于实践，继承并发展了京剧。形成了风格独特的"梅派。"梅兰芳是世界人民熟知的戏曲艺术大师，是我国最杰出的京剧表演艺术家之一。梅兰芳在成长的道路上，曾得到过一些梨园界前辈的教育和指点。他成名后，十分感激和尊敬这些前辈老师，常常关心照顾他们。

1931 年春天，南北京剧界名家聚集上海演出。演出的剧场在浦东的高桥，乘船过江后还有近二十里路，路途遥远而且交通不便，雇车很不方便。这天，梅兰芳与杨小楼好不容易找到一辆车，刚坐上去，正要上路，突然见到年近六旬的龚云甫老先生步履蹒跚、疲惫地走过来。梅兰芳见到龚先生，立即下车打招呼。当得知龚先生没有雇到车时，便诚心诚意请龚先生上车与杨小楼先生先走。龚先生推辞说："畹华（梅兰芳先生的字），你今天的戏很重，不坐车，到台上怎么顶得住？"梅兰芳谦恭地说："我还年轻，顶得住，您老别为我担心。"说着就搀扶龚老上了车，他自己则冒雨步行赶到了剧场。当时，梅兰芳已是名震海内外的"四大名旦"之一，论资历和声架子，为人善良敦厚，处处为别人着想。

一次酒会，梅兰芳与张大千两人都受邀参加。一位是泼墨挥毫、丹青写意的国画大师，一位是扮相俊美、唱念俱佳的京剧名伶，一些官场人物以为两位大师相遇，必然会有一番排座位争名次的矛盾。谁知梅兰芳一进门见到了张大千，恭敬地拱手致意，尊称"大师"。而张大千更是幽默，故意做出要给梅兰芳下跪的姿态，慌得梅兰芳赶忙双手相扶，问他为什么这样做。张大千说："古人说：君子动口不动手。您以唱念为业，是'动口'的，'君子'当之无愧。我以作画为生，是'动手'的，自然属于'小人'。今'小人'见'君子'，岂有不跪之理？"说罢，两人开怀大笑。

梅兰芳知遇齐白石大师的故事也被大家津津乐道。那一年，北京一位附庸风雅的人举办宴会，为装点门面请了许多名人，齐白石大师也在被邀之列。白石老人生活俭朴，穿戴十分朴素，与衣冠楚楚的来客相比，显得有些寒酸。因此，他到达会场时，无人理睬，被冷落在一角。过了一会，赫赫有名的梅兰芳进来了，主人及满屋宾朋蜂拥向前，争着与梅兰芳握手寒暄，表现得十分亲热。突然，梅兰芳发现了后排的齐白石老人，连忙让开一只只伸过来的手，挤出人群，快步走到齐白石面前打招呼、问安，又将老人搀扶到前排就座，大声说道："这是我的老师齐白石先生。"在场的人见状，无不惊讶和敬佩，齐白石老人也深为感动。过了几天，白石老人特意赠给梅兰芳一帧《雪中送炭图》，图上题诗一首：

记得前朝享太平，

布衣疏食动公卿。

而今沦落长安市，

幸好梅郎识姓名。

用歌唱出尽孝的心声

安琥被推荐为第二届中国演艺界十大孝子候选人，入选理由是：他努力工作，改善母亲的生活；他出人头地，让父母为自己骄傲；他倾注于歌声，让在外的游子《早去早回》。2008 年新年刚刚开始，安琥推出了他独立制作的贺岁单曲《早去早回》。"秋云几重一挥手，儿行千里母担忧。笑开口，泪倒流，谁是谁的心头肉。"就像这首歌曲里唱的一样，安琥将全部的爱都奉献给了母亲。他是个大孝子。

2000 年安琥只身一人来到北京闯荡事业，开始了北漂生活。刚到北京没几天，就想家了，想妈妈了。突然，有一天，妈妈真的出现在他面前，在北京站接妈妈，望着眼前的母亲，安琥高兴地泪水盈眶。时至今日，回想起当年的情景，安琥动情地说："我真的一辈子也忘不了妈妈在北京站的身影。那天，她身后背着厚厚的棉被，左手拿着高压锅，右手拿着鸡鸭鱼肉……当时，妈妈成了全北京站的焦点'人物'。"妈妈把家里的好吃的都带给了儿子。安琥终于明白了，原来妈妈平时省吃俭用，完全都是为了儿子，当儿子需要的时候，母亲全都会无私地拿出来。

与妈妈在一起的日子，令安琥欣慰的是，他又能像小时候一样，偎依在妈妈身旁，和她唠家常……多少个夜晚，他在妈妈的身边有说不完的话，妈妈静静地听着，笑着。由于工作原因不能经常陪伴母亲，安琥就跟妈妈保持最贴心的通电话，他每天都会给妈妈打一个电话，让母亲安心。

除了满足母亲一些物质的需要，同时，努力给母亲精神上的满足，安琥认为自己在外面努力工作更是对母亲最好的报答。

安琥努力工作去改善母亲的生活。妈妈在乡里乡外有一个响当当的名字，叫"香港老太"，这完全要归功于儿子安琥。儿子走南闯北见的世面多了，总想把外面接触到的新鲜事物带回老家。于是，妈妈就成了安琥的"牺牲品"。红的、绿的……城里人都不敢穿的衣服，他一股脑儿地买给妈妈。起初，在田间种地面朝黄土背朝天的母亲，哪敢穿那样时尚、鲜艳的衣服，叫乡亲们看了非笑掉大牙不可。安琥每次回家时都会买好几件时髦的衣服，用他的"三寸不烂"之舌说服母亲多享受生活。母亲说："这样穿着无法上街。"他就拉着母亲专往人多的地方去，村里的人看惯了，也都称赞安琥的孝顺。于是，安琥心里美滋滋的，更加"得寸进尺"，把年迈的母亲打扮得"花枝招展"。如今，安琥打扮母亲又有了新的招数。每次回家不仅买一些好看的衣服，还买一些养颜的化妆品，在儿子的心目中，妈妈永远年轻漂亮。

有一次，只有小学文化的母亲给安琥写了一封家书。虽然家书的字迹歪歪扭扭，几乎全是错别字，但在孝顺的儿子眼里，这封家书如同至宝。儿子甚至将其装裱好了，挂在床头。安琥说每当看到这封母亲亲手写的信，就仿佛听到了母亲对儿子万般疼爱的叮咛，心里就很温暖。

东海孝妇

汉朝年间，山东琅琊郡东海县（今之临沂市郯城县）有个贤淑善良、孝义双全的女子，名叫周青。她对婆婆十分孝顺，对丈夫情深意笃，深受邻里称赞。

谁知婚后不久，丈夫不幸病故。周青强忍丧夫之痛，立志守节，侍奉年迈的婆婆。婆婆是个胸怀豁达、深明大义之人，不忍周青芳龄守寡，贻误终身，便苦口婆心地劝说周青改嫁。周青对婆婆说："丈夫去世，姑姐远嫁外地，家中唯剩婆媳相依为命，我应责无旁贷地侍奉婆婆终生。"从此以后，周青更加无微不至地孝敬婆婆。婆婆见苦劝无效，便常对邻居叹道："孝夫事我勤苦，哀其亡子守寡。我老，久累丁壮，奈何？"后来，婆婆见媳妇决意守寡，为了不再拖累于她，便索性自缢身亡。

周青的姑姐是个极其自私狠毒的泼妇，弟弟刚死，她便存心想占其家产，碍于弟媳妇决不改嫁，成了绊脚石，遂对弟妇忌恨在心。后见母亲自缢身亡，便诬为弟妇所害，一纸诉状把弟妇告上衙门。

东海县令是一个草菅人命的糊涂官，受案之后，竟然不查实情，便将周青拘禁衙门，酷刑逼供。周青终因受刑不得，屈打成招，落得个"蓄意改嫁，图谋家产，杀害婆婆"的罪名。被判斩刑。

当时衙中有一小吏，人称于公，秉性刚直。他深知周青孝敬婆婆十多年，芳名美誉远近传颂，岂有谋杀婆婆之理，此案分明错漏百出，便不顾职微言轻，竭力为周青鸣冤翻案，向县令苦谏、跪谏、哭谏。莫奈县令坚执己见，维持原判。于公眼见屈杀孝妇，回天无力，便仰天落泪，辞职而去。

周青被押上刑场之时，正值六月六日的中午，现场观众无不为她同情落泪，鸣冤叫屈。

午时三刻已到，执行斩刑的刽子手举起鬼头大刀，一刀砍下，"咔嚓"一声，刀落头断，周青的脖子喷溅出一股白色的鲜血，（于今郯城县南面，有个村子，名叫"白血汪"，传说就是当年周青被斩杀的地方）。突然间，天昏地暗，阴风惨惨，怨雾重重，竟然降下一场铺天盖地的大雪。（后来，刑场附近便空前长出一种绿叶红花的小草，人们给它命名为"六月雪"）。

周青死后，人们把她埋在一个不起眼的小山丘。当地自此一连遭受三年奇旱，滴水未降，寸草难生，百姓困苦不堪。直到新县令上任，于公及许多知情邻里再次为周青翻案申冤，并对新县令痛陈三年奇旱乃因上一任县令屈杀孝妇而遭天谴。

新县令是位明智之士，受理百姓申诉之后，重新查实案情，为周青平反，洗清罪名。后来，新县令与于公带领差吏们前往周青墓前祭奠，刚刚焚香跪下，天空即时雷电交加，降下大雨。

周青的墓冢直到清朝初年才得以扩大规模重建，旁边还立着康熙皇帝题写的碑文。

后来，我国元代著名的戏剧家关汉卿写了杂剧《窦娥冤》，其中六月飞雪、楚州地面苦旱三年的情节显然取材于这个故事。于是，东海孝妇周青的名声也就几乎被窦娥取代了。

感悟母爱

四十多年前，王洪琼降生在四川省奉节县白帝镇凉水村。4岁那年，父母相继去世，留给她和半岁的弟弟的是一间摇摇欲坠的茅草房。两个孤苦无依的姐弟被当地的生产队收养起来。半年后，经人劝说，王洪琼不得不把年仅一岁的弟弟送给人家。那一天，当一个外地男人将弟弟接走时，王洪琼哭喊着追了将近二里路……

十多年后，一位远房亲戚为这个苦命的女子物色对象。可是，远近却没有人愿意接纳这个相貌平常、一贫如洗的妹子。

有一天，王洪琼又跟着人来到新城乡堰沟村相亲时，她的眼睛顿时瞪直了，站在她面前的是个矮小、痴呆、说话结巴的，名叫苏兴强的男人。

王洪琼的心在滴血，她想拒绝，但无家可归的现实使她不得不往好处想：这个男人虽然傻一点，但他家有两间瓦房，离城又近，比起自己流浪的生活已是好得多了。经过几个昼夜的思考，她答应了。

不久，这个拥有 10 口人的大家庭分了家，王洪琼与丈夫分得一间破陋的瓦房，一床破烂的棉被。

1974 年正月初三，王洪琼生下了一个男孩。她笑了，老实巴交的男人也乐得合不拢嘴。然而，笑容未消，忧虑却袭上心头："大人都养活不了，儿子拿什么养活呢？"王洪琼躺在用竹片搭成的"床"上，仰望着结满蛛网的房顶，心中阵阵酸楚。

她苦着自己，尽心尽力地疼爱着儿子、丈夫。只要家里有点大米、玉米，她总是先满足他俩，而自己则顿顿用青菜应付。眼看儿子一天天长大，虽不那么健壮，却也活泼可爱，王洪琼感到很大的慰藉。

儿子苏龙兵 5 岁那年，突然出了麻疹。王洪琼从来没见过这症状，吓得手忙脚乱。邻居说："小儿出麻疹很正常，过几天自然会好的。"

王洪琼信以为真，照常外出挣工分。次日，她正在地里干活，丈夫突然跌跌撞撞地跑来说："儿子哭着哭着就没声音了。"王洪琼赶紧回家一看，儿

《孝经》原典详解

子的嘴唇已经干裂了，遍身虚汗淋漓。她知道大事不好，赶紧抱起孩子朝医院跑，可伸手往口袋里一摸，身上仅有五角钱，医院怎么肯收治儿子呢？

王洪琼只得哭着将儿子抱回家，四处向人打听治疗麻疹的草药"偏方"。

村里的人终于帮她打听来了偏方，她背上篓筐便上了山。她在山上急急忙忙四处寻觅着，突然，她的前脚踩空，连人带筐滚下一百多米深的山沟。也许是上天的怜悯，她居然还活着，但头破了，手伤了。她捂着头再次往山上艰难地爬去……

回到家里，她撕了一条破布将头包好，赶紧给儿子熬药。一天天过去，儿子喝了药后依然哭不出声，王洪琼狠了狠心——借钱也要送儿子去医院！她找公婆，求邻居，可那时的乡民因她家穷，不肯借钱给她！急疯了的她不得已只好跑到信用社请求贷款。可信用社只能给集体贷生产用款，私人贷款根本不可能！王洪琼长跪不起，一个劲儿磕头，鲜血都磕出来了。信用社干部见状扶起了她，破天荒贷给她 200 元。

200 元钱在医院里很快用完了，眼见医院要停药，王洪琼急得在病房外号啕大哭，再找信用社已不可能，怎么办呀？这时，一个人走了过来，悄悄教她一个找钱的法子：卖血！

很快，王洪琼战战兢兢地用 300cc 血浆换来了 30 元钱，一个星期后，她又换了名字卖了一次血。靠着这卖血换来的 60 元钱，儿子又开始新的治疗。可是，医生最终还是告诉她：耽误治疗的时间太长，儿子哑了！王洪琼当场昏了过去，醒来后，流着泪背着儿子回了家。

儿子残废了，身体极其虚弱，王洪琼决定用赎罪的心调养他，便又一次次偷偷跑到县人民医院卖血，用这些钱为儿子买来鸡蛋、大米；而她和丈夫天天却吃着青菜、红薯、洋芋。儿子的身体渐渐好起来，她的身体却越来越差，几次晕倒在田间、屋内。但她知道丈夫靠不住，依然用瘦小羸弱的身躯支撑着这个贫苦的家。

1982年12月30日，王洪琼又生了个小儿子苏剑。她把整个身心都倾注在小儿子身上，寄望他将来能拯救这个贫苦的家。

11个月后，小儿子发起高烧。无钱的王洪琼以为没什么大问题，只是去买了几片阿司匹林。然而她却大错特错了。几天后，儿子的烧不但不退，嗓子也喊不出声音！有了一次教训的王洪琼心头一下子寒透了。她慌忙再去求信用社贷了300元。又偷偷跑去医院卖了300ct血。小儿子被赶紧送进医院。医院告诉她："你儿子连续一周发了40度高烧，很可能会成哑巴！"

王洪琼一听，脸色马上被吓得煞白。她瘫倒在医生面前说："医生，求求你，我的大儿子已经哑了，你千万要救救我的小儿子啊！"王洪琼急疯了，她在这段时间里几乎一个月卖一次血。儿子被烧得张大着嘴巴，便嘴对嘴地给儿子喂开水、服药……

然而，一切努力都无法挽救小儿子，她的小儿子又哑了！王洪琼垮了，她决定自尽。她想最后尽一次母亲的义务，用卖血的钱买了儿子最爱吃的东西和一瓶农药。回到家中，看到两个不懂事的哑巴儿子抢着吃糖果时，她的心在滴血。

"儿啊！妈对不起你们！"她在村外的山上转了一圈又一圈，当她回家准备最后再看一眼儿子、丈夫时，寻死的勇气一下子消失了。傻乎乎的丈夫蜷缩在灶门前，两个残废的儿子在床上无声地玩耍。"我死了，他们怎么活下去啊？"

1993年9月，王洪琼到县城卖菜，听说县里办了一所聋哑学校，不觉心里一动：何不将11岁的小儿子送来读几年书？尽管到此时她还有100多元的欠债，但她还是决定给儿子一个读书的机会。

"村里还有健康儿子无法读书，你让哑巴儿子读书能负担得起吗？"很多人都劝阻她，但她有她的想法：儿子哑了，可只有让他读书，将来才能在社会立足，没钱，我再去卖血！大儿子智力太差，年龄又大，只能把小儿子带到奉节县聋哑学校。当听说学生必须每个月交30元生活费时，她吃了一惊！

一贫如洗的王洪琼迟疑了一下，终于咬了咬牙说："老师，下午我就把生活费交来。"半个小时后，她来到医院门口，转了一圈又一圈，迟迟疑疑不敢进去。她到这里的次数太多了，医生早已熟悉了她，按规定，卖血至少要隔三个月，可她前个月刚来卖过一次血。果然，当她进去之后，医生认出了她："你不要命啦！"这不能怪医生，无论是从医院的制度还是从职业道德来讲，医生都不能同意。

王洪琼又跪下了："我儿子是个哑巴，今天我送他来城里聋哑学校读书，他欢天喜地，可人家要交钱，我总不能让儿子失望呀！"

医生感动得摇头叹息，一挥手，又给她抽了300cc。

王洪琼捧着80元钱（此时已由30元涨至80元），40年来从未如此高兴过，尽管眼冒金星，她还是在大街上为儿子买回了学习用品和日用品，而后又到学校交了生活费。

苏剑看到书包，欢天喜地地一把抢过。可他哪里知道，这是妈妈用鲜血换来的呀！

此后，为了解决苏剑每月30元的生活费，王洪琼每隔2至3个月便要悄悄地去卖一次血。

1994年3月，王洪琼为了给苏剑凑齐下学期的学费，连续两次到医院卖血。由于卖血过频，加上严重营养不良。一天，正在灶前煮猪食的她突然昏倒，右脚不知不觉伸进了灶洞。

王洪琼彻底失去知觉，火红的热炭烫焦了她的脚掌，她却浑然不知，恰好被外出干活的大儿子收工回家发现，赶紧使出吃奶的气力将烧伤的母亲抱到床上，跪在母亲的床前咿咿呀呀地大声哭喊着。

苏剑被乡亲们唤了回来，当乡亲在路上用手语告诉他，母亲为了让他读书，已经连续卖了十多次血时，12岁的苏剑顿时张大着嘴，泪流满面，发疯似的向家里跑去……

苏剑一步一跪地扑倒在母亲床前，用幼稚的双手拼命比画着："妈妈，妈妈，我再不念书了，你的血会抽光的呀！"

王洪琼怎能不让儿子读书呢？可是小苏剑从此却变成另一个人了。他一回家，便抢着帮妈妈干活，在学校里，就是课间休息也抱着书埋头苦读。他的智力一般，可是为了报答母亲而竭尽全力读书。

1994年下半年的全省统考中，苏剑的语文考了96分，数学考了97分，位列全市的前列。

那一天放学，他便捧着试卷飞奔回家，撞开家门，扑地一声跪倒在母亲跟前。王洪琼被小儿吓了一大跳，等她看到儿子捧过头顶的试卷时，喜极而泣，把儿子抱得好紧好紧！

小苏剑用勤奋换来优良的成绩宽慰着母亲，王洪琼从此有了笑容。17年间，她共卖了约2万cc鲜血，照此数字计算，她身上的血大约被抽光了5次。她的笑容来得太迟了。

王洪琼卖血养家及送子求学的境遇是当地一段令人心酸的美谈，她的淳朴乡邻从来不吝于向她伸出援助之手。尽管他们同样过着贫困的生活，但总是用几块钱、几个鸡蛋资助着她那苦难的一家。

1994年教师节，奉节县石油公司的领导到聋哑学校慰问教师，当听到王洪琼卖血送子求学的经历之后，感动得流下热泪，当即捐出一笔钱。王洪琼卖血送子求学的事迹也通过新闻媒体披露出来。

四川省化学工业厅领导、职工为奉节县聋哑学校捐赠了大批衣服，苏剑及其家人得到了 20 件半新衣裤，足够一家人穿上 3 年。

重庆银渝贸易公司一名员工多次打来电话，要把苏剑接到重庆聋哑学校读书。与此同时，该公司十多名青年志愿为他提供经济援助。

一个没有署名的山区贫困户居然也寄来 50 元钱。他在信中说："我们都很穷，但您的命比我们更苦。这点钱您就收下吧！走过 17 年漫漫卖血路的母亲，从此请您把自己的鲜血都留给自己！"

戏中的慈母，戏外的孝女

萨日娜，生于内蒙古，是一位善良美丽的蒙古族姑娘。她是一位从大草原飞出的美丽姑娘，戏中的慈母，戏外的孝女，仁孝之心犹如天边明月，闪耀着皎洁的光辉。

一部《中国月亮》，让 26 岁的萨日娜从此与"母亲"结下不解之缘。之后的十多年里，萨日娜成功地塑造了无数的母亲形象，精湛的表演技术使亿万观众为之感动为之喝彩。

萨日娜的父母都是演员出身，母亲是蒙古族人，父亲是回族人，能歌善舞。小时候的萨日娜在一个充满民主的家庭长大，从小就特别懂事。因为父母经常在外演出，萨日娜就给奶奶帮忙操持家务，担负照顾妹妹的责任。萨日娜曾经面对采访说，在很小的时候，父母就告诉她怎样去生活，她会把这些体悟运用到演戏当中去。

提及《闯关东》，萨日娜父亲首先看中了剧本，觉得剧中的"文他娘"与萨日娜的奶奶性格极为相似，十分支持萨日娜主演这个角色。萨日娜说，拍这部戏时，她常常回忆起自己与祖母之间的种种细节，这让她自然地融入到角色当中。

在戏里时常扮演各种角色的母亲，萨日娜对"母亲"这个词语当然理解更深，尤其是自己做了母亲以后，她说自己感受更加深刻。每天都要给父母打电话，她生怕自己因事情繁多忘记了，如果哪天没有和父母通电话，萨日娜整天就会心里不安。

2005 年，为了更好地照顾好父母，萨日娜为父母在北京郊区某老年人社区买了一套房子。只要有时间，她都会带上女儿去看看两位老人。萨日娜的这种孝心也影响到了女儿，萨日娜说孝心要一代一代的传下去，只有自己尽孝了，将来才会得到儿孙的孝敬。

萨日娜是当之不愧的孝子，她不仅是个孝顺的女儿，也是一个孝顺的儿媳。公公婆婆习惯了老家的生活，不愿搬到北京来。在拍戏之余，她总会抽出时间，陪同丈夫带上女儿回到山东烟台，在家住上一段时间。"从拍摄《大染坊》开始，公公都会把我拍的戏看好几遍，有的甚至连台词都会背了"，说到这里的时候，萨日娜满脸洋溢着无比的幸福。

因为萨日娜在戏中一直塑造着母亲的形象，以至于许多演员见到她的时候，都会亲热地直呼她"娘"来打招呼。这时，萨日娜心底总感觉很温暖，也让她更加珍惜父母的关爱和呵护。

事君章第十七

【题解】

本章深入讨论君子应如何事君，即发扬君主之美，匡正君主之恶。

【原文】

子曰："君子之事上也①，进思尽忠，退思补过②，将顺其美，匡救其恶③。故上下能相亲也。"《诗》云："心乎爱矣，遐不谓矣④？中心藏之⑤，何日忘之！"

新二十四孝图（七）

【注释】

①事上：侍奉君王。

②进思尽忠，退思补过：进，指为朝廷做事。退，回到家里。郑注："死君之难为尽忠。"韦昭曰："退居私室，则思补其身过。"进思尽忠，是说出而为国家做事，要想到怎样尽忠心，没有一点虚伪不实之处。退思补过，是说回到家里，要反省修身，有没有做错事情。

③将顺其美，匡救其恶：将，助。匡救，扶正补救。郑注："善则称君，过则称己也。"司马光曰："将，助也。"这句的意思是对于君王的美政，要帮助其推行；对于君王的过失，也要匡正补救。

④遐不谓矣：遐，通"何"。谓，说。

⑤中心藏之：中心，即心中。藏，隐藏。

【译文】

孔子说："君子侍奉君王，居庙堂之时，想的是如何为国尽忠尽孝；回到家里，还在反省己身，有没有犯什么过错。以便使君王的有益政令得到执行，而那些过错、失误也及时地给予补救、匡正。这样就能使上上下下都能互相亲敬。"《诗经》里说:"心中洋溢着爱的情怀,相距太远而不能倾诉,深深地珍藏在心中,无论何时,永不忘记。"

【解析】

《论语·为政篇》记载:"孝乎惟孝,友于兄弟。施于有政,是亦为政。"一个人孝敬父母、友爱兄弟,再把孝友的道理拿来从事政治,即为孝治。儒家的政治精神,在于把政治当作道德的延伸。权力不过是手段,服务才是目的。以行道的精神来从事服务的工作,必须本着孝亲的心来事奉君上。上班时应该尽忠职务,把自己分内的工作做好;下班以后,应该反省自己的缺失,尽快设法加以补救。上级的指示如果合理,当然要尽心尽力去完成;倘若有不合理的地方,则必须用心补救而加以导正。因此,孔子主张人君最好是无为而治,使人臣得以有为。

说到"无为",大家就会想起老庄道家。儒道两家异口同声都倡导"无为",可见"人君无为,人臣才能有为;唯有人臣有为,天下才能大治"是两家的共识。其用意在说:人君不可能万能而样样都通。即使是伟大的通才,也可能百密一疏、造成遗憾。人君"藏智显仁",有智能也不要表现出来,把舞台让出来让人臣各自表演分内的能事,分工合作后自然有所成就。人君把仁德尽情流露,使群臣不敢不以德行政、公而无私,天下当然能够大治。

但是儒家的"无为而治",毕竟和道家有所不同。孔子赞赏尧舜无为而治,无为是"没有私心私欲的为",而治则是指"为政以德"。人君不仅在生活上要修己,更应该在政务上尽其应尽的责任来安百姓。《论语·宪问篇》记载"修己以安人,修己以安百姓",应该是人君的风范与气度。道家的期许更高一些,不容许有力者宰制万物,只任人各适其性、各尽其能,而万物莫不俱足。所以，先由儒家入手，以大公之道联合众臣的意志和才能，无私弊也无废事，然后做到大有为。经过一番磨合之后，各人既能自主又能互相辅助，自然进入道家的无为，发挥"人相忘于道术，鱼相忘于江湖"的精神，彼此密切相契，真正"无为而无不为"，才是天下的大幸。

【生活智慧】

1.《论语·颜渊篇》记载："忠告而善道之，不可则止，毋自辱焉。"朋友有不对的地方，我们应该尽心地劝告。说话要委婉，态度要真诚，但是，心意要坚定。倘若听不进去也就算了，不必自取其辱。这是对待朋友的方式，因为"道不同，不相为谋"，对于不同道的朋友，我们有保持安全距离的自由。合得来，则多来往；合不来，可以敬而远之。

2. 对上司，就不能用对朋友的方式。因为我们和上司具有同样的目标，必须步调一致才能顺利完成任务。对朋友，可以近，也可以远；对上司，则应该全心全意、尽力配合，不可以看情况而怠忽职守。《里仁篇》说："事君数，斯辱矣；朋友数，斯疏矣。"对上司的态度如果过分急切，就会找来侮辱；对朋友的态度如果过分急切，便会被疏远。可见君臣的关系，与朋友的关系并不相同。天天换朋友，顶多没有什么朋友，比较孤独一些。若是经常换上司，请问还要不要工作？谁见了都害怕。

3. 我们常说慎择其主，实际上十分困难。"人微言轻"，若没有什么分量，又有什么选择的自由？像诸葛孔明那样，等待刘备三顾茅庐的故事，历史上并不多见。虽然我们有选择上司的自由，但是机会却实在很小。因此，如何与上司相处，就成为非常重要的课题。既不能讨好上司，以免害了上司；也不能得罪上司，否则冒犯上司，将对自己非常不利。唯有"站在不顺的立场来顺"，也就是"合理则顺，不合理则不顺"，而且是"顺到不讨好的程度，不顺到不冒犯的地步"，这要多多磨炼。

4. 相反地，君上用人，最好秉持《颜渊篇》所说的"举直错诸枉，能使枉者直"的原则，选用正直的人，坏人就远去了。知人善任，先要建立知人的标准，以免把好人看成坏人，却把不肖者当作贤人。这是一种政治智慧，不要完全当作知识层面来处理。知人之先，必先知己。明白自己的为人，才知道自己可能用哪一种人。

5. 被赏识的人更要小心翼翼，珍惜难得的知遇之恩来辅助君上，共同完成既定的任务。由于内外变量很多，必须时时做好合理的调整。"用人"不易，"事上"也很困难。一切都是动态的，要在动态中寻求合理点，当然要用心。

【建议】

上司和部属的关系，毕竟和父子不一样。父子有血缘关系，一生一世都脱离不了关系，即使登报脱离，也产生不了法律作用。上司和部属分分合合、可长可短，基础远不如父子那么坚牢稳固，所以务须格外小心谨慎。最要紧的莫过于《大学》所说的"絜矩之道"，也就是："所恶于上，毋以使下；所恶于下，毋以事上；所恶于前，毋以先后；所恶于后，毋以从前；所恶于右，毋以交于左；所恶于左，毋以交于右。"上下和左右的关系是连动的，难以分割。与同事相处融洽，有助于上下关系；而上下相待以诚，也能化解很多同仁之间的困厄。上下、前后、左右思虑周到，彼此互相尊重与包容，所依赖的唯有道德。

【名篇仿作】

《女孝经》母仪章第十七

【原文】

大家曰："夫为人母者，明其礼也。和之以恩爱，示之以严毅，动而合礼，言必有经。男子六岁，教之数与方名。七岁，男女不同席，不共食。八岁，习之以小学。十岁，从以师焉。出必告，反必面。所游必有常，所习必有业。居不主奥，坐不中席，行不中道，立不中门。不登高，不临深，不苟訾，不苟笑，不有私财。立必正方，耳不倾听。使男女有别，远嫌避疑，不同巾栉。女子七岁，教之以四德，其母仪之道如此。皇甫士安叔母有言曰：'孟母三徙，以教成人，买肉以教存信。居不卜邻，令汝鲁钝之甚。'《诗》云：'教诲尔子，式谷似之。'"

【译文】

曹大姑说："作为母亲，要明白礼制。对待自己的孩子，要多给些爱护，同时也要以严厉刚毅做出示范，行动的时候，要合乎礼制，言语必须规矩。在男孩六岁的时候，要教他们数数并教他们知道方位。在七岁的时候，男孩和女孩就不可坐在一起，不可在同一桌上吃饭。八岁的时候，就要教他们识字。十岁的时候，就得给他们请老师。要教导孩子，出门的时候必须得告诉家人，回家的时候必须得向家人报告一声。外出应当有常去的地方，所学的必须有正当的职业。住的地方，不可在主卧室，坐的时候，不可在中席之上，走路的时候，不可当道，站立的时候，不可挡住了门。不要爬到高处，不要到深水边，不要怨恨，不要大笑，不可有自己的私人财产。站的时候必须得站直，不要到处去打听别人的闲事。男女有别，要远去嫌疑，不可共同使用盥洗用具。女孩在七岁的时候，就要教育她们学习四德，这是作为母亲仪表的要求。皇甫士安叔母说：'孟子的母亲三次迁徙，目的是教孟子如何做人，买肉的典故是教孟子如何讲信誉。要是居处不选择好的邻居的话，将来会让你的孩子变得非常愚钝。'《诗经·小雅·小旻之什·小宛》中说：'教诲你的儿女，让他们的道德像你一样高尚。'"

《忠经》报国章第十七

【原文】

为人臣者，官于君，先后光庆，皆君之德，不思报国，岂忠也哉？君子有无禄，而益君，无有禄，而已者也。报国之道有四：一曰贡贤，二曰献猷，三曰立功，四曰兴利。贤者国之干，猷者国之规，功者国之将，利者国之用，是皆报国之道，惟其能而行之。《诗》云"无言不酬，无德不报"，况忠臣之于国乎！

【译文】

作为臣子，因为给君王做事，使自己的祖先和子孙都得到了荣耀，这些都是源自君王的高尚品德，臣下如果不想着报效国家，这样的人能够称得上是忠臣吗？作为君子即使没有俸禄也要辅助君王，当然如果是无法生存也就罢了。君子报效国家有四种方式：一叫作"贡贤"，二叫作"献猷"（献计），三叫作"立功"，四叫作"兴利"。贤能的人是国家的栋梁之材，善于计谋的人能够向君王提出规划，勇于立功的人是国家的良将，善于兴利的人能够为国家创造财富，这些都是报效国家的方式，只有有能力的人才能够做到这些。《诗经·大雅·荡之什·抑》说"说出的话没有一句话不做出反应，哪怕是一点点的恩德也是要报答的"，更何况是忠臣对于国家呢！

【故事】

薛包孝亲爱弟

汉安帝时候，汝南有一个叫薛包的人，他为人敦厚，事亲至孝。不幸母亲早年去世，父亲娶了后妻以后，开始嫌弃薛包，逼他分家而居。薛包心中悲戚，不忍离开父母，以至于被父亲殴打。

不得已，薛包就在父母的房子旁边搭建一个小屋住下，每天早上仍去父母家中打扫。可是，父母仍然坚持要赶他走。于是，他就在远一点的地方搭建一个小屋住下，但从不忘记早晚去父母那里问安。

这样过了一年多，父母对自己的行为感到万分羞愧，就让他回来居住。父母去世后，薛包为他们守丧六年，时刻沉浸在悲伤之中。

后来，弟弟要求分财产，各自生活。薛包尽力劝止，但弟弟始终不肯听。薛包便将家产平分，年老奴婢都归自己。他说："年老奴婢和我共事年久，你不能使唤。"田园庐舍荒凉颓废的，也分给自己，他说道："这是我少年时代所经营整理的，心中系念不舍。"衣服家具，自己挑拣破旧的，他说："这些是我平素穿着食用过的，比较适合我。"

兄弟分居以后，弟弟不善经营，生活又奢侈浪费，数次将财产耗费殆尽。薛包又屡次拿出自己的钱财接济他。

薛包孝亲爱弟的德行，很快就远近闻名。汉安帝建光年间，朝廷公车官署特地征用薛包，官拜侍中。薛包生性恬淡，不喜官场，所以称病不起，朝廷允他告老还乡，更受尊礼，享年八十余岁而善终。

冯玉祥敬父感人

爱国将领冯玉祥出身贫寒，父亲是军队里一名下级军官，母亲早逝。他小时候只读了几个月的私塾。后来，父亲营里有了一个缺额，父亲的朋友为了照顾他家的困难，就叫冯玉祥去顶替。从此，他便开始了戎马生涯。

冯玉祥当兵后，他的父亲骑马时从马背跌下来受了伤，卧床休养，家中全靠冯玉祥每月领来的一点微薄的军饷维持一家老少五口的生活。

每天清晨，冯玉祥离家去营地打靶，父亲总交给他几枚铜钱让他在路上买烧饼充饥。

"我不饿，不要钱。"冯玉祥总是推辞。

"打靶时间长，来回要走二三十里地，怎么不饿？你正长身体，快拿着！"

冯玉祥想，父亲失业后，总是粗茶淡饭，这点钱是他从牙缝里省下来的，我舍得花光吗？于是他就下决心省下钱来给父亲买几斤肉，让他补补身子。

一天傍晚，父亲从外面回来，一进家门就闻到一股肉香，看到桌上有一碗炖肉，不禁问道："从哪里弄来的炖肉？"

"您老人家只管吃好了！"冯玉祥站在桌旁，低着头轻轻地回答。"从哪里弄来的炖肉？"父亲看到玉祥吞吞吐吐，越发要问个清楚。

冯玉祥只好讲清原委，说："每次打靶，营里规定每人领五十条火药，打满十响就达到标准，余下的火药可以卖钱，我每次都有积余，一个月也可积几个钱，加上您每次给我的，凑起来就够买肉了。"

冯玉祥看了父亲一眼，继续说："知道您老人家喜欢吃炖肉，今天我特地上铺子称了二斤肉，想让您高兴高兴，也给您补补身子。"

父亲听着，顿觉心酸，泪水不住地往下流。此刻的情景，永远地留在了冯玉祥的记忆里。二十年后，他想起此事，欣然提笔，写下一首打油诗：

肥肉二斤买回家，

亲自炖熟奉吾父。

家贫得肉食非易，

老父食之儿蹈舞。

温五夫妇的惨死

温五，是一个浓眉大眼，身躯高大的彪形大汉。性情横暴，行为粗鲁，乡人都畏之如虎。在家庭中，他常常辱骂父亲，殴打哥哥，他的哥哥是一无知乡愚，懦弱无能，绝对不敢与他计较，只得携着妻子，迁到遥远的地方居住，避免与他冲突。可是温五对哥哥还是不肯放松，常常寻到哥哥家中，坐索酒食，强借金钱，稍不如意，兄嫂都要受他的凌辱。这样一个横暴的恶汉，倘有贤良的妻子予以劝导，或许稍可改变他的恶性。但不幸得很，他妻子对丈夫的恶行，不仅不加规劝，反而助纣为虐，协同他忤逆父亲。有一天下雨，他呼唤父亲上街买菜，父亲知道自己儿子脾气很坏，不敢不从，但雨天道路泥泞，无法行走，然恐触怒儿子，不得已宰烹自养母鸡供养儿媳。温五老实不客气地带着妻子围坐而食，狼吞虎咽，吃个精光，并不留一些余食给父亲。锅中仅剩残余的鸡汁，父亲私取残汁尝尝，给温五看到了，拍桌大骂父亲口馋，盛怒之余，还连汤带饭倾入厕中。他父亲遭遇如此的羞辱，怨无可伸，只得跪在灶神前面泣诉，温五认为父亲是在灶神前咒他，更暴跳如雷地说："你要咒死我吗？我是天不怕地不怕的。"有一天，父亲抱着孙儿嬉戏，偶一失手，不慎把孙儿跌倒在石台上，额部跌伤，温五认为伤害了自己的儿子，拿起棒来要打父亲，他父亲急忙躲入床下，他一棒打在床上，把床打得倾斜破碎。他父亲呼号求救，声达四邻，但邻居们都畏惧温五凶暴，闭户不敢过问。初秋的八月，正是台风的季节。黑夜中，狂风怒吼，暴雨如注，接着大地震动，房屋摇摇欲倒，温五急忙携妻抱子，出外避难。年老的父亲，行动不便，拉着温五的衣袖说："儿子救我！儿子救我！"可是残忍成性的温五，不管老父的危险，反把父亲推倒在地上，只顾自己带着妻子逃命，刚逃到巷口的时候，大地震动更加厉害了，巷墙倾斜，巷口两边砌着的大石磨相对着倒下，将温五夫妇拦腰夹住，墙上砖石倒如雨下，把这对忤逆不孝的夫妇打成齑粉。事情发生以后，很多人都看到石磨上斑斑的血迹，深信这是忤逆不孝的恶报。

吉翂代父得宥

吉翂，字彦霄，南朝梁冯翊莲勺（今陕西省）人。吉翂从小就非常孝顺。十一岁时，母亲去世，他悲伤地不吃不喝。吉翂的父亲在担任吴兴郡原乡县令时，遭到奸吏诬陷，被判死罪。吉翂当时只有十五岁，听说了这件事就去击鼓申诉，请求以自己的性命换回父亲的生命。梁武帝感到非常惊奇，但却认为一个孩子能有如此孝心，可能不是自己情愿的，可能是有人给出的主意，于是就命廷尉蔡法度在公堂上摆满绳索刑具，厉声审问吉翂是什么人指使他这么做。吉翂回答说："我虽年幼蒙昧，但怎么会不知道死的可怕呢？我不忍心眼看着父亲被处死，而自己却无能为力。如果能以我的性命救回父亲的命，我无怨无悔。这是我自己的主意，怎么会是别人指使的呢？"蔡法度又转变态度，诱哄他说："皇上知道令尊无罪，也知道你是个好孩子，如果你现在反悔，你们父子都会得到赦免。"吉翂说："谁都爱惜自己的生命，只是我父亲按刑律被处死，如果不死一个人的话，是不符合律法的。所以想用我的死，来延缓父亲的生命。"梁武帝得知详情后，免去了他父亲的死罪。后来，丹阳尹王志要推举他为孝廉，吉翂却说："父辱子死，理所当然。我要是因此当了孝廉，就是在做因父买名的浅薄行为，这比父亲被侮辱还要令人痛心。"因此始终没有答应。

《孝经》原典详解

乐羊子妻自刎救姑

乐羊子妻，东汉河南人乐羊子的妻子，姓氏不详。她是一位知书达理、勤劳贤惠的好妻子，她总是帮助和辅佐丈夫力求上进，做个有抱负的人。

一天，乐羊子在路上捡到一块金饼，高兴地拿回家，妻子却没有丝毫喜悦，反而说："有志之士不应该去拾捡别人丢掉在路边的东西，贪图不义之财，是会玷污自己的高尚品行的。"乐羊子听后很是惭愧，就把金饼扔了。

妻子常常跟乐羊子说："你是一个七尺男子汉，要多学些有用的知识，将来好做大事，天天待在家里开阔不了眼界，不会有什么出息的。"于是乐羊子就按照妻子的话收拾好行李出远门了。妻子虽然思念丈夫，记挂他在异乡求学的情况，但她把这份惦念埋在心底，只是每天不停地用织布干活来排遣这种心情，尽全力不让丈夫牵挂自己和家人。可是刚刚过了一年，乐羊子就怀着思念回来了。乐羊子妻看到久别的丈夫，先是惊喜，后来知道丈夫学无所成，则很是难过。她抓起剪刀，快步走到织布机前"雎忙嚓咔嚓"地把织了一大半的布都剪断了。乐羊子吃了一惊，问道："你这是干什么？"妻子回答说："布是一丝一缕地织出，一寸一寸地积累而成。现在我把它剪断了，白白浪费了曾经织它的时间和精力，它永远不能恢复如初了。学习也是一样的道理，要一点点地积累知识才能成功。你现在半途而废，不愿坚持到底，不是和我剪断布一样可惜吗？"乐羊子听了这话恍然大悟，意识到自己错了，不由得羞愧不已。他再次离开家去求学，整整过了七年才终于学成而返。

乐羊子妻侍奉婆婆十分孝顺。后来，家里遭了强盗抢劫。强盗先是劫持了婆婆，并以此要挟欲侮辱乐羊子妻："只要你答应跟我们走，我们就不伤害你。否则，先杀了你婆婆。"乐羊子妻为了保持贞节名誉，不甘受辱，拔出刀自刎而死。强盗被震惊了，慌乱之余放了婆婆，仓皇逃匿。太守知道此事后，捕杀了强盗，赐给乐羊子妻丝绢并按礼法埋葬了她。

吴冯氏感化婆婆

明朝的时候，有一个人叫吴子桂，家里十分贫苦，母亲很早过世，留下兄弟三人与父亲相依为命。后来，父亲娶张氏为妻，可张氏却是一个性格暴躁、又喜欢辱骂人的人，对子桂兄弟三人也不能悉心照顾。

吴子桂到了适婚年龄，便娶了一位姓冯的女子为妻。冯氏自小孝顺父母，勤劳善良，不但性情温和，而且为人通情达理，备受邻人的赞赏。

冯氏嫁到吴家后，辛苦地操持家务，不论寒暑，每天都早早起来烧火做饭、洒扫庭除。夏天，天气十分炎热，吴冯氏除了打理家务外，还要跟丈夫一起到田地劳动，常常是一身的汗水、泥污。冬日，天寒地冻，吴冯氏也不懈怠，每日劳作不息，即使双手因寒冷长了冻疮，裂口流了血，疼痛难忍，吴冯氏也未吭过一声，仍在冰冷的河水里洗一家人的衣服。回来后，又劈柴生火，做好饭食，照顾一家饮食。

虽然很辛苦，吴冯氏却从未叫过苦，仍然尽心照顾婆婆，不仅三餐尽量做好吃的饭食奉养婆婆，每晚，还为婆婆端上洗脚水，给婆婆泡脚、按摩，尽量给老人家最好的照料。吴冯氏自己的生活却十分俭朴，吃着粗劣的饭食充饥，身上的粗布衣服，也常常是补了又补。

尽管吴冯氏如此孝敬，婆婆张氏却对吴冯氏很是挑剔。张氏性格急暴易怒，稍有不顺意，便会大发脾气，横眉瞪眼地辱骂训斥吴冯氏。

平日里，婆婆总是阴沉着脸，令人畏惧。可即便如此，吴冯氏也未有丝毫埋怨不满，对婆婆的挑剔虐待，都一一顺承下来，还很耐心地安慰婆婆，极力让婆婆顺心满意。

左邻右舍因为经常听到张氏对吴冯氏辱骂呵责，都觉得婆婆对媳妇太过刻薄，时间久了，大家心中不忍。有一天，邻居的妇人们相约要去劝说婆婆张氏，让她不要再辱骂媳妇。

可当吴冯氏听说大家要去劝说婆婆时，却连忙制止了邻妇们，恳切地对她们说："大娘、婶婶、姐姐们，你们的好意，我心领了，真是很感激大家。只是婆婆骂我，是因为我做得不好，不能顺承婆婆的意思，我会再努力。但如果各位来劝我的婆婆，则表示是婆婆错了，这未免要犯不孝的大罪了，这样，就是我做媳妇的罪过了。"

听到吴冯氏诚恳的自责，邻妇们也很受感动，明明婆婆做得不好，媳妇却不忍埋怨婆婆之过，还把责任揽到自己身上，因此也都打消了劝说张氏的念头，各自回家去了。

之后，吴冯氏更是尽心侍奉婆婆，没有怨色，当吴子桂看到妻子如此孝顺时，自己也备受感动，对继母更为孝敬。

后来，吴子桂的两个弟弟也相继娶了妻子，两位妯娌嫁过来后，吴冯氏对她们就像亲妹妹一样照顾关怀。然而，婆婆张氏对这两位媳妇也不好，不是看这个不顺眼，就是看那个不合意，总要找一些事来教训她们。她们若是稍有疏忽，张氏看到，就大发雷霆，辱骂她们，让她们难堪。

两位弟媳生性善良朴实，受到了婆婆的虐待后，内心既委屈又痛苦，可又不知该怎么办。似乎她们怎么做都不对，婆婆每天都要板起脸孔对自己，就算再小心谨慎，也仍要被责骂。过了些日子，两位弟媳实在是受不了了，觉得这样的日子没有希望，就起了轻生的念头。

她耐心劝慰她们说："嫂嫂知道你们心里很苦，很委屈，只是也不该那么傻，寻短见啊！家里还有那么可爱的孩子，你们怎么忍心丢下他们呢？"

"如今婆婆年纪也很大了，身子骨又很不好，脾气大一些也是难免，我们不要往心里去就好了。婆婆年纪轻轻嫁过来，就要照顾三个孩子，家里又穷苦，有上顿没下顿，婆婆整日忙里忙外，却连饭也吃不饱，跟着挨饿受冻！如今她老了，仍没有自己的骨肉，她心里也苦啊！"

"再说，你我也都有老的时候啊！我们到老了，不也希望儿女能孝顺吗？人家说，对待老人，就要像对小孩子一样。孩子天天哭闹，我们也不曾嫌弃，还会耐心哄他照顾他。现在，婆婆也不过发些脾气，只要我们能尽到媳妇的本分，她老人家虽然嘴上不说，心里也会感到安慰的。终有一天，婆婆也是会感动的……"

经过吴冯氏的委婉劝解，两位弟媳都放弃了轻生的念头。三位媳妇齐心协力，对婆婆尽心侍奉，不论张氏如何打骂，她们仍一心照顾婆婆，没有半句怨言。

婆婆张氏在三位媳妇的感化下，渐渐悔悟了，想到自己平时那么打骂她们，她们不但不顶嘴、不记恨，还能没有怨言，尽心地侍奉自己，处处讨自己欢心，就算自己的亲生骨肉，也未必能这样啊！她一改往常态度，像对自己的亲生女儿一样，不但不再辱骂，还对她们关怀有加。吴家从此上敬下和，一片和睦的气氛。

夏王氏孝敬公婆吃糟糠

夏王氏是明朝夏诚明的妻子，是无锡人。凡是认识她的人，无不称赞她是一个勤劳朴实、孝敬长辈的好媳妇。

夏家本来就已经十分贫寒，生活很拮据，谁知又遇上荒年，田里颗粒无收，生活更加艰苦。丈夫实在无法，远去他乡经商，希望能改善家境。丈夫走后，家庭的重担完全落在了夏王氏一人的身上。丈夫在家时家里积攒的一点粮食渐渐地吃空了。夏王氏忧心如焚，但她在二老面前表现得非常镇静，不让他们担惊受怕。她想，无论如何，也不能让二位老人挨饿。

夏王氏是一个妇道人家，没有别的路子可以挣钱，就不停地纺织，希望以此赚些钱来奉养公婆。因为年成不好，纺织所卖的钱也不多，夏王氏便比平常更加勤苦地劳作。每晚，她都纺织到半夜才肯休息，而天未亮时，她又起来继续纺织。有时，实在太累撑不住了，她就趴在织布机上睡着了，醒来后，又继续纺织。第二日，又匆匆忙忙地去集市，用织出来的布换些粮食，回家后，尽可能地为公婆做上好一点儿的饭食。在那个年头里，集市上很难买到米面，就连番薯一类的食物也是稀罕物了。偶尔换到一点米时，也只能煮一些清清的稀粥。每次，夏王氏自己不舍得喝一口，就连番薯，也不忍吃上一点，全都留给公公婆婆。等公婆吃完后，她才开始吃。因此，公公与婆婆一直不知道，还以为，她和他们吃的是一样的食物。有时，公公婆婆吃饭时，让她一起吃，她总是说，锅里还有剩的，她有吃的。其实，等收拾好公婆吃完的碗筷后，夏王氏才独自到厨房里，取一些原本用来喂猪的米糠，煮点粥吃。有时，她会从山上挖些野菜，或是到附近的湖中捞一些勉强能下咽的水生植物，与米糠和在一起，煮一点米糠野菜粥来充饥。

夏王氏每天都吃这种没有营养的粥，仅仅能缓解饥饿，身体所需要的营养得不到补充。她每天还要做很多事，除了纺织以外，还要忙家里的事，又要照顾公公婆婆，因此，她常常饿得头昏眼花，体力不支，身体状况越来越差。她强打着精神，依然勤劳地操持家务，夜以继日纺纱织布，尽可能照料好公公婆婆。渐渐地，公公婆婆也觉得不对劲儿。

一天，照例等公婆吃完，夏王氏独自到厨房里吃。婆婆偷偷地走到厨房里，一看，夏王氏正低着头，痛苦地喝着手中一碗米糠野菜粥！婆婆心里头不由一阵惊诧，禁不住泪水簌簌而下。婆婆赶紧告诉了公公，公公也非常感动。这以后，每次吃饭时，他们就非要媳妇和他们一起，吃同样的食物。否则，他们就不吃一口。夏王氏不由得跪了下来，流着眼泪，劝公公婆婆说："照顾你们，是媳妇的责任，你们若吃不饱，饿坏了身体可怎么是好？如果那样，就真是媳妇的罪过了。媳妇虽然每天吃米糠野菜，但身体还很好。可是您二老本来身体就不好，怎么能再挨饿呢？吃得少了，体力不堪，等相公回来，看到爹娘瘦了或是虚弱了，他又怎么忍心呢？请爹娘一定要吃饱才是，这也是我与相公的一份心啊！"公婆看到媳妇如此孝顺，态度又如此坚决，怕伤了媳妇的心，就含着热泪，吃下她精心准备的饭食。夏王氏自己，仍然只肯吃米糠野菜来充饥度日。在夏王氏的精打细算、苦心经营下，一家人终于熬过了饥荒年。

过了几年，丈夫回来了，家里的生活渐渐有所好转。然而，夏王氏依然很勤苦地劳作，同丈夫一起供养双亲。还是像以前一样，每逢遇到好吃的东西，夏王氏总是先让公婆和丈夫吃，而她也必定要等他们用完餐后才开始吃。若是遇上公婆喜欢吃的，或是需要的，夏王氏便会想尽一切办法，满足两位老人的需要，让他们能安享晚年。两位老人在媳妇的精心关照下，快快乐乐地度过了晚年。

夏王氏有如此好的孝德，自然得到了善报。她健健康康地活到了八十多岁才谢世。她去世前，面貌很安详，没有一点儿病苦。后来，家里人还做了梦，恍恍惚惚见到有人打着旗，奏着乐，很欢喜地迎接夏王氏升天去了。

夏王氏去世后，同乡里有一位贡生，听闻了夏王氏孝养公婆的事后，对夏王氏很敬重。他每次经过夏王氏的家门口时，必定要停下来，毕恭毕敬对着夏家门口鞠三个躬，表示对夏王氏的尊敬。

张菊花跪父留母

宋代年间，江南有一孝女名叫张菊花。在她七岁的时候，母亲不幸感染恶疾，不久就病逝，父亲因为孤单，在母亲去世之后续娶。菊花对父亲的感情很深厚，觉得有后母照顾父亲也很安心，从不分辨生养之别，对待继母一直是毕恭毕敬，言听计从。她的继母却觉得张菊花城府很深，怎么都看不惯她。

一天，张菊花的父亲外出做生意，继母趁机叫了人来，将她卖给有钱的人家做婢女。也是天意见怜，事有凑巧，张菊花的父亲在回家的途中，偶遇几个仆人带着张菊花赶路。分离数日，相见犹亲，父女相逢，更是悲喜交加。父亲拦住张菊花和这几个仆人，悲伤地问她："女儿，虽然为父并无大富大贵，但小康之家也足以养儿育女，怎么会让我的亲生女儿沦为奴婢？女儿，你究竟为何落到这种地步？你母亲地下有灵，岂不是要责备我了？你继母在家做什么呢？为什么发生这样的事情？"张菊花面对父亲，不知道说什么才好，说继母的所作所为，又怕连累继母，若是不说，又怎么好回答这个问题呢？在父亲再三追问之下，张菊花不得已才告诉父亲实情。父亲听到是妻子竟然做出这种事，大吃一惊，当即花了很多钱将张菊花赎回来。

三天后，父女一同回到家里，继母一看张菊花回来了，又惊讶又害怕，躲躲藏藏，不敢正面面对。父亲见到后妻，特别生气，一定要休妻才肯罢休。张菊花见到这种情况，马上下跪为继母求情："无论如何，她是我的母亲了，是父亲的妻子了，若是休妻，那我岂不是再一次失去母亲？父亲再一次失去妻子？若是因我导致母亲被休，父亲还要背上休妻的恶名，那我真是太不孝了！这让我怎么在这世上活下去！"父亲听到这番话，更加伤心，最终被张菊花的孝心感动，方才作罢。张菊花的父亲去世后，菊花对待继母仍旧像父亲在世时一样孝敬。

"石渠奖学金"的由来

唐山工程学院有一个"石渠奖学金"，是由世界著名桥梁专家茅以升设立的。

民国二十九年（1940）的一天，在茅以升家里，兄弟几人聚在一起，商量如何为母亲庆祝七十大寿。哥哥说："母亲对我们的爱远多于她对自己的爱，她发现我们的错误时，总是会耐心地开导，以理服人，从来不打骂训斥。现在我们能够有所成就，能够报效祖国，得感谢她老人家的养育之恩啊。我们兄弟几个一定要好好为母亲庆七十大寿！"

弟弟说："母亲为了我们辛苦操劳了一辈子，我们在家乡镇江为母亲设计建造一座花园小楼，作为母亲大寿的礼物。"

茅以升

茅以升听着哥哥和弟弟的话，沉浸在幸福又心酸的回忆里。他想起童年时代家中的一场大火，母亲为救孩子，冒着生命危险一次又一次地冲进火海。孩子们脱险了，母亲却遭受了很重的火伤，很久才治愈。他想起1911年，自己15岁时准备离开家乡北上投考唐山路矿学堂（后改名为交通部唐山工业专门学校，以后又改称唐山交通大学），家人认为孩子年龄太小，到千里之外求学，不放心。而母亲大力支持说："读书是大事，孩子的前程要紧，让他到外面闯闯，可以多学本领。"他在母亲的鼓励下，远赴北方求学，从此立志做个有真才实学的人。他想起1935年，自己在造钱塘江大桥时，困难重重，甚至还遭到上下左右的误解和责难，母亲说："唐僧取经，八十一难，唐臣（茅以升字唐臣）造桥，也要遇到八十一难，只要有孙悟空，有他那如意金箍棒，还不是一样能渡过难关吗?！"母亲的话给了他坚持下去的勇气。

茅以升激动地说："我们兄弟几人能够学有所成，全都要靠我们的母亲，她是我们第一个老师，也是我们最好的老师。我们要把母亲孜孜以求、诲人不倦的精神大力弘扬下去，这才是对母亲最好的祝贺。我建议以母亲的名字设立'石渠奖学金'，奖励研究土木工程力学的优秀学员。"

茅以升的主张得到弟兄们的赞同，大家捐款三千法币在唐山工程学院设立了奖学金。由于茅以升母亲的名字叫韩石渠，所以奖学金的名称就叫"石渠奖学金"。

27 年如一日报答妈妈的恩情

李双江，歌唱家，国家一级演员，是广大观众熟知并喜爱的男高音歌唱家，他的作品传遍了祖国的大江南北，广为传唱。能取得今天的优异成绩，自然离不开母亲从小的谆谆教导。在中央音乐学院学习的时候，由于要勤工俭学，李双江节假日很少回家。可儿子日夜都思念着母亲。走在学校空荡荡的操场上，眼前就会浮现出母亲带着十几个孩子，洗衣、做饭、做鞋子的生活场景来。有一回李双江走着走着就抱住眼前的一棵青槐树，忘情地痛哭起来。如今 50 年过去了，青槐树长成了老槐树，岁月见证了儿子对母亲的一片深情。

李双江刚刚到北京总政歌舞团时，觉得自己的生活条件有了些好转，应该把母亲接到身边来，但是当时只有正营职干部才有资格带父母到部队里生活，他就天天跑到机关里去磨负责的干部，最后负责人被他的孝心感动了，就同意了他的请求。他终于如愿以偿地把母亲接到北京。就这样他用真挚的情感与母亲度过了 27 年的幸福时光。

母亲 80 岁那一年，突然病了。儿子为了让母亲心情变好，利于疾病治疗，带着母亲走了很多地方。李双江这边挎着水壶，那边挎着干粮。背着老母亲上火车下火车，上飞机下飞机，里里外外，上上下下，一路上李双江累得腿都软了，可他就是不让母亲从背上下来。走着走着，李双江感觉到脖子里湿漉漉的，回头一看原来是母亲的眼泪一滴一滴掉到了儿子的脖子里。母亲为儿子的孝顺流下了幸福的眼泪。儿子说："娘啊，您不必这样。儿子就是想报答您。娘为我们儿女的成长吃尽了苦，受尽了累。儿子现在有条件带着娘跑一跑，我很珍惜这种幸福。"经过几次这样的旅游，母亲的病奇迹般好了。

母亲健在的时候，李双江每天都和母亲一起吃饭，然后推着母亲到附近的紫竹院公园散心，呼吸新鲜空气，享受属于他们母子的二人世界。日复一日，年复一年，三年来，无论工作多忙，李双江从未间断过。

母亲去世后，每当李双江工作中遇到麻烦，或身心疲惫了，都会来到母亲的墓园，沏上一壶热茶，与母亲还像以前一样聊聊工作和生活。聊天过后，儿子的心里就一下子舒坦、畅快了许多，仿佛母亲的音容笑貌就在眼前，仿佛母亲并未走远。他说："每次给母亲扫墓都是一次心灵的净化。"

小李寄义勇斩蛇

这是东晋时期干宝所著《搜神记》中的一个故事。三国期间，东吴建安郡（今属福建省三明市）将乐县有座名叫庸岭的高山，绵延数十里。山深林密，西北部石缝之中有一条大蛇，长七八丈，经常出没危害人畜。地方官吏祭以牛羊，仍然未得安宁。传说蛇精每年须吃一个十三四岁的女童，当地才能平安无事。于是，当地官吏便四处搜寻贫苦人家和犯罪家庭的女孩，养到八月之时祭蛇，将该女孩送到蛇穴洞口，由蛇吞噬。年年如此，已有 9 个女孩葬身蛇腹。

这一年，地方官吏四处搜寻祭蛇童女，未有所得。

当是时，将乐县中有一个 14 岁的女孩，姓李名寄，家中共有 6 个姐妹，她排行最小。她耳闻目睹多少家庭因骨肉葬身蛇腹所受的痛苦；多少父母因女儿命丧蛇口所造成的惨状，不禁义愤填膺，决心应招祭蛇，伺机为民除害。当她把这个志愿告知父母时，父母坚决不允。李寄便对双亲说："爹娘生育我们6个女孩，没有男儿，我等姐妹既无帮助父母的本领，又不能供养双亲衣食，只是成为父母的累赘，不如早死，把我卖去祭蛇，还能得到一些钱来供养父母，岂不更好。"但是父母疼爱女儿，怎么也不肯答应。

李寄为民除害之心已决，便偷偷离家外出，求得一把锋利的宝剑和一条凶猛的猎犬。到了八月祭蛇之时，李寄先将数石米麦用蜜糖拌好，置于洞口。不久，大蛇闻到香味便出来吃。但见蛇头大如笆斗，眼似铜铃，十分吓人。李寄毫无惧色，先放猎犬与大蛇搏斗，自己则从一旁挥剑猛砍，终于杀死了大蛇。而后，李寄进入蛇穴，见到面前9个童女的骷髅残骸，便痛心地说："你们怯弱，为蛇所食，实在可怜。"然后胜利回家。很快，李寄斩蛇的义勇之事轰动全县，满城官民大为赞颂。

后来，南越王闻知李寄斩蛇为民除害的英雄事迹十分惊奇和敬佩，便礼聘册立李寄为王后，并封李寄之父为将乐县令，母亲和姐姐也都全部得到封赐。

孝心换来奇迹

1968年，河南省襄城县统张村的张天运妻子病故，留下4个孩子。29岁的未婚姑娘李亚锋因敬佩张天运的人品，嫁给了他。李亚锋嫁到张家半年后，就与丈夫一起去医院做了绝育手术。张天运曾劝妻子要个孩子，李亚锋说还是做了好，不然将来一碗水端不平，会伤孩子们的心。为此，张天运特意把儿女们叫到李亚锋跟前说："你们都跪下，听爹说，娘是为了你们才不要孩子的。今后，她就是你们的亲娘！"

30年的时光过去了。在李亚锋的养育操劳下，张家的儿女都长大成人。在村里同龄人中，他们是唯一全都上过学的姐弟们。

1980 年，大女儿张秋香出嫁时，李亚锋倾其所有，为女儿做了当时村里出嫁姑娘最多的嫁妆。李亚锋又接连给三个儿子成了亲。后来，李亚锋的家便成了"幼儿园"，张家七个孙辈中，如今大的已经 12 岁，小的也已经 8 岁了，个个都是由李亚锋抱大的。

天伦之乐充溢在这个三代之家，病魔却也悄悄地向李亚锋袭来……

1994 年秋天，李亚锋患了糖尿病，虽经住院治疗，但病情并未好转。一年后，老人病情突然加重，右脚脚趾头开始变黑、溃烂、脱落，并发出难闻的气味。

为了给母亲治病，大儿媳将孩子们的压岁钱拿了出来，二儿媳连夜跑回娘家借了 500 元，三儿媳一下子拿出 3000 元。张家弟兄们从不计较谁拿钱多少，因为大家清楚，为了给母亲治病，每个人都会不惜一切的。大姐张秋香家的日子不宽裕，每当她回家把钱悄悄放在母亲床头时，弟兄三个就拿起来塞回给她。大姐不依，泪涟涟地说："我也是娘养大的，兴你们尽孝，不兴我尽心？"

医生们诊断后，无不摇头说，糖尿病引发的脉管炎和糖尿病综合征已经到了后期，你们别再跑了，回家准备后事吧。

得知母亲将不久于人世，儿女们争着把母亲往自己家拉。大哥、二哥见弟弟把母亲背回家，就每日到他家去侍候母亲。五天后，大哥趁三弟不在，偷偷把母亲背到了自家。老二没"抢"到母亲，就去找父亲评理。张天运没办法，就让兄弟三个轮着侍候母亲。

在儿女们的悉心照料下，1997 年秋，经历了半年的昏迷之后，李亚锋老人又奇迹般地苏醒了。

二儿子听说鲁山有一位 87 岁的老中医能治母亲的病，就专程把母亲背上汽车找到老中医。老中医开的处方中有几味中药不好找，弟兄三人相约，即使是上天入地，也要把母亲的药配齐。

东奔西走，千难万难，十多种稀奇中药终于按方子配好了。涂在患处一个月，母亲的脚开始消肿，原来坏死的部分开始愈合了。

孝心能创造奇迹。被多家医院判了死刑的李亚锋老人，在儿女的照料下，后来竟能下床拄着拐杖走动了！

丧亲章第十八①

【题解】

本章专门论述父母死后的孝子的种种行孝活动，作为孝事的终结。

【原文】

子曰："孝子之丧亲也，哭不偯②，礼无容，言不文③，服美不安，闻乐不乐，食旨不甘，此哀戚之情也④。"

"三日而食⑤，教民无以死伤生，毁不灭性，此圣人之政也⑥。丧不过三年⑦，示民有终也。"

"为之棺、椁、衣、衾而举之⑧，陈其簠簋而哀戚之⑨，擗踊哭泣，哀以送之⑩，卜其宅兆，而安措之⑪，为之宗庙，以鬼享之⑫，春秋祭祀，以时思

新二十四孝图（八）

之⑬。生事爱敬，死事哀戚，生民之本尽矣，死生之义备矣⑭，孝子之事亲

终矣⑮。"

【注释】

①丧亲：失去父亲。丧，丧失，失去。

②孝子之丧亲也，哭不偯偯，哭泣的余声，以致气竭声嘶，已到悲伤痛哭的极点。《礼记》："斩衰之哭，若往而不反。齐衰之哭，若往而反。大功之哭，三曲而偯。"郑注："三曲，一举声而三折也。偯，声余从容也。"又《礼记·杂记》："童子哭不偯，不踊，不仗，不菲，不庐。"这句的意思是，孝子应当哭泣，但不可过于悲痛，声断伤身。

③礼无容，言不文：《国语·周语》韦昭注："容，仪容也。"《荀子·礼论》杨偯注："文，谓修饰。"《礼记·丧大记》："父母之丧，居倚庐，不涂，寝苦枕块，非丧事不言。"又《丧服四制》："三年之丧，居不言。书云：'高宗谅闇，三年不言。'此之谓也。"

④服美不安，闻乐不乐，食旨不甘，此哀戚之情也：乐，前一个乐为音乐的乐，后一个乐为快乐的乐。旨，鲜美的食物。甘，香甜。郑注："去文绣，衣衰服也。孝子三日成服，衰麻而服三年丧也。"《白虎通·丧服》："丧礼必制衰麻，盖服以饰情，情貌相配，中外相应，故吉凶不同服，歌哭不同声，所以表中诚也。"《礼记·问丧》："痛疾在心，故不甘味，身不安美也。"又《闲传》："故父母之丧，既殡食粥，朝一溢米，莫一溢米；齐衰之丧，疏食水饮，不食菜果；大功之丧，不食醯酱；小功缌麻，不饮醴酒。"又《丧服四制》："父母之丧，衰冠绳缨菅屦，三日而食粥，三月而沐，期十三月而练冠，三年而祥。"《论语》："夫君子之居丧，食旨不甘，闻乐不乐，居处不安。"

⑤三日而食：《礼记·问丧》："亲始死，……伤肾、乾肝、焦肺，水浆

不入口，三日不举火，故邻里为之糜粥以饮食之。"又《丧服四制》："三日而食，三月而沐，朝而练，毁不灭性，不以死伤生也。"三日而食，指古时丧礼，父母之丧三天以后，才有正常饮食。

⑥教民无以死伤生，毁不灭性，此圣人之政也《曲礼》："居丧之礼，毁瘠不形。"《礼记·檀弓》："毁不危身。"《礼记·三年问》："夫三年之丧，天下达丧也。"郑注云："达，谓自天子至于庶人。"《中庸》第十八章："三年之丧，达乎天子；父母之丧，无贵贱一也。"《孟子》："三年之丧，齐疏之服，飦粥之食。自天子达于庶人，三代共之。"

⑦丧不过三年：指守丧时期不可超过三年。《论语·阳货》："子生三年，然后免于父母之怀。夫三年之丧，天下之通丧也。"《礼记·丧服四制》："始死，三日不怠，三月不解。期悲哀，三年忧，恩之杀也。圣人因杀以制节，此丧之所以三年。贤者不得过，不肖者不得不及，此丧之中庸也，王者之所常行也。"

⑧为之棺、椁、衣、衾而举之：棺，棺材。椁，套于棺材外之木盖。衣，寿衣。衾，丧礼用的被单。举，举葬，举行小殓及大殓的礼节。《礼记·檀弓》："殷人棺椁。"郑注："椁，大也，以木为之，言椁大于棺也。殷人尚梓。"又《丧大记》曰："君松椁，大夫柏椁，士杂木椁。"郑注云："周尸为棺，周棺为椁。"《孟子·公孙丑》："古者棺椁无度。中古棺七寸，椁称之，自天子达于庶人；非直为观美也，然后尽于人心。"又《滕文公篇》："掩之诚是也，则孝子仁人之掩其亲，亦必有道矣。"《礼记·檀弓》："葬也者，藏也；藏也者，欲人之弗得见也。是故，衣足以饰身，棺周于衣，椁周于棺，士周于椁；反壤树之哉。"又云：有子曰："夫子制于中都，四寸之棺，五寸之椁，以斯知不欲速朽也。"又云："天子之棺四重，水兕革棺被之，其厚三寸，杝棺一，梓棺二，四者皆周。"又《丧大记》："袍必有表，

不禅；衣必有裳，谓之一称。……小殓大殓，祭服不倒，皆左衽结绞不纽。"

⑨陈其簠簋而哀戚之：陈，陈列，摆设。簠簋，古代祭祀时，盛稻粱黍稷用的木制器皿。簠盛稻粱，外方内圆。簋盛黍稷，外圆内方。戚，哀伤。《礼记·檀弓》："丧礼，哀戚之至也；节哀，顺变也；君子念始生之者也。"又云："奠以素器，以生者有哀素之心也；惟祭祀之礼，主人自尽焉尔。岂知神所飨，亦以主人有齐敬之心也。"

⑩擗踊哭泣，哀以送之：擗，拊心曰擗，拍胸之意，指女子哭时用手拍胸。踊，顿足曰踊，男子哭时以足顿地。《礼记·问丧》："女子哭泣悲哀，击胸伤心；男子哭泣悲哀，稽颡触地无容，哀之至也。"又《问丧》："擗踊哭泣。"郑注："擗，拊心也。"《礼记·檀弓》："擗踊，哀之至也。"《释文》"擗，抚心也。"

⑪卜其宅兆，而安措之：卜，占卜。《礼记·丧大记》郑注"卜，卜葬之日也。"《吕氏春秋·举难》高注："卜，择也。"宅，墓穴。兆，茔域，坟墓的地界。

⑫为之宗庙，以鬼享之：宗庙，郑玄注："宗，尊也。庙，貌也；亲虽亡没，事之若生，为立官室，四时祭之，若见鬼神之容貌。"《礼记·王制》："天子七庙，三昭三穆，与太祖之庙而七。诸侯五庙，二昭二穆，与太祖之庙而五。大夫三庙，一昭一穆，与太祖之庙而三。士一庙，庶人祭于寝。"

⑬春秋祭祀，以时思之：春秋，指春秋两季。郑注："四时变易，物有成熟，将欲食之，故荐先祖，念之若生，不忘亲也。"《礼记·王制》："天子诸侯之祭，春曰礿，夏曰禘，秋曰尝，冬曰烝。"又云："大夫士宗庙之祭，有田则祭，无田则荐。庶人春荐韭，夏荐麦，秋荐黍，冬荐稻。韭以卵，麦以鱼，黍以豚，稻以雁。"又《祭义篇》："秋，霜露既降，君子履之，必有凄怆之心，非其寒之谓也。春，雨露既濡，君子履之，心有怵惕之

⑭生事爱敬，死事哀戚，生民之本尽矣，死生之义备矣：《礼记·曾子问》："曾子曰：父母之丧，弗除可乎？孔子曰：先王制礼，过时弗举，礼也。非弗能勿除也。患其过于制也，故君子过时不祭，礼也。"又《祭义篇》："君子生则敬养，死则敬享，思终身弗辱也。"吴澄云："亲在，则事之以爱敬；亲死，则事之以哀戚。生死皆致其孝，然后足以尽生民之本，备死生之义。"又云："民之生也，心之德为仁，仁之发为爱。爱亲，本也；及人，末也。故孝为生民之本。义者，宜也。生而恭敬，死而哀戚，理所宜然，故曰死生之义。"

⑮孝子之事亲终矣：孝子已经尽到侍奉双亲最终的孝道了。

【译文】

孔子说："孝顺的儿女在父母去世的时候，哭得声嘶力竭，举止行为完全没有了平昔的那种礼仪，说话也不注意措辞而显得语无伦次，穿上华丽漂亮的衣服，行为举止亦不安分，听到美妙的音乐也不觉得愉悦，吃到好味道也感觉不到称心，这都是因为悲哀的缘故而产生出来的表现。三天不吃东西，就要劝导他，告诉他不能因为失去亲人而伤害折磨自己，即使再怎么悲伤难过，也不应该不爱惜自己。这些都是圣贤君子的为政之道。为亲人守丧，丧期不可超过三年，表示这些丧制是有它的终止阶段的。办丧事的时候，替死去的父母准备好棺材、外棺、衣饰以及装敛用的衣服，把他们安排放置好，再安排陈设一些祭奠用的器具如簋、簠之类，并献上可供祭奠的供物，以表示生者对死者的哀悼。送葬之时，捶胸顿足、嚎啕大哭送出之后，选择一块风水宝地，把遗体安放埋葬在那里，然后建立起一座祭祀用的庙宇，让亡灵有所归依寄托，而且不时去拜祭一下，使亡灵得到安息。祭祀一般在春夏秋冬四季都有，表示在世的人无时不在想念故去的亲人。父母有生之时，要以周到尊敬之心侍奉；父母百年之后，亦要以悲哀之情料理后事。能够做到这些，人总算完成了作为一个人的根本义务，也尽了真正的生死之情。作为一个孝子做到这些，也就完成侍奉亲人的义务，便算得上是一位真正守孝道的人了。"

【解析】

孟子说："人之所以异于禽兽者几希。"人与禽兽之分，主要在于是否"知礼"。我们的内心情感称为"仁"，而外在的生活规范就是"礼"。《论语》中论礼，共有四十五章，而"礼"这一个字，总共出现了七十五次，所以《尧曰篇》指出："不知礼，无以立也。"一个人不懂得礼、不守礼，怎么能够处世呢？

人类的大礼，应该是"知恩必报"。这是人性最高的尊严，也是人禽之别的关键所在。现代人只记住小礼，却忽略了知恩必报的大礼。大家满脑子都是"权利""义务"，所计较的都是"利益"。由于利益有限，而人的欲求无穷，要以无穷的欲望来分取有限的利益，当然非争不可。老子说："圣人之道，为而不争。"圣人的道理，在于施予而不争夺。用意在提醒我们：刚出生的时候，我们除了身体之外，本无一物、一无所有，现在所有的东西，都是身外之物。人类倘能因此觉悟，大家都放下私心，不要争权夺利，那么，世界将多么美好，人类将多么安宁！

《中庸》说："唯天下至诚，为能尽其性；能尽其性，则能尽人之性；能尽人之性，则能尽物之性；能尽物之性，则可以赞天地之化育；可以赞天地之化育，则可以与天地参矣。"与天地参，就是把人的地位提高到和天地并列，成为天地人三才同等重要的位阶，当然与禽兽有很大的差异。要和天地并列，必须赞助天地万物的化育。这样一步一步向前推，唯有天下至诚的圣人，能够完全实践天赋本性的极致，才有能力尽知他人的本性，因而尽知万物的本性。这样一步一步向外推展，终于能够赞天地之化育，与天地参。我们体会圣人的用心良苦，在于启示我们：死是生命的终极，我们对于"死"的态度，往往决定我们对于"生"的态度。人死为大，实际上是知恩必报的最高价值所在。

父母生时，子女和父母都是活生生的人，难免由于所处的环境不同，心情有所差异而产生若干不愉快，甚至剧烈的冲突。为什么清官难断家务事？自家人都难以摆平，外人再有能力恐怕也难以论断。天下无不是的父母，应该是用来提醒普天下的子女，即使父母生前真的有不是的地方，亡故以后也应该完全忘掉，永不再提。期使在自己心目当中，父母真的"无不是"，而只留下美好的记忆，让自己永怀感恩的心情，何其愉悦，何其有幸！

礼所重视的，是实质而非形式。葬礼的本质，是永远的怀念与感恩。然而，实际的情况却大多与此相反。人在未死之前，殡仪馆就互相抢起生意，子女也用心计较遗产的分配。父母尸骨未寒，又被丧事干扰得心未调优，即使再大的场面和再多的法事，又有何用？父母生前若已做到"克己复礼"，身中不留半点习气，用不着任何形式和排场，自然灵性上升而安心回老家。殡葬的礼仪，用意在增加丧事的庄严性，让死者获得安慰，所以我们常说"以慰在天之灵"。人的魄，是借血气的灵，受金气而凝结，生后七七四十九天而得其全，因此死后通常也经过四十九天而灭亡。古代在这段时间内，会尽量做一些法事，相当于送终，实际上，入土为安对死者才最合适。凡事以德为主，如何合理"殡"应该由家人共商决定。

【生活智慧】

1. 人从哪里来？迄今无人知晓。死后到哪里去？科学也不能解答。最好的态度，应该是"既来之，则安之"。既然生而为人，不论幸或不幸，不管是苦或乐，都要好好地做人。中华民族普遍不认同自杀，认为轻生是不重视生命的行为，既对不起自己，也对不起家人和社会。人能活多久，就要活多久。实际上，我们的共同愿望是"求得好死"，也就是心安理得、毫无愧怍地离开人间。

2. 父精母血创造了我们的身体。我们知恩必报，必须好好爱护身体，并且趁着保有身体的有限岁月，好好修治自己，从修身、齐家、治国以至于平天下，都以提高道德修养为不易的目标。在不一样的情境，接受不相同的挑战，采取变易的方法和方式来修治自己。时时提高警觉，务求心安理得。做到生无忧而死无惧，便是活得有价值，而无所遗憾。

3. 人有三个要素：性、命和形。我们人各有命，也各有其形。虽然人的命和形各有不同，但是我们的性则十分相近。性相近，习相远。相同的本性，即为人性，在各种因素的影响下，使我们产生不同的命，也造就了不一样的形。先天的性，加上后天的命和形，便是我们的一生。我们所能够完全掌握的，其实只有"不二过"而已。犯了过失，立即自行矫正；一切靠自己，别人根本帮不上忙。因为人要改过，必须自己亲自去做才有效果。孔子心目中的贤人，并不是不犯过，而是犯过能自行改正。只要立志肯做，人人都做得到，所以说人人都可以成为圣贤。

4. 人人都有家庭，也大多有子女。就算人微言轻，影响力只限于家庭之内，也应该好好教养子女，使其养成良好习惯，最起码做一个重视品德修养的正常人。为了达成这样的目标，父母必须约束自己的言行，使子女在幼小时，便在不知不觉的耳濡目染之中，奠定做人的良好基础。可见孝道从父母的正当慈爱而产生，这也是我们只有《孝经》而没有慈经的主要原因。真正的品德修养，即为仁之本的孝敬父母。因此推知：孝是命的根，也是形的本。任何一个人想要好命、美形，唯有"复性"一途，也就是早日修复自己的本性。现代人喜欢"自信"，应该更正为"自性"，一字之差，自误又害人。自性即天性，也就是仁。

5. 现代人最大的不幸，是以不正确的观念来保护自己的身体，非但不能保健，反而造成无穷的伤害。为了身体的享受，放弃了轻松、自在、悠闲又自得的生活。这种舍本逐末的做法，根本就是自掘坟墓，实在十分可怜！发展科技原本是为了生活得更好，殊不知为了科技的发展，我们不惜破坏生态环境而不停地竞争，害得多少人过劳死。往昔只是发明、创造的人过劳死，现在却连制造、使用的人也一并过劳死。"人类终将死于科技"，应该是人人必须关注的警语，而不是妄言或故作紧张的狂语。现代人能动不能静，年纪轻轻便死于网络游戏，是谁的罪过呢？

6. 我们常说"本立而道生"，却轻忽了原来孝敬父母才是根本。现在读完《孝经》，应该有所悔悟。《论语·述而篇》说："仁远乎哉？我欲仁，斯仁至矣！"我们终于明白：孝敬父母完全是看我们要不要，并不需要思虑能不能。圣人之所以从来不提出具体的标准，便是顾虑到每一个人的处境不同、情况不一样。我们常说"诚意就好"，便是有经有权，有原则也能变通，可以量力而为，保证每一个人都做得到。有心孝敬父母，一投手就有成果，一举足即可跨入孝的领域。要不要孝敬父母，只在欲与不欲一念之间。我们对于孝亲和孝道的说明至此，剩下来的便是各人的实际行动。我们并不勉强，也不鼓励，全看大家的欲或不欲！

【建议】

　　既然"可欲不可欲"是由我们自行抉择和决定的，而"欲或不欲"也是我们自己所能够完全掌控的，那么，把"要不要孝敬父母"当作求仁得仁的起点，便是我们求仁的第一步。这一步跨出去，便进入仁的领域。于是藉由每日的自省，来观察自己的言行有没有缺失。倘若没有，当然心安理得：如果有缺失，也用不着悔恨，改正就是了。如此逐渐由实际行为的考察，促使自己愈来愈明白"孝"和"敬"的真谛，而且中途绝不停止，以养成良好的习惯。一旦习惯成自然，那就怡然自得而恢复自性了。只要不灰心、不放弃，始终如一，便是这一生最大的收获。即知即行，务请从此刻开始！

【名篇仿作】

《女孝经》举恶章第十八

【原文】

　　诸女曰："妇道之善，敬闻命矣。小子不敏，愿终身以行之。敢问古者亦有不令之妇乎？"大家曰："夏之兴也，以涂山；其灭也，以妹喜。殷之兴也，以有莘氏。其灭也，以妲己。周之兴也，以太任；其灭也，以褒姒。此三代之王，皆以妇人失天下，身死国亡，而况于诸侯乎？况于卿大夫乎？况于庶人乎？故申生之亡，祸由骊女；愍怀之废，衅起南风。由是观之，妇人起家者有之，祸于家者有之。至于陈御叔之妻夏氏，杀三夫、戮一子、弑一君、走两卿、丧一国，盖恶之极也。夫以一女子之身，破六家之产，吁！可畏哉。若行善道，则不及于此矣。"

【译文】

诸女说"做妇人之道的好的一面我们已经听说了，我们虽然不敢说敏慧，但愿意终身身体力行。请问古代是否也有表现不好的妇人呢？"曹大姑说："夏的兴起，是因为夏禹的妻子涂山氏聪明贤惠，但是，夏的灭亡，则是由于夏桀的宠妃妹喜败国。商朝的兴盛，是因为商汤的妻子有莘氏的帮助；商朝的灭亡，则是因为商纣王宠幸妃子妲己的原因。周朝的兴盛，是因为周王季历的妻子太任的贤能；而西周的灭亡，全在于周幽王的宠妃褒姒的一笑。这三代，全都是因为妇人的原因而丧失天下，君王因此而身死国灭，更何况是诸侯、卿大夫、庶人呢？所以说，春秋时的晋献公杀掉世子申生，全都是骊女在其中挑拨离间的结果，愍怀太子被废，祸患就是由于南风。由此看来，妇人能够让家庭发展的有，祸患家庭的也有。陈御叔的妻子夏姬导致儿子夏征舒被戮杀、国君陈灵公被弑杀、两个卿士被逼走，最后致使陈国被诸侯灭掉，这样的女人，真是罪大恶极。以一个女子之身，导致了六个家族的败亡，这真是可怕啊！如果她多做善事，就不至于造成这样的后果啊。"

《忠经》尽忠章第十八

【原文】

天下尽忠，淳化而行也。君子尽忠，则尽其心；小人尽忠，则尽其力。

尽力者，则止其身；尽心者，则洪于远。故明王之理也，务在任贤，贤臣尽忠，则君德广矣。政教以之而美，礼乐以之而兴，刑罚以之而清，仁惠以之而布。四海之内，有太平音，嘉祥既成，告于上下，是故播于《雅》《颂》，传于后世。

【译文】

所有的国人都尽忠于国家的话，敦厚的风气就会在全国推行。君子尽忠，主要是对君王尽心；小人尽忠，则主要是尽自己微薄的力量。尽自己微薄的力量的话，这种人只能够惠及自身；臣子要是对君王尽心的话，就会惠及至他人。所以，明王在治理国家的时候，势必要任用贤能的人，贤能的人能够对君王尽忠，那么，君王的道德就能够得到推广。政治教化因此而能够得到推广，礼乐也会因此而兴起，刑罚因此而减少，仁义因此而广施天下。四海之内，呈现一片太平景象，瑞祥之气充塞天下，上下喜庆，因此才能够将《雅》《颂》之乐传播于后世。

【故事】

匿丧赐死

一个普通小官员因为匿母丧而被皇帝赐死，这可能是中国历史上有记载的仅有一起案例。此事发生在五代十国的后唐明宗天成三年（公元 928 年），当时滑州（今河南汲县一带）有个书记官孟升，因贪恋官位，匿母丧不报，此事被人揭露，先是经由大理寺审判，处以流刑。然而，让人想不到的是，当时的明宗皇帝竟然为了这个小官吏匿母丧的事特地下了个诏书。明宗皇帝在诏书中历数了孟升不孝的罪状，说孟升身穿儒家的官服，身处幕僚的位置，竟然为了贪图荣华富贵匿母丧不报，作为人子者，竟然败坏到了这一步，实在是伤风败俗，其罪恶重于十恶。这样的罪人，与其将他投到荒芜之地，不如让他死掉好了。于是，明宗皇帝就干脆赐孟升自尽。与孟升有关的官员——观察使、判官录事、参军等人，因纠察失职，都受到了处罚。在此同时，还发生了一事，有个襄邑县民叫闻威的，他的父亲被别人给杀了，他不但没有替父亲申冤，还私下里与杀人者和解，他也因此被明宗皇帝处死了。

贾废追服

这是发生在北宋仁宗朝的一个著名的典故，常常被后世所提及，视为美谈。这个"贾"是北宋时的贾黯，他是邓州穰县（今天的河南邓州市）人，是仁宗时期的状元。由于他这个人性格耿直，敢说敢做，就一直负责地方官的铨选工作，也就是负责对地方官的年度考核。这个工作要是不认真做的话，就是流于形式，事实上也是这样的，在贾黯之前，这项工作一直都是走走过场的。但是，贾黯是一个认真负责的人，他认为，北宋自建立已近百年，尤其是在仁宗统治期间，天下太平日久，官吏养成了懒惰的性格，应当在官吏的考核上严格把关，以起警示的作用。贾黯认真磨勘（唐宋官员考绩升迁的制度），结果查出了益州（今四川）推官桑泽在四川做官三年，竟然不知道自己的父亲已死，贾黯提出桑泽不应当在考查之列，也就是剥夺了桑泽的考查资格。桑泽赶紧请求回原籍替父亲补丧。等到桑泽为父亲服完丧之后，就又回来找贾黯，要求再对自己进行磨勘，结果遭到了贾黯的反对。贾黯的意思是，桑泽虽然不是有意识地匿丧，但在外做官三年，竟然对家里的父母亲不闻不问，不通音讯，也是不孝，这样的人怎么可以让他继续做官呢。最后，桑泽只好断绝了做官的念头，回到了原籍，再也没有出来谋求官职。

悔改行孝

顺天有一个逆子，名叫彭德。有时，他把年老的母亲叫作皱皮母猪，妹妹叫作烧火冤家，妻子叫作月中丹桂，儿子叫作掌上明珠。由此可见，他平日何等忤逆了。

因为不孝的缘故，彭德屡次生的子女都夭折。后来，又生了一个儿子，便更加爱惜，因此称他为掌上明珠。

有一次，彭德远出做生意的时候，寄信回家给妻子。而带信的人，却误把信交给他母亲。他母亲拆信后，请教书的老师读给她听。信上说："皱皮母猪死未死？烧火冤家离未离？月中丹桂常时记，掌上明珠乖不乖？"

彭母听后大怒，哭着说："这个忤逆子，气杀我了！"于是把信内每句改换两字，请老师代书回信给儿子。回信说："皱皮母猪未曾死，烧火冤家未曾离，月中丹桂常时病，掌上明珠沤草皮。"

彭德接信，当天便哭号着回家。到家看见妻子及儿子皆无恙，便怒骂母亲说："你是不是想媳妇病了、孙儿死了，你才高兴！"

彭母也怒说："你这忤逆子，把辱骂母亲当作平常小事，难道真的没有家法了吗！"彭母便将彭德日前寄回家的信送给乡绅父老们看，他们都为彭母抱不平，就把彭德捉到祠堂重打三十板，以告诫不孝的人。彭德从此改过，孝顺母亲，其儿子方得养大成人。

还有一个做屠户的吴某，是宝应人，生性极为吝啬。他的母亲年已七十，有一次想吃猪肉，便叫人到儿子处拿肉，吴某不想给她，但来人坚决请求，便只给了少许。

过两天，他母亲又叫人去拿肉，吴某怒说："取了又取，我今天即使把手指斩下来也不给了！"

说完后，不知为什么，忽然误把手指切下来，他痛极趴倒在地上。

来取肉的人，就找药为吴某敷上，并告诉他："这是鬼神惩罚你不孝，不然怎会刚刚说完便立即应验呢。"

吴某自知理亏，而且良心发现，以后再也不敢不给母亲了。其后，他母亲叫吴某改做油糖生意，免得因为做屠户多杀生命。转业后，生意兴盛，因此赚了很多钱。

火未焚庐

章溢，字三益，号匡山，别号损斋，明朝浙江龙泉人。他的才华与人品深得知府秃坚不花的赏识。一次，他们在去秦中的路上，章溢突然心有惊悸，内心忐忑不安，料想家中有事，就辞别秃坚不花回家。到家后不久，父亲就病逝了。在料理后事的时候，家里又遭了火灾。章溢为了保护父亲的灵柩，不顾自己的安全，在熊熊大火边叩头祈天。火被乡亲们扑灭了，没有烧到灵柩。后来，贼寇作乱，洗劫龙泉。章溢把乡亲们组织起来保护家乡，官府也出兵追杀贼寇。但是章溢却说："这些贼寇以前都是平民百姓，只因无以为生、饥饿难捱，才落草为寇的。所以，要具体情况具体分析，不能全部都杀了。"官府听了他的意见，改用贴告示的方法，抚饥民。章溢五十六岁的时候，因母亲去世。悲哀过度，所以深染疾病而逝。

双鹤助哀

　　吴隐之，字处默，是晋代濮阳鄄城人。他容貌很美，善于言谈，广泛涉猎文史，以儒雅著称。他小时候就很独立，有操守，绝不吃不属于自己的饭食。虽然家里很穷，但绝不拿不义之财。在他十多岁时，父亲就去世了。他悲痛的哭声，引得路过的行人都心酸流泪。从此，他侍奉母亲更加孝顺谨慎。母亲去世时，他哀伤的表现甚至超出了礼制的规定，可见他的孝顺程度之高。他家里贫困，没有钱请人吹奏，每当他哭吊母亲时。就有两只仙鹤飞来鸣叫。到母亲丧期进行祭祀的那天傍晚，又有一群大雁会集在他家附近，当时人们都认为是他的孝心感动天地所致。他家与掌管国家祭祀礼乐的太常韩康伯为邻，韩母每听到吴隐之的哭声，也跟着难过得吃不下饭，并告诫儿子："你以后当官，一定要推举像吴隐之这样的孝子啊！"果然，韩康伯后来做了吏部尚书，就引荐吴隐之做了辅过功曹。

先试针灸

　　庾沙弥，南朝时期颍川鄢陵人，晋代司空庾冰的玄孙。他的继母刘氏得了重病，卧床不起已经很久了。庾沙弥就像侍奉亲娘一样，细心照料，不分昼夜。每次在给继母针灸治病时，庾沙弥都要先在自己身上试针，以防出现意外情况。当继母病逝后，他异常伤心，好几天水浆不入口。开始只吃点大麦面糊，一百天之后，他才吃些稀饭，服丧期间他不吃盐酱。冬天不穿棉衣服，夏天也不脱丧服，从不出家门。日夜痛哭，邻居都不忍心听到他的哭声。时间长了他坐的草垫也被泪水浸湿而腐烂了。继母生前特别喜欢吃甘蔗，他为了怀念继母，以后就再也没有再吃过甘蔗。他的孝心孝行受到了朝廷的表彰。梁武帝很欣赏他，让他做了县令，又迁官为邵陵郡王参军。后来，他的生母也去世了，他护送生母的灵柩回家乡，途中需要坐船。当船驶到江中流时，忽然刮起狂风，巨浪猛扑过来，眼看船就要翻了。庾沙弥悲痛欲绝，抱着母亲的灵柩失声痛哭。浪竟然退去了，风也停了，他们的船只安稳地驶回家乡。

地灭逆媳

清代嘉庆二十三年，江苏省无锡县北乡曹溪里，有王姓的儿媳，是一个泼辣凶悍的逆妇，平日懒于操作家事，一切煮饭洗衣，乃至打扫等杂务、都要老态龙钟的婆婆动手。可是婆婆年老力衰，对于家事的操作，当然不能做得理想，或是房屋打扫得不够整洁，或是菜肴烹调得不够味儿，因此时常遭受逆媳的恶言咒骂。那逆媳的丈夫，亦即婆婆的儿子，是一个懦弱无能的人，坐视妻子忤逆自己的母亲，不敢加以劝导，更谈不上管教。邻居的人，有时看不顺眼，偶尔从旁劝解，总无法遏制逆媳的恶性，至于婆婆本人，为了爱护孙儿，竟甘受逆媳的凌辱，逆来顺受，日子一久，逆媳益发肆无忌惮。有一天，婆婆带着孙儿玩，不知怎的，孙儿跌了一跤，跌破了头。逆媳认为是婆婆太不小心，以致跌伤了自己的儿子，竟对婆婆破口大骂。正在咒骂得凶狠，使婆婆痛心万分的时候，忽然乌云四布，大雨倾盆，不一会儿，房屋内外，都积满了水，逆媳两脚踏在泥地上，因泥地被洪水冲得很松，逆媳竟陷入泥土中，越陷越深，她不禁惊慌起来，急忙大呼："婆婆救我！婆婆救我！"婆婆看到媳妇陷入危急状态中，虽已忘了平日的怨恨，很想救她，但在狂风暴雨中，束手无策，逆媳身体的大部分，都已陷入地下深泥中了，放声痛哭起来，可是哭也无用，不到一小时，全身灭入地中。狂风暴雨过后，邻居们把逆媳从泥地中挖掘起来，已经窒息毙命。这样的惨死，好像是被活埋一样，远近的人，看到逆媳死得如此的奇，都说显然是忤逆的现身恶报。当时有人作了一首诗说："大地难容忤逆人，一朝地灭尽传闻。婆婆叫尽终无用，何不平日让几分！"

顾恺之为母画像

幼年的顾恺之，长得虎头虎脑，非常可爱，家人都叫他虎子。他的父亲当过朝廷的官员，后来辞官不做，隐居在家中。顾恺之一出生，母亲就去世了，所以他从来没有见过自己的母亲。

懂点儿事以后，每当见到别的孩子都有母亲爱护，顾恺之心里就感到很孤单，常常冲进书房问父亲："父亲，请您告诉我，我的母亲在哪儿？"

"虎子，你母亲到很远很远的外婆家去了。"父亲觉得孩子还太小，就善意地欺骗了他。

"那母亲什么时候回来？"顾恺之睁大眼睛问。

"大概……半年吧。"父亲若有所思地说道。

于是，顾恺之就开始扳着手指一天天地算时间。半年很快过去了，可是母亲又在哪里呢？于是他又去问父亲。父亲觉得该让孩子知道真相了，就把母亲去世的经过告诉了顾恺之。得知母亲已经永远离开了人世，离开了自己，顾恺之心痛极了，不由得放声大哭起来。

从此以后，顾恺之变得沉默寡言，心中反反复复地描绘着母亲的模样。他不止一次地问父亲：母亲的脸长得啥样，身材长得啥样……父亲耐心地告诉他后，他又去问奶奶。就这样，母亲的形象渐渐清晰起来。

8岁时，他对父亲说："父亲，我想给母亲画像。"父亲说："好是好，可你没见过母亲，万一画不像怎么办？"顾恺之说："母亲就在我的心里，我一定能画好的。"

他专心致志地学着画母亲，画完一张就拿去让父亲看画得像不像。"不像，画得一点儿也不像。"父亲摇摇头。顾恺之听了并不气馁，又接着画第二张，父亲又说画得不像……

当他把第十张拿给父亲看时，父亲终于点了点头，说："身材有点儿像了，可是面部还不太像。"

得到父亲的肯定，顾恺之心里甜滋滋的，画得就更来劲了。

他又花了半年时间，画成了一张母亲的全身像。他先拿给奶奶看，奶奶说："像，真像你母亲！"

顾恺之还不相信，又拿给父亲看。父亲看了连连点头，说："像了，像了，只有眼神不太像。"

顾恺之从此天天专门学画人物的眼睛，画了又改，改了又画。

当他又把一张母亲的画像送到父亲书房时，父亲一愣：这不是妻子出现在眼前了吗？连忙说："这就是你的母亲，快把这幅画挂起来。"

20岁时，顾恺之已是当时颇有名气的画家了。他善于画人物，尤其擅长画女人，在他的画中出现的女人个个形神兼备，惟妙惟肖。当别人问他拜谁为师时，他的回答是："我的母亲是一直活在我心中的老师。"

为母寻药方走遍千山万水

陈小春是香港当红的艺人，深受广大观众的喜爱，更是人人称道的孝子。

母亲不幸患肝癌期间，陈小春想尽一切办法来挽救母亲的生命，更是亲自到内地寻药，走遍了内地的各大城市。无论中医还是西医，无论是大医院还是小诊所，只要是和医治母亲的病有关的方法，无论听起来多么渺茫，陈小春都不放弃一线希望。除了外出为母亲寻医问药，经常陪伴在母亲身旁精心照料，他说为了母亲就是失败千次万次也心甘情愿，也值得。那段日子，他整个人都消瘦了许多。母亲是土生土长的香港人，善良而纯朴，她甚至不知道自己究竟患了什么病，为什么会患上这种病。每当母亲为此而感到困惑的时候，陈小春就会依偎在母亲身边耐心地给母亲讲："是妈妈的肚子里生了一块大石头。只要按时吃药，好好治疗，石头就会消失，病也就好了。"母亲虽然依旧困惑自己的肚子里为什么会长石头呢，但看着孝顺听话儿子，母亲也不害怕了，母亲就不再问什么了，她相信儿子的话，会积极配合医生，尽早把肚子里的石头拿掉。正是由于陈小春坚持不懈的努力，才使得身患绝症的母亲延长了数年的生命。对此，陈小春如今可以欣慰地说无憾了。

母亲年纪大了，喜欢唠叨。陈小春把母亲的唠叨都视成幸福，从来没有因为母亲的唠叨而不耐烦过。小时候因为不听话，陈小春常挨妈妈的打。然而打完儿子，母亲却心疼的泪流满面。尽管事隔多年，每当提起此事，陈小春总是充满感怀，眼睛里湿润润的，都是母亲的谆谆教导让自己知道感恩报恩。

母亲去世以后，陈小春更加珍惜和父亲在一起的日子。他怕父亲不习惯香港快节奏的生活，就在内地的乡下给父亲安了家。平日里让父亲养些鸡、鸭、鹅等动物，借以解闷。父亲也爱上了现在的生活，无忧无虑地安享晚年。

面对社会上总有一些不孝之子，陈小春深恶痛绝，声称这样的人连畜牲都不如。母亲怀胎十月，含辛茹苦把儿女养大，子女孝顺父母，是天经地义的事情。

孝丧是一种态度

孝道贯穿在人的一生当中，包括赡养、敬奉、起居、丧葬、祭祀等。《孝经·纪孝行》要求："孝子之事亲也，居则致其敬，养则致其乐，病则致其忧，丧则致其哀，祭则致其严。"

古人认为，孝丧是人生中特别重大的事。樊迟问孝孔子，孔子回答："生，事之以理；死，葬之以礼、祭之以礼。"就是说，父母活着的时候要尽心尽力地奉养他们，去世后要按照礼节安葬、祭祀他们。

孝丧，是慎终追远。就是要求子女谨慎恭敬地为父母送终，经常怀念久远的祖先。

孝丧，是子女对父母的生与死的一种态度，是孝行的一个重要方面。为父母养老送终是为人子女的责任和义务，"养老"与"送终"相比，人们似乎更注重"送终"。子女们能否恭敬而体面地处置父母的丧事，谨慎而哀伤地为父母送终，更能衡量一个人的孝行。正如孟子所说的："养生者不足以当大事，唯送死可以当大事"。

孝丧，是饮水思源，不忘父母。父母把我们带到这个世界，含辛茹苦地把我们培养成人，虽然父母已经离去，但我们必须明白，没有父母就没有我们的今天，要永远不忘父母的恩德，牢记父母的教诲，努力实现父母生前的夙愿。

孝丧，是心灵的教化。曾子曾说："慎终，追远，民德归厚矣。"就是说，慎重地办理父母的丧事，虔诚地追念祖先，自然会教化引导百姓归于忠厚老实。在通常情况下，父母的离去，子女在悲伤之中就会条件反射地回想父母活着时的音容笑貌，想到父母的种种好处，父母养育我们的种种艰辛。同时，看到灵堂的香烟缭绕，坟头幡纸飞舞，也会反思：父母健在时我们有诸多不敬，处事不周，使父母伤心难过，现在父母已经驾鹤西去，阴阳两相隔，想要弥补却为时已晚。"子欲养而亲不待"的那种痛心，那份追悔可想而知。这或许就是我们通常讲的"幡然悔悟"吧！

孝丧，就是要提倡厚养薄葬。孔子在《论语·子张》中说："礼，与其奢也，宁俭。丧，与其易也，宁戚。"就是说，对于丧礼，主要是要有悲伤哀痛之情，不应该故意的铺张浪费。曾子就是这样，他要求人们对忘故的父母和先人常有思念之心，不要因时间流逝而忘却父母的养育之恩。丧礼不必追求排场。他的父亲曾点去世时，他没有大操大办，被后人奉为厚养薄葬的典范。用今天的话来说，就是要注重生前尽孝。即所谓"生前一滴水，胜过死后百重泉"。不要父母在世时不尽力奉养，甚至忤逆、虐待，父母去世后却把丧事办得极尽铺张。做儿女的与其把坟墓建得十分堂皇，倒不如父母活着的时候多尽一点孝心来得真实。

笃行孝道的知县

郑板桥在做山东潍县知县的时候，为了更多地了解人民的生活状况，经常换上便衣，走出县衙，到各处去查访。

一天，他和他的书童两人来到县城南边的一个村庄，见到一户人家的门上贴着一副对联：

家有万金不算富；

命中五子还是孤。

看样子，这副对联贴上去的时间并不长。郑板桥觉得很奇怪，对书童说："既不过年又不过节，这家人为什么要贴对联呢？而且对联写得又这么不寻常，其中一定有隐情，我们还是进去看一看吧。"

书童上前敲门，来开门的是一个老人。老人将郑板桥让进屋内，只见家徒四壁，一贫如洗。郑板桥问："老先生，您贵姓啊？今天家里有什么喜事吗？为何门口贴上了对联？"老人叹一口气，说："敝人姓王，不敢欺瞒先生，今天是敝人的生日，触景生情，便写了一副对联用来自娱自乐，让先生您见笑了。"郑板桥"哦"了一声，沉吟半晌，好像明白了什么，于是对老人说了几句祝寿的话，便告辞了。

出了老人家门，郑板桥直奔县衙。一回县衙，便命令衙役："来人，把城南村王老汉的十个女婿全部带到县衙来。"衙役答应一声，迅速地去办差了。

书童十分纳闷，问道："老爷，您怎么知道刚才那个王老汉有十个女婿？"郑板桥给他解释说："通过分析他写的对联就知道了。人们平常都把小姐称为'千金'，他'家有万金'，不就是有十个女儿吗？俗话说'一个女婿半个儿'，他'命中五子'，不就是十个女婿吗？"书童一听，恍然大悟。

老汉的十个女婿很快就到齐了。郑板桥好好给他们上了一课，不仅讲了孝敬老人的道理，还规定十个女婿轮流侍奉岳父，让老人安度晚年。最后又严肃地说："你们中如果有谁对岳父不好，本县一定要治他的罪。"

第二天，十个女儿带着女婿都上门来看望老人，还给老人带来了不少衣服和吃的东西。王老汉看到女儿女婿们一下子变得如此孝顺，心里十分高兴，同时也有点儿莫名其妙，不明白到底发生了什么事。一问女儿，才知道来过的人就是知县郑大人。

三孝子为救娘"典身"

山东兖州有家人，父亲叫尹彦德，母亲叫时苓。他们有三个儿子，全都是大学生：大儿子尹训国，中国人民大学法学院硕士研究生；二儿子尹训宁，山东农业大学园艺系学生；三儿子尹训东，山东大学国际贸易系学生。一家出了三个大学生，时苓在兖州街头便有了一个响亮的美称——大学生的妈妈。

不幸的是，时苓在抚育孩子期间，患上了乙型肝炎、风湿性关节炎、甲状腺肿瘤等多种疾病。为了孩子们的学习，她一直默默地忍受着病痛的折磨。直到 1999 年突然发起了高烧，血色素降到 1.8 克，生命垂危，不得不躺进济宁医院。经过仔细诊断，她被确诊患有"自身免疫溶血性贫血"。

医生说，治疗这种病的唯一方法是置换血浆，每星期至少要换两次，而一次费用就高达六千元。尹家父子听后，顿时傻眼了，哪来这么多钱啊！父亲忧愁地来回踱步，三个儿子更是你看看我，我瞅瞅你。最后，他们不得不将自家一套两室一厅带院落的房子以三万元的价格卖掉，先解救命之急。

三万元很快便被病魔吞噬了，母亲的病情却依然不见好转。随着病情发展，时苓不得不从济宁医院转至北京友谊医院治疗。三个儿子看着一天天消瘦的父亲，再看看生命垂危的母亲，心急如焚。

1999 年 5 月的一天，在北京友谊医院走廊，尹氏三兄弟为筹划医疗费之事苦思冥想。老大尹训国突然眼前一亮，脱口而出："向社会企事业单位求援，提前预领五年工资。"老二训宁、老三训东一时茅塞顿开，兄弟三人当即就俯在走廊的座椅上，你一句我一言地写成了一封"自荐书"。

1999 年 10 月 20 日，陕西汉江药业股份有限公司董事长吕长学和总经理王政军获知山东三学子"典身"救母的消息，被这旷世孝心所感动。他俩召集公司西安办事处的同志们讨论研究此事，最终达成共识，认为三学子"典身"救母，正符合"把忠心献给祖国、把孝心献给父母、把真诚献给朋友"的企业精神，于是便向学子发出了邀请函。

总经理王政军对三学子说："我们接纳你们，一是被你们想尽办法为母亲治病的孝心所打动，这是中华民族的传统美德；二是你们自强自立的创新意识，正是现代企业所需要的；三是面对新世纪知识经济的竞争，我们企业需要高素质的人才。"

12月25日，尹氏三兄弟与陕西汉江药业股份有限公司正式签署了一份特殊的协议，提前领取了五年的工资。他们大学毕业之后，将无偿为公司工作五年。

孝以顺为美

面貌清秀，言吐温雅的白雪是军人的女儿。父亲从警一生，清正廉明，使白雪从小就立志做一个正直、宽厚的人。12岁读艺校，只身一人在外闯荡，心中牵挂的，一直是家乡年迈的双亲。

有一年，白雪随军到兰州演出。演出当中却忽然传来了父亲被车撞伤，已经送进医院抢救的噩耗。白雪随即向部队领导请了假，连夜赶回老家。躺在病床上的父亲早已不省人事，昏迷了一天一夜。扶在父亲的床头，白雪将所有的悲痛都放在心里。只要父亲还有一线希望，她就不放弃一切努力。在父亲病榻边上的几十个日日夜夜，是白雪一生中最难忘的日子。每天，她亲自给父亲换洗尿布，擦洗身体，喂水喂饭，一刻也不停地悉心陪护在父亲身边。有时父亲不经意的抽搐一下，白雪都会绷紧全身的神经猜测父亲的心思。"是爸爸哪里不舒服吗？还是医生的用药不合适呢？"每一次，无数个问题都会在白雪的脑子里盘旋，她生怕自己的稍一疏忽而错过了对父亲最关键的治疗和呵护。苍天不负有心人，父亲最终在女儿的亲情感召下得以康复。回想起躺在医院里昏迷的日子，老人欣慰的回忆："当时我什么也不记得，不认识了。就看到一名肩上有五角星徽章的人在我眼前每天都来回地晃动，一刻也不离开。现在知道那五角星徽章就是最疼爱我的女儿啊。"

孝以顺为美。白雪从不和爸爸妈妈顶嘴，即使父母批评自己时也会顺着他们。只有他们不生气，才会有一个健康的身体和愉悦的心情，才会晚年幸福。身为人母的白雪，谈起教子来也颇有心得。她说孝顺是最讲究传承的文化。子女孝顺自己的父母，等到自己做父母的时候，晚辈也会自然而然地孝顺你，甚至不需要过多的教导。对于儿子，白雪虽然一样的疼爱呵护，但在孝顺长辈方面要求却非常严格。她甚至不容许儿子和爷爷、奶奶大声说话，更不要说不听家长的话或和长辈顶嘴了。谈到未来儿子是否会孝顺自己，白雪很自信："我很孝顺我的爸爸、妈妈，儿子将来一定会孝顺我"。

事父母即是事佛

相传，安徽省太和县有位叫杨辅的人。因他父母只生下他一人，对他疼爱有加。为了他的前程，父母辛勤劳作，节衣缩食地供他读书。可是，由于杨辅天赋不足，尽管刻苦攻读，到头来还是功名无份，从十多岁一直考到30岁，科科落榜。

十多年的科场挫折使杨辅心灰意冷，感觉人生无常，便立志信佛修道。后来，他听说四川省有个无际大师，道法高深，他决心拜他为师。于是，杨辅不顾父母的反对，经过几千里辛苦跋涉来到四川。真是功夫不负有心人，初冬时节，杨辅终于遇见了无际大师。

无际大师面对这位风尘仆仆的汉子，便问他何方人氏？家境怎样？到四川省来寻他何干？杨辅一一如实回答。

无际大师听罢，便微笑着对杨辅说："你要拜我为师，何不直接去拜佛。"杨辅说："老师父，我很想见佛，但不知道佛在哪里？敬请老师父明示。"无际大师说："你现在赶快回家，半夜时分叩响家门，看到身上披着棉被，脚上倒穿鞋子的，那就是佛了。"

杨辅听了无际大师的话，深信不疑，急忙辞别大师，启程回家。经过一个多月的跋涉，终于回到家乡。

这时已近腊月，天寒地冻，冷风嗖嗖。杨辅遵照大师的嘱咐，挨到当夜三更时分，他才叩响自家的大门，呼唤爹娘开门。

此刻，杨辅的母亲忽然听到宝贝儿子在这寒夜回家，高兴得从床上跳下来，衣服也不穿了，胡乱抓起床上那床棉被披在身上，鞋子穿倒了也全然不觉，匆匆忙忙地上前开门迎接她的爱子。杨辅看到披着棉被，倒穿着鞋子的母亲，顿时恍然大悟，明白了父母便是无际大师所说的活佛。

从此之后，杨辅一心勤耕力作，竭力孝敬父母，在物质方面尽量满足父母，在精神方面尽量使父母快乐，成了出名的孝子。

后来，杨辅享寿80岁，儿孙满堂，家道殷实，家庭和谐。临终之时，用《大集经》上的一句话语告诫儿孙说："世若无佛，善事父母，事父母即是事佛也。"

兄妹争相救父

2003年1月24日下午三点半，广西桂林解放军181医院接待室，25岁的韩峰和 23 岁的弟弟韩磊坐在记者对面，两兄弟眼睛发肿，哽咽不止。此时，他们的妹妹——18 岁的广西钦州市小学教师韩瑜正在手术室里，再过一会儿她自己的肾将被摘下移植到父亲的体内。

事情的原委是这样的：他们的父亲被医院诊断为慢性肾炎晚期，2000 年初，转为尿毒症。父亲的病情牵动着儿女们的心。一个偶然的机会，韩峰、韩磊和韩瑜三兄妹从报纸上了解到，如果家庭提供肾源，不仅可以节约很多医疗费，而且更容易"种植"。

"我是老大，我有责任捐肾给爸爸。"当大哥的韩峰当仁不让，首先提出来为父亲捐肾。

"不行！我也是儿子，凭什么我就不能捐？"弟弟韩磊毫不示弱地展开了"捐肾权"争夺战。

"女儿也是父亲生的，要捐就捐我的。"小妹韩瑜此言一出，立即招致两个哥哥的强烈反对："你年龄小，一个女孩子家，摘掉一个肾，将来怎么嫁人？"

韩瑜说："这样吧，我们三人签订一个君子协定，谁的肾好，谁就捐给爸爸。"这个提议得到两个哥哥的积极响应，当即草拟了一份协议，三兄妹郑重签名画押。

"协议书"签订后，韩峰和韩磊对妹妹耍了一个"花招"，他俩没有遵守协议中三人同去检查身体的约定，而是提前跑到桂林解放军 181 医院做检查，目的是"先做为快"，一旦身体检查合格，就能堵住妹妹的换肾之路。岂料这次检查让哥儿俩大失所望：韩峰的左肾偏小，韩磊携带有乙肝病毒，他俩的肾都不能移植。

两位哥哥想不到，妹妹韩瑜此时也同样"耍"了他俩，她悄悄溜进钦州市第一人民医院做检查。结果是：双肾十分健康！

三兄妹争相捐肾的消息被父亲知道后，他大为震惊！特别是自己的千金宝贝要"割肾救父"，让他更没法接受。他坚决拒绝了女儿的孝心："割掉女儿身上的肉，比剜出我的心都痛呀！我说什么也不会接受你的肾。"

"不！"韩瑜跪在父亲的病床前，眼泪哗地直掉，"爸爸，我的生命是你给的，我现在只割舍一个肾算什么呀？如果你不答应女儿的请求，我会一生不安啊！"韩瑜跪在地"要挟"父亲："若不接受我的肾脏移植，我已写好了辞职书，将日日夜夜陪着跪在父亲病床前……"

半个小时过去了，两个小时过去了……母亲、哥哥和亲友们纷纷赶来劝她，但韩瑜仍双膝跪地不起，她的膝盖磨出了血丝，她咬着牙全身开始发抖。父亲再也忍受不住，放声痛哭："我的乖女儿呀！你快起来吧……"父亲默认了女儿献肾的举动。

18年前，父亲给了女儿生命；今天，十几分钟的手术，女儿让父亲"获得新生"。

孝心签进合约里

王文杰是国内知名的大导演，对母亲的孝顺在演艺圈子里也是屈指可数的。

王文杰自己认为，孝敬长辈，不光是儿女的一种义务和责任，更是一种上天的恩赐和享受。不管父母的能力有多大，为儿女的事业和前程能帮上多少忙，只要他们健在，儿女的头上就有一片晴空。就算遇到再大的风雨、挫折，有父母的大力支持，发自内心的淳朴的亲情的温暖，就会为儿女的心里撑起一片晴天。

2000年以后，王文杰把父母带到了自己身边，与母亲在一起的时候，是儿子最幸福的时光。

那一年，父亲生病了，王文杰正在拍戏最紧张的时候。然而他总是心里惦念着病榻上的父亲，挤出尽可能多的时间，伺候病床上的老父亲。在父亲的床边，为父亲一口一口送水、一口一口喂饭表达儿子对父亲最朴实、直接的爱。父亲的悄然离去，使孝顺的王文杰受到了重重的一击，他满怀"子欲养而亲不待"的苦楚，更加珍惜和母亲在一起的时光。收起失去父亲的悲痛，王文杰将所有的爱都倾注到母亲身上。春节百忙之中带着母亲去西双版纳，去北戴河疗养，只要母亲心里高兴，儿子愿意舍弃时间和一切去陪伴她。

母亲年纪大了，难免行动不便和感到孤独，细心的王文杰就把母亲带到剧组，让母亲守护在儿子身边。他创造一切可能的条件不让母亲孤独，找人给母亲做好吃的，陪母亲聊聊天，母亲怎么开心就怎么来。有一次，王文杰接戏与投资方签合同的时候，把老母亲一同带到剧组是合同里必需的条件，剧组同意了他才接戏，但不给剧组增加麻烦和自己承担经济负担，否则他就会慎重考虑是否要放弃这个机会。在儿子的眼里，母亲最重。所有的功名可以割舍，对母亲的爱，却无法忘怀。

王文杰认为不仅要努力满足母亲物质和金钱上的需要，然而更重要的还是对母亲精神上的满足，尽自己最大的努力，关爱母亲的身心健康。每次得了奖，拿了荣誉，王文杰都喜欢和母亲一起分享。是母亲一生默默地付出成就了儿子今天的辉煌。

向老秀才赔礼的皇帝

朱标出生时，朱元璋正在行军打仗。儿子的出世，给他带来了莫大的欣喜。兴奋之余，他也对儿子抱以极大的希望。朱标稍大些了，朱元璋就让他拜当时最好的先生为师，接受教育。儿子外出时，他教导儿子说："古代的商高宗、周成王，都知道老百姓的疾苦，所以在位勤俭，成为守成的好君主。你生长在富贵中，习惯了安乐的生活，现在外出，沿途浏览，一要体会自己做事的辛苦，二要好好体察百姓生活的不易，三要知道我创业的艰难。"

传说，为了教育好儿子，朱元璋曾经请了一位很有学问的老秀才给儿子当老师。有一次上课的时候，老秀才让朱标背诵一段《论语》，自己则闭着眼睛听。朱标只背了开头两句，就翻开书照着念。突然，老秀才睁开了眼睛，发现朱标作弊，就训了他几句。朱标不服气。老师很生气，一把抓住他的胳膊扭了过去。刚好这时朱元璋走了进来，看见了，忙替太子求情。老秀才不答应，认为太子目中没有老师，应该得到教训。朱元璋生气了，命令武士把老秀才抓了起来。

事情传到马皇后那里，她觉得朱元璋为儿子护短而惩罚老师，只会害了孩子。于是，在晚上吃饭的时候，她给朱元璋敬了一杯酒，说道："您过去曾经说过，世界上有两种人最没有私心，您还记得吗？"

朱元璋一时记不起来，笑着说："我记不得了，你说来听听。"

马皇后说："您曾说过，世界上有两种人最没有私心，一种是医生，一种是老师，没有那个医生不想把病人治好，也没有那个老师不想把学生教好。"

朱元璋听了，心中有些后悔。

马皇后趁热打铁说："玉不琢，不成器。老师虽然严厉了些，但从长远来看，对孩子有莫大的益处。"

朱元璋点了点头，说道："是我一时心急，错怪了老师。明天我就替儿子向老师道歉！"

第二天，朱元璋和马皇后叫人把老秀才请来，亲自向他道歉。老秀才连声说"不敢不敢"。朱元璋又把朱标叫到跟前，当着老秀才的面，把儿子训斥了一顿，让他好好听老师的教诲，不可再怠慢老师。还请老秀才坐在太师椅上，让儿子跪下给老师叩头认错。

老秀才扶起朱标后，走到书桌前，写了十个大字：明王明不明，贤后贤不贤。马皇后一看，笑着说："请老师念一下吧！"

老秀才念道："明王明不？明！贤后贤不？贤！"

朱元璋一听，哈哈大笑。

异地母子心连心

1951年春，一批志愿军伤员从前线被转送到辽宁兴城陆军医院，其中有两个18岁的伤员：一个是左臂粉碎性骨折的郝英祥，家在山西吕梁地区的离石县城；另一个是右臂负伤、伤势较轻的薛义昌，家在山东沂蒙山区。

他俩的床紧挨着，两人成了亲密无间的战友。薛义昌向郝英祥讲述了他母亲的情形。母亲陈继太33岁守寡，含辛茹苦把他们兄妹四人拉扯大。1948年，母亲送他参军。淮海战役前夕，母亲背着煎饼，步行一百余里到部队看他……也就是从那时开始，这位可敬母亲的形象便深深刻在郝英祥心中。

薛义昌重返前线。临上车前，他对郝英祥说："我到朝鲜以后就不能通信了，你在这里隔一段时间给我家里写封信，安慰安慰我母亲。"郝英祥紧握着战友的手："你放心，保证做到！"

郝英祥一直给薛家写信。突然有一天，他接到薛义昌的哥哥薛其昌的信："英祥同志：义昌已在前方战场上牺牲了。县政府已把烈士证送到咱家，全家都悲痛万分，母亲每日哭泣……"

郝英祥决心履行他对战友的生死诺言。他回信说："义昌是不喜欢我们流泪的。请你们把我当成你们家的一个成员吧。"很快，他收到薛其昌的再次来信："母亲很高兴，她说收下你这个儿子，把你也就当义昌了。"

家书寄深情，郝英祥一写就是48年。山西雨涝，他顾不得自家的房漏，给东妈妈写信问："咱那里是否下连阴雨？是否缺塑料布？有困难要对我说。"山东大旱，他忧心如焚，又写信问："咱家的粮食是不是够吃？"工作上的事情，郝英祥也要给妈妈汇报汇报。郝英祥上有老、下有小，经济上也比较困难。但在三年困难时期，他给妈妈寄去布匹，让妈妈过年做衣服。县委干部局发福利品，他为妈妈领了一根能照明的拐杖。妈妈也惦记着这位山西儿子。当时花生米是稀罕物，每年腊月，郝英祥总会收到山东妈妈寄来的花生米，这一寄也是48年！

1977年10月，华北地区石油工作会议在河北沧州召开，郝英祥借机探望了妈妈，朝思暮想的异姓母子终于相见了！妈妈恸哭失声："英祥儿啊！我可是把你盼来了！"在那欢聚的15天里，郝英祥寸步不离妈妈。他看到的是，妈妈黑暗低矮的茅草屋、囤子里的红薯干、锅里的红薯面煎饼，更让他难过和不安的是，家里人顿顿给他炒菜，并想办法弄来白面给他吃。

1994年，郝英祥离休。这次探亲他一住就是一个多月。他陪伴86岁的母亲唠家常，给她做山西饭菜，帮她干家务活。他还用地排车拉她赶集，引得路人直夸老人家有福气。

为父母排忧的孝顺女

吕丽萍是有名的孝顺女，同时是功力深厚的实力派明星。她是一名电影演员，吕丽萍对父母的孝顺是"全方位"的。除了平时生活上无微不至的照料，吕丽萍更重视对老人精神的细心呵护。孝顺的女儿几乎没有在父母面前说过一个"不"字，只因女儿明白老人上了年纪就像孩子一样，特别需要人鼓励，需要人的理解和体谅，多听悦耳赞美的话，将心比心，心里就会舒服很多。

孝顺女吕丽萍曾一度掌握家里的"经济大权"。因为父母的生活习惯不同，母亲惯于周济别人，所以花钱难免有些大手大脚，而父亲非常节俭，父母两人经常因为财物问题产生纠纷，甚至吵架。当时只有十几岁的吕丽萍为了让父母不再吵架，于是有一天就和父母商量，家庭的经济是否可以由自己来管。父母同意了，日后家里的日常开销吕丽萍都要过目，买米、买面、买煤的事情女儿全部都承揽下来。后来父母就再也没有因为财务分歧吵架了。可见，吕丽萍还是一位能干的管家。

吕丽萍孝顺父母更多地体现在"听话"上。不管什么要求，只要父母提出来，只要他们高兴，女儿都乐此不疲，全心全力地照办。毕业分配时，吕丽萍本来可以就近留在北京，可被阴差阳错分到了远离家乡的上海。当时吕丽萍就很不愿意离开父母。父亲知道后严厉地批评了女儿的错误态度，教导孩子"好男儿志在四方"，岂能因工作地点羁绊了事业和前途。那天晚上，吕丽萍思想挣扎了许久，但一想到父亲的话，就不再顾虑什么了，她怕父亲因此而伤心。吕丽萍最终选择了毅然南下，果然开创了属于自己的一片天地。

父亲去世以前的那段日子，她的身体非常虚弱。这时候有一个摄制组来找吕丽萍拍戏，可吕丽萍看过剧本后不愿意接，她想多点时间陪伴在父亲身边。父亲知道女儿是为了照顾和陪伴自己推掉工作后就和吕丽萍急了。父亲坚持说自己不需要人照顾，女儿再一次在父亲面前妥协了。去就去吧，听父亲的话，就是当时女儿对父亲最好的报答，这样，吕丽萍听话的去拍戏。吕丽萍对父母的爱还深深地影响和感化着身边的朋友们。

第三章　唐玄宗注《孝经》

《钦定四库全书·孝经注疏》提要

【原文】

臣等谨按（谨按：引用论据、史实开端常用语）：

《孝经正义》三卷，唐元宗①御注，宋邢昺疏。

案（查考）：《唐会要》②：开元十年③六月，上（指唐明皇）注《孝经》，颁天下及国子学④；天宝二年五月，上重注，亦颁天下。

《旧唐书·经籍志》：《孝经》⑤一卷，元宗注。

《唐书⑥·艺文志》：今上《孝经制旨》⑥一卷，注曰"元宗"。其称"制旨"者，犹（如同）梁武帝《中庸义》⑦之称《制旨》，实一（同一）书也。

　　赵明诚《金石录》⑧载《明皇注孝经》四卷。陈振孙⑨《书录解题》亦称家有此刻，为四大轴⑩。盖（乃）天宝四载（年）九月以御注刻石于太学⑪，谓之《石台孝经》⑫，今尚在西安府学（府学：府办官学）中。为（有）碑凡（总共）四，故拓本称四卷耳。

　　元宗《御制序》末称："一章之中，凡有数句；一句之内，义有兼明（兼明：一俱说明）；具载（具载：全都记录）则文繁，略之则义阙（义阙：意义不全。阙：缺）。今存于《疏》，用广（用广：用于扩展）发挥。"

①唐元宗：即唐玄宗李隆基（685 年—762 年），谥号"至道大圣大明孝皇帝"，又称唐明皇，汉族，唐睿宗李旦第三子，多才多艺，善骑射，通音律、历象之学。宋避始祖玄朗讳，改"玄"为"元"。清避康熙玄晔讳，亦改"玄"为"元"。如"郑玄"作"郑元"等。以下"元宗"皆指"唐玄宗"。

②《唐会要》：北宋王溥撰，是记述唐代各项典章制度沿革变迁的史书，有 100 卷。始称《新编唐会要》，现简称《唐会要》，是我国历史上第一部《会要》专著。

③开元：唐玄宗年号，唐玄宗在位期间用过三个年号，即"先天"（712—713 年）"开元"（713—741 年）"天宝"（742—756 年）。

④国子学：中国封建时代的教育管理机关和最高学府。

⑤《旧唐书》：五代后晋时官修的《旧唐书》是现存最早系统记录唐代历史的一部史籍。原名《唐书》，宋代欧阳修、宋祁等编写的《新唐书》问世后，改称《旧唐书》，共二百卷。

⑥《孝经制旨》：唐玄宗亲自所作。古来学术界有认为就是其《孝经注》。从本书行文中看显然不是同一本。

⑦梁武帝：姓萧名衍，字叔达（464—549 年），南兰陵中都里人（今江苏省武进区西北）。南北朝梁国的开国君主。著有《孝经义》《中庸讲疏》等诸书。

⑧赵明诚：（1081—1129 年），字德甫，密州诸城（今山东诸城）人，宋徽宗崇宁年间宰相赵挺之的第三子，著名金石学家、文物收藏家。撰有《金石录》三十卷，著录其所见从上古三代至隋唐五代以来钟鼎彝器的铭文

款识和碑铭墓志等石刻文字，是中国最早的金石目录和研究专著之一。

梁武帝

⑨陈振孙：（？—约 1261 年）原名瑗，字伯玉，号直斋，安吉梅溪（今属浙江）人。陈振孙为南宋大藏书家、目录学家。经过数十年心营目识和材料的积累，他把自己对于典籍整理研究的心得，按晁公武《郡斋读书志》的形式，撰成私家藏书目录《直斋书录解题》56 卷。《直斋书录解题》与《郡斋读书志》的学术价值，被后人誉为古代私家书目的"双璧"。全目共著录图书 3039 种，51180 卷，数量大大超过了宋代及以前的私人藏书。

⑩轴：量词，计算绕在轴上的线状物及装裱带轴的字画数量的单位。

⑪太学：中国古代的大学。太学之名始于西周，汉代始设于京师。汉武帝时，董仲舒上"天人三策"，提出"愿陛下兴太学，置明师，以养天下之士"的建议。

⑫《石台孝经》：李隆基作序并注此书，李亨篆额，刻于唐天宝四年（745 年）。此碑由四块黑色细石合成，碑高 620 厘米，共 4 面，每面宽 120 厘米，书法工整，字迹清新，秀美多姿。方额、盖石、顶上等均做了非常艺术化的处理，碑下有三层石台阶，故称《石台孝经》。现保存于西安碑林博物馆。

【原文】

《唐书·元行冲传》①称："元宗自注孝经，诏（诏令）行冲为（作）

疏，立于学官（立于学官：定为官方教材）。"

《唐会要》又载："天宝五载诏，《孝经》书疏②虽粗发明（粗发明：阐述比较粗疏），未能该备（该备：完备），今更（经过）敷畅（敷畅：铺叙并加以发挥）以广阙文③，令集贤院④写颁（写颁：抄写并颁布）中外（中外：全国）。是（这些）《注》凡（都是）再修，《疏》亦再修。"其《疏》《唐志》作二卷，《宋志》则作三卷，殆（作助词"乃"）续增一卷欤（感叹词）。宋咸平⑤中，邢昺所修之《疏》，即据（依据）行冲书为蓝本⑥。然（然而）孰为旧文，孰为新说，今已不可辨别矣。

【注释】

①《唐书·元行冲传》：指《新唐书·元行冲传》。《新唐书》的编撰约始于北宋庆历四年（1044年），到嘉祐五年（1060年）完成，包括本纪十卷，志五十卷，表十五卷，列传一百五十卷，共二百二十五卷。参加编撰的有欧阳修、宋祁、范镇、吕夏卿等人。

元行冲：元澹，字行冲，河南人。生于唐高宗永徽四年（653年），卒于唐开元十七年（729年）。少孤，养于外祖韦机家。及长，博学，尤通古训。举进士，累迁太常少卿。撰魏典三十卷，为后魏编年之史，事详文简，学者称之。开元中，为弘文馆学士，封常山郡公。玄宗自注《孝经》，命他作疏，立于学官。

②书疏：奏疏。

③以广阙文：用以填补有疑暂缺的字或其意存疑而未写出的文句。《论语·卫灵公》："吾犹及史之阙文也。"阙：缺。

④集贤院：官署名。唐开元五年（717），召集官员于乾元殿写"经、史、子、集"四部书，置乾元院使。次年，改名"丽正修书院"。后改名

"集贤殿书院"，通称"集贤院"。

⑤咸平：北宋真宗赵恒年号为"咸平"（986—1022年）。

⑥蓝本：编修书籍或绘画时所根据的底本。

【原文】

孝经有今文、古文二本。今文称郑元①注，其说传自荀昶②，而《郑志》不载其名③。古文称孔安国（见《顺治本》第10页注③、④）注，其书出自刘炫④，而《隋书》已言其伪。

【注释】

①郑元：即郑玄（127—200年，此讳"玄"故作"元"），东汉北海高密（今山东高密市西南）人，字康成，生于汉顺帝永建二年，死于汉献帝建安五年，是东汉最有权威的经学家，其学也被称为"郑学"。

②荀昶：约公元420年前后在世，字茂祖，颍川（今河南许昌）颍阴人。生卒年不详，约宋武帝永初元年前后在世。生平事迹不详，仅知他在元嘉初（424年左右）以文义至中书郎，著有文集十四卷。

③《郑志》：《隋书·经籍志》记：《郑志》十一卷，魏侍中郑小同撰。《后汉书·郑玄本传》则称："门生相与撰元答弟子，依《论语》作《郑志》八篇。"刘知几在《史通》中称："郑弟子追论师说及应答，谓之《郑志》。"

④刘炫：（约546—约613年）字光伯，隋河间景城（今河北献县东北）人。为人聪敏，能左手画方，右手画圆，口诵，目数，耳听，五事同举。周武帝平齐，由刺史宇文亢引荐为户曹从事。后刺史李绘署为礼曹从事，以干练而知名，后奉敕与王劭同修国史，又参加修订天文律历，兼与内史省考定

群官。自言《周礼》《礼记》《毛诗》《尚书》《公羊》《左传》《论语》孔、郑、王、何、服、杜等注，凡十三家，皆能讲授，史子文集，皆涌于心。

【原文】

至唐开元七年（719 年）三月，诏令群儒质定（质定：考订）。右庶子刘知几①主古文，立十二验（证据，凭证）以驳郑②。国子祭酒司马贞主今文，摘《闺门章》文句凡鄙（凡鄙：平庸鄙陋），《庶人章》割制（割裂）旧文，妄加"子曰"字及《注》中"脱衣就功③"诸语以驳孔，其文具（通"俱"）载《唐会要》中。厥（其）后今文行而古文废。

【注释】

①右庶子刘知几："庶子"为周代司马的属官，掌诸侯、卿大夫之庶子的教养等事。隋、唐以后，改称左右庶子，历代相沿，清末始废。

刘知几（661—721）字子玄，彭城（今江苏徐州）人，唐高宗永隆元年（680）举进士。曾与朱敬则等撰《唐书》八十卷，与徐坚等撰《武后实录》，与谱学家柳冲等改修《氏族志》，自撰《姓族系录》二百卷，与吴兢撰成《睿宗实录》二十卷，重修《则天实录》三十卷，《中宗实录》二十卷。

②开元七年（719 年）唐玄宗诏令群儒质定《孝经》，敕令曰："《孝经》《尚书》有古文本孔、郑注，其中旨趣，颇多蜂驳（芜杂），精义妙理，若无所归，作业用心，复何所适？宜令诸儒并访后进达解者，质定奏闻。"此后又诏令："《孝经》者，德教所先，自顷以来，独宗郑氏，孔氏遗旨，今则无闻。"希望诸儒"详其可否奏闻"。当时最有影响的是孔安国的古文注

和郑玄的今文注《孝经》。刘知几主古文，否认郑玄为《孝经》做过注，并立十二验以驳郑。当时的国子祭酒司马贞主今文，肯定郑玄注摘《闺门章》文句凡鄙，《庶人章》割裂旧文，妄加"子曰"以及《注》中的问题，而攻击否定古文《孝经》与孔传。这一场学术辩论，实际上是为唐玄宗撰《孝经注》做出了准备。当时刘知几、司马贞两人的意见同时上奏，唐玄宗基本上采取兼收并蓄的理念，而又比较多地采用司马贞的建议。

司马贞：字子正，唐河内即今河南沁阳人。开元中官至朝散大夫，宏文馆学士，主管编纂、撰述和起草诏令等，是唐代著名史学家，著《史记索隐》三十卷，世号"小司马"。

③脱衣就功：脱掉常衣，穿上丧服。功：丧服。《国语·齐语》："脱衣就功，首戴茅蒲，身衣裋褐（裋褐：粗布衣服），霑体涂足。"

【原文】

元熊禾①作董鼎《孝经大义序》②，遂谓（遂谓：就说）贞（司马贞）去《闺门》一章，卒启（卒启：终于导致）元宗无礼无度之祸（指天宝之乱）。明孙本（孙本：崇祯年文人）作《孝经辨疑》，并谓唐宫闱不肃③，贞削（删除）《闺门》一章乃为国讳（国讳：国丧）；夫（句首助词）削《闺门》一章，遂启（遂启：就导致）幸蜀之衅④。使（假使）当时行用（行用：流行用）古文，果（果真）无天宝之乱⑤乎？唐宫闱不肃诚（的确）有之，至于《闺门章》二十四字，则绝与武、韦⑥不相涉（相涉：相干）。指为避讳，不知所避何讳也？况知几（刘知几）与贞（司马贞）两议并上，《会要》载当时之诏，乃郑（指郑玄注的《孝经》）依旧行用。孔（孔安国）注传习者稀，亦存继绝之典⑦。是（因此）未因知几而废郑，亦未因贞而废孔。

①熊禾：元初著名理学家、教育家。熊禾以毕生精力研究儒家经典，继承、弘扬和发展了朱子理学，成为著名理学家、教育家，后人称誉："朱熹有功于圣门，熊禾有功于朱熹"。著有《易经讲义》《易学图存》《周易集疏》《书说》《大学尚书口义》《三礼考略》《春秋通解》《春秋论考》《四书标题》《大学广义》《四书小学集疏》《文公要语》等。

②现世存有元董鼎注《孝经大义》一卷本，有出版本。

③唐宫闱不肃：唐朝是个对女性很尊重的王朝。婚姻上。女人如果觉得不美满，可主动提出离婚，甚至可协议离婚；在着装上，她们想穿男人衣服就穿，想坦露胸部就露。民间如此，宫里就更开放了。在唐中宗时，皇妃可以在宫外建宅单住，不必在宫里天天伺候皇帝。特别是唐朝的后宫轮岗侍寝制度，无论是时间安排，还是人员选择，都堪称人性化。

④幸蜀之衅："幸"谓皇帝亲临；"衅"为祸乱。此指公元755年的"安史之乱"如西风扫落叶般连下洛阳与长安，唐明皇狼狈入川以避灾难，但因叛军内乱，于757年迅速衰落，大唐的长安失而复得。是年肃宗迎接逃难至蜀已是太上皇的李隆基回京，明皇于是"銮舆出狩回"。

⑤天宝之乱：即"安史之乱"。唐玄宗在位的天宝后期，政乱刑淫，封建统治渐趋腐朽，社会矛盾日渐尖锐，奸臣当道，朝廷内部矛盾斗争激烈。宰相李林甫尸骨未寒，杨国忠就诬告他与人谋反，因而剥夺了其官爵，清洗了其党羽。杨国忠与安禄山也势若水火，他奏请哥舒翰为河西节度使，以与安禄山相抗衡，后降安。均田制已破坏，官僚、商人大地主的势力进一步发展，土地兼并严重。当时为防御外敌，曾在沿边地区设置了节度使，至天宝元年（742），全国拥有57万多军队，而分布在军镇的就多达49万。形成了

内轻外重的军事格局。再加上玄宗贪求边功，有"吞四夷之志"，穷兵黩武，因而民族矛盾也有所激化。天宝末年的"安史之乱"正是在这一背景下发生的。

⑥武、韦：武指武则天，韦指唐中宗李显的皇后韦后。载初元年（690年），武则天废睿宗，自称圣神皇帝，改国号为周，定东都洛阳为神都，史称"武周"。武则天以 67 岁的高龄君临天下，成为中国历史上唯一一位女皇帝。

神龙元年（705 年），敬珲和宰相张柬之等人发动政变，逼武则天退位，拥立中宗李显复位，恢复了唐朝李姓政权。李旦唐睿宗被立为相王。中宗却一直受到韦皇后和女儿安乐公主以及武后的旧有党羽武三思等人的影响，张柬之和敬珲等人全部被流放或诛杀。韦皇后有意成为第二个武后，安乐公主则曾要求被立为皇太女。在景龙四年（710 年）韦皇后和安乐公主合谋毒杀中宗，韦皇后立温王李重茂为帝，是为少帝，并欲加害相王李旦。李旦的儿子，当时是临淄王的李隆基在姑母太平公主的协助下发动政变，诛杀韦皇后、安乐公主及武氏残余势力，拥立李旦复位。

⑦继绝之典：承续快要绝灭的典籍。

【原文】

迨时阅（迨时阅：等到时间过了）三年，乃（才）有《御注》太学刻石，署名者三十六人，贞不预列（预列：在其列）。《御注》既行（颁行），孔、郑两家遂（于是就）并废，亦未闻贞更（额外）建议废孔也。禾（熊禾）等徒（等徒：等人）以朱子《刊误》①偶（偶尔）用古文，遂不以不用古文为大罪，又不能知唐时典故，徒（仅）闻《中兴书目》有"议者排毁，古文遂废"之语，遂沿其说说②，愦愦；糊涂）然归罪于贞，不知以《注》

而论，则孔佚郑亦佚，孔佚罪（怪罪）贞，郑佚又罪谁乎？以《经》而论，则郑存（留存）孔亦存，古文并未因贞一议亡也，贞又何罪焉？

今详考源流，明（表明）今文之立（流传），自元宗此《注》始；元宗《注》之立，自宋诏邢昺等修此《疏》始。众说喧呶（喧呶：纷纭。呶），皆揣摩影响（揣摩影响：意为想当然、无依据）之谈，置之不论不议可矣。

乾隆四十一年五月　恭校上

总纂官：臣　纪昀　臣　陆锡熊　臣　孙士毅

总校官：臣　陆费墀

【注释】

①朱子《刊误》：朱子即朱熹（1130—1200 年）其学派被称为闽学，或称考亭学派、程朱学派。

《孝经刊误》成于淳熙十三年（1186 年），当时朱熹已经五十七岁，主管华州云台观，他取《古文孝经》分为"经"一章，"传"十四章。删旧文二百二十三字。朱熹撰写的主旨是拨乱反正，纠正他认为人们对《孝经》的一系列谬误。主要有以下几点。

1. 针对《孝经》作者，或认为是孔子所作。朱熹嘲笑说：至或以为孔子所自著，则又可笑之尤者。他认为是曾子门人所记。

2. 针对以前的研究者，朱熹也针砭道：顾自汉以来，诸儒传诵，莫觉其非。

3. 指出《孝经》中的问题，如传文固多附会，其经文亦不免有离失增加之失。

4. 最重要的举措是改编《孝经》结构。他根据自己的思路、逻辑，认为《孝经》的十八章中，有"经"，即经文；也有"传"，即对经文的解释。

他把今文《孝经》的最前面的六章与古文的七章合编为"经"，而把其余的各章称为"传"。

《孝经刊误》影响深远，至于元、明、清几代。此后如元代吴澄继承之作《孝经定本》，元董鼎作《孝经大义》、朱申《孝经句读》，明江元祚《孝经汇注》以及清周春于《孝经》等，都是承朱熹的理念和做法一脉延展。

现代大学者顾颉刚说："朱熹对于古经确有创见。他眼光犀利，能把古书中的矛盾发掘出来。唐代大儒只是调和了一番。宋代朱熹看到其中的矛盾，并且自己重新做注解，成立新说。成立了宋学，发生了宋学对于汉学派的对立。"

②沿其说说：沿照其观点进行评说。前"说"为名词，后"说"为动词。

《孝经》注解传述人

唐·国子博士兼太子中允赠齐州刺史吴县开国男

陆德明^① 录

【原文】

《孝经》者，孔子为弟子曾参说孝道，因明^②天子、庶人五等之孝（参见《顺治本》第10页注①"五孝"），事亲之法，亦遭焚烬^③，河间人颜芝为（因为）秦禁藏之。汉氏尊学^④，芝子贞出之^⑤，是（这就）为今文。长孙氏，博士江翁，少府后苍，谏大夫翼奉，安昌侯张禹传之，各自名家凡（都是）十八章。又有古文出于孔氏壁中，别（另外）有《闺门》一章，自馀（自馀：从中）分析（解）十八章，总为二十二章。孔安国作《传》（指《古文孝经传》），刘向⑥校书，定为十八，后汉马融⑦亦作《古文孝经传》，而世不传。世所行（通行，流行）《郑注》，相承（承传的）以为（就是）郑玄。

案：《郑志》⑧及《中经簿》⑨无（没有说到）。唯中朝穆帝⑩集讲《孝经》云以郑玄为主。检（考察）《孝经注》与康成（康成：郑玄字）注五经⑪不同，未详是非。（江左中兴⑫《孝经》《论语》，共立郑氏博士一人）

古文孝经，世既不行，今随俗用郑注十八章本。

【注释】

①陆德明：中国唐朝儒学者。秦王府十八学士之一。著有《经典释文》30 卷、《老子疏》15 卷、《易疏》20 卷。

②因明：因而明白

③遭焚烬：指原书在秦始皇焚书坑儒时被毁。

④汉氏尊学：秦汉之际，遭秦始皇焚书坑儒政策摧残的儒家逐渐抬头，西汉初年，著名儒生叔孙通被任为太常，协助汉高帝制订礼仪。惠帝四年（前191 年）废除《挟书律》，进一步促使诸子学说复苏，"阴阳、儒、墨、名、法、道"六家比较活跃，其中儒、道两家影响较大。汉武帝"独尊儒术，罢黜百家"推崇的儒术吸收了法家、道家、阴阳家等各种不同学派的一些思想，与孔孟为代表的先秦儒家思想有所不同。汉武帝把儒术与刑名法术相糅合，形成了"霸、王、道杂之"的统治手段，对后世影响颇为深远。从此，儒家思想成为我国封建时代的正统思想。

⑤颜芝：孝经学派创始人，秦汉之际河间（今河北献县）人。秦焚书，颜芝掩藏《孝经》幸免于火。汉初，解除《挟书律》，颜芝的儿子颜贞献出

其父所藏《孝经》十八章。

⑥刘向：（约前77—前6）原名更生，字子政，西汉经学家、目录学家、文学家。沛县（今属江苏）人，楚元王刘交四世孙，宣帝时为谏大夫，元帝时任宗正。因反对宦官弘恭、石显下狱，被释后又下狱，免为庶人。成帝即位后得进用，任光禄大夫，改名为"向"，刘向历经宣帝、元帝、成帝朝，屡次上书称引灾异，弹劾宦官外戚专权。成帝时受诏命校书近20年，未完成的工作由其子刘歆续成。

⑦马融（79—166），字季长，右扶风茂陵（今陕西兴平东北）人。东汉著名经学家，尤长于古文经学。他一生注书甚多，有《孝经》《论语》《诗》《周易》《三礼》《尚书》《列女传》《老子》《淮南子》《离骚》等，皆已散佚。清人编的《玉函山房丛书》《汉学堂丛书》都有辑录。另有赋颂等作品，有集已佚。明人辑有《马季长集》。他设帐授徒，门人常有千人之多，卢植、郑玄都是其门徒。

⑧《郑志》：《隋书·经籍志·郑志》十一卷，魏侍中郑玄之孙郑小同撰。《后汉书》郑玄本传则称："门生相与撰元答弟子，依《论语》作《郑志》八篇。"刘知几《史通》亦称："郑弟子追论师说及应答，谓之《郑志》。"

⑨《中经簿》：曹魏时，洛阳的朝廷藏书管理已较为完备。当时荥阳开封人郑默在朝廷担任秘书郎，主管朝廷的藏书。为了掌握藏书的基本情况，满足检索的需要，他"考核旧文，移省浮秽"，将秘书、中、外三阁的图书进行了一次整理，编成了《中经簿》这部目录书。

⑩中朝穆帝：即晋穆帝。偏安江东的东晋、南宋分别称建都中原时的西晋、北宋为"中朝"。

⑪康成注五经：郑玄（康成）东汉经学家，曾遍注五经，原书多佚，今

存者，多为后人所辑佚书。

⑫江左中兴：古时在地理上以东为左，"江左"也叫"江东"，指长江下游南岸地区，也指东晋、宋、齐、梁、陈各朝统治的全部地区。中兴：中途兴盛。

附注：《孝经》有今、古文之说。《隋书·经籍志》云："遭秦焚书，为河间人颜芝所藏。汉初，芝子贞出之，凡十八章。"西汉颜贞所出，即今文《孝经》。古文《孝经》出于孔壁。《汉书·艺文志》云："武帝末，鲁共王（即刘馀。西汉景帝之子。初为淮阳王。吴楚七国之乱平后，徙为鲁王。谥曰'共王'）坏孔子宅，欲以广其宫，而得古文《尚书》及《礼》《记》《论语》《孝经》，凡数十篇，皆古字也。"又有许冲《上说文解字表》云"古文《孝经》者，孝昭帝时，鲁国三老所献"，非出于孔壁。如此说其来历似颇有疑问。然上引《艺文志》语下有安国"悉得其书"四字，若仅为《尚书》，则不得言"悉"。段玉裁云："孔安国所得虽多，而所献者独《尚书》一种而已。淹中所出之《礼》古经、鲁国所献之古文《孝经》，皆即恭王壁中所得，而安国未献者也。《孝经》自昭帝时鲁国三老乃献之。"古文《孝经》流行于汉，隋唐犹见，《经典释文序录》《隋书·经籍志》均有记载。

今、古文《孝经》的区别有二：一是章数不同。据《汉书·艺文志》，古文《孝经》的章数多于今文，班固于《孝经古孔氏》一篇下自注云："二十二章"。师古注："刘向云古文字也，《庶人章》分为二也，《曾子敢问章》为三，又多一章，凡二十二章。"是古文《孝经》多出今文的四章中，有三章是因章句分合粗细而致，真正溢出的仅《闺门》一章："闺门之内具礼矣乎严父严兄妻子臣妾犹百姓徒役也"二十二字；二是文字有异，《汉书·艺文志》师古注："桓谭《新论》云《古孝经》千八百七十二字，今异者四百余字。"校读二本，知文字歧异大多在无关宏旨处，如今文云"仲尼居，曾子侍"，古文作"仲尼闲居，曾子侍坐"；今文云"子曰：先王有至德要道"，古文作"子曰：参！先王有至德要道"，如此而已。可见，今、古文《孝经》文字虽有小异，而义理不殊，并无根本区别。其后，刘向"典校经籍，以颜本比古文，除其繁惑，以十八章为定。"（《隋书·经籍志》）《孝经》的章句文字由此而定。郑玄、马融等鸿儒相继为之作注，均已亡佚。入晋，《孝经》有郑氏注本与孔传本行世。前者为今文，后者为古文。所谓"郑氏注"本，并未著明"郑玄"之名，此"郑氏"究竟为谁，不得而知。自荀昶坐实为郑玄，学者多有从其说者。但此本不见载于《郑志》，立义与郑玄所注其他各经也不同，故颇有疑之者。孔传本出自刘炫，《隋书》疑其为伪作。唐开元七年三月，玄宗诏令群儒质定。刘知几与司马贞相为辩难。刘氏主古文，"立十二验以驳郑"；司马贞主今文，指责"《闺门章》文句凡鄙，《庶人章》割裂旧文"（《唐会要》），并举注文的种种不类以反驳。后因玄宗《开元御注》用今文，故今文大行而古文几绝。至宋，司马光《古文孝经指解》、朱熹《孝经刊误》皆用古文，学者遂又转而从孔氏古文。

开元七年的争论重点，原本是《孝经》两种注本的真伪，而非《孝经》本身。今文《孝经》传授端绪明晰，据赵岐《孟子题辞》，"孝文皇帝欲广游学之路，《论语》《孝经》《孟子》《尔雅》皆置博士"，汉文帝时今文《孝经》已立博士，多有通习者。汉初传十八章今文者，有长孙氏、博士江翁、少府后苍、谏大夫翼奉、安昌侯张禹，"各自名家"。（《汉书·艺文志》）其真实可信，无可置疑，故刘知几不置一词。但司马贞对《闺门章》《庶人章》的批评，却已是由注升格为对古文《孝经》本身的怀疑，影响很大，后世颇有跟其说者。

1732年（清雍正十年），日本人大宰纯刊刻古文《孝经》孔传，其后传入中国。由吐鲁番出土文书可知，此书使用了北朝及隋唐的俗字；书中又有用隶书笔法写定的古文，可能与天宝三年唐玄宗诏令卫苞将古文《尚书》改写为今文有关。经研究，此本很可能乃隋唐之际传入日本的古文《孝经》孔传，绝非秦汉伪作。但学术界对古文《孝经》依然疑信参半。近代学者王正已作《孝经今考》，对今、古文《孝经》的可信性全面辩难，认为今文《孝经》出于战国末孟子门弟子的伪托；孔壁所出无古文《孝经》。古文《孝经》"乃（刘）向前无名氏之托今文而作的"，是伪中之伪。王氏将今、古文《孝经》的文字详加比较，提出如下古文《孝经》作伪的证据：（1）古文比今文所少者二十二个语助词"也"字，以及"故""而""其""子""之"各一字。王氏云："省去了这些'也'字，读起来倒反觉得不古，有时语气简直落不下。若同今文比较一读，一定知其为故意矫揉造作的。"（2）"古文比今文所多的多半是无关紧要的代名词，在意义上不占重要位置"，如"其""此""所""子"等。（3）"古今文所不同的不过是字之改装换样而已，意义绝对一样"，如"勿"作"无"，"而"作"则"，"是故"作"是以"，"弗"作"不"等。（4）由引书的例证看，《吕览·察微》引《孝经》，有"也"字，乃属今文，古文无"也"字，足证汉前无古文。

【原文】

孔安国、马融、郑众①、郑玄、王肃②、苏林（字孝友，陈留人，魏散骑常侍）③、何晏（字平叔，南阳人，魏吏部尚书，驸马都尉关内侯）④、刘劭⑤（字孔才，广平人，魏光禄勋⑥；一云：刘熙）、韦昭（字弘嗣，吴郡人，吴侍中，领左国史，高陵亭侯，为晋讳改为"曜"）⑦、徐整⑧、谢万⑨、孙氏（不详何人）、杨泓（天水人，东晋给事中）、袁宏（字彦伯，陈郡人，东晋东阳太守）、虞槃佑（字弘猷，高平人，东晋处士）、庾氏（不详何人)、殷仲文（陈郡人，东晋东阳太守）、车胤（字武子，南平人，东晋丹阳尹）、荀昶（字茂祖，颍川人，宋中书郎）、孔光（字文泰，东莞人）何承天（东海人，宋廷尉卿）、释慧琳（秦郡人，宋世沙门）、王玄载（字彦休，下邳人，齐光禄大夫）、明僧绍⑩并注《孝经》，皇侃⑪撰《义疏》。先儒无为音（为音：为之注音）者。

【注释】

①郑众：（？—83）东汉学者，东汉经学家，字仲师，开封人，曾任大司农（世称郑司农，以别于宦官郑众）。传其父郑兴《左传》之学，兼通《易》《诗》，精三统历，著作已佚。世称郑兴父子为"先郑"，而称郑玄为"后郑"。清马国翰辑有《周礼郑司农解诂》6卷，《郑众春秋牒例章句》1卷。

②王肃：字子雍，东海郡郯（今山东郯城西南）。其父王朗"以通经，拜郎中。除菑丘长，师太尉杨赐"。（《三国志·魏书·王朗传》）曹操征召为谏议大夫，后以军祭酒的身份兼魏郡太守。曹丕继位后，任御史大夫，封安陵亭侯。魏代汉，又改任司空，封平乐乡侯。明帝嗣位，封兰陵侯，增邑五百户。卒谥成侯。

③苏林：约汉末魏初间（公元220年前后）在世。字孝友，陈留（今河南省开封市陈留镇）外黄人，享年八十余岁，博学，多通古今字指，凡诸书传文间危疑皆训释。建安中，为五官将文学。黄初中，迁博士，给事中，封安成亭侯，官至散骑常侍，以老归第。帝每遣人就问之，且常加赐遗。

④何晏：（？—249），三国魏玄学家，字平叔，南阳宛县（今河南南阳）人，汉大将军何进之孙，《魏略》认为其有可能是何进弟何苗之孙。

⑤刘劭：三国时魏国思想家，字孔才，广平邯郸（今属河北）人。约生

于东汉建宁年间，卒于魏正始年间。官至尚书郎、散骑侍郎，赐爵关内侯。受诏搜集五经群书，分门别类，纂为《皇览》。又与议郎庾嶷、荀诜等共同制订律令，作《新律》十八篇，著《律略论》。

刘熙：（生卒年不详），或称刘熹，字成国，北海（今山东昌乐）人，官至南安太守。东汉经学家，训诂学家。生当汉末桓、灵之世，献帝建安中曾避地交州。据陈寿《三国志》说，吴人程秉、薛综、蜀人许慈都曾从熙问学。著有《释名》和《孟子注》，其中《释名》是我国重要的训诂著作，在后代有很大影响。

⑥光禄勋：九卿之一，秦时称"郎中令"，汉武帝更名为"光禄勋"。王莽称"司中"，东汉又称"光禄勋"。曹操为魏公后设"郎中令"，黄初元年（220年）又称"光禄勋"，掌管宿卫宫殿门户。其属官有掌管宾赞受事的"谒者"、掌管御乘舆车的"奉车都尉"、掌管副车马匹的"驸马都尉"、掌管羽林骑的"骑都尉"，而大夫、中郎将等官是否是"光禄勋"的属官尚有争议。

⑦韦昭：（公元204年至273年）亦名"韦曜"，字弘嗣，吴郡云阳人。曾作《博弈论》，为时所称。孙亮时当太史令，与华核、薛莹等同撰《吴书》。孙休时为中书郎博士祭酒，校定群书。孙皓即位，昭屡忤其意，被下狱杀之。他曾注《孝经》《论语》《国语》，著《洞记》《官职训》《辩释名》等。

⑧徐整：三国时吴国的太常卿，据《隋书》记载撰有《毛诗谱》，注有《孝经默注》，另著有中国上古传说的《三五历记》及《五远历年纪》，为目前所知记载盘古开天传说的最早著作。

⑨谢万：东晋名士，东晋政治家、军事家谢安之弟。

⑩明僧绍：魏晋南北朝平原（位于山东）人，字承烈，又称明征君。博

学多闻，生性高洁，颇富清誉。曾居崂山，集聚徒众授学，后隐居于金陵（南京）摄山（栖霞山）二十余年，其间曾师事定林寺僧远，并住于定林寺。南朝齐高帝曾请僧远引介，欲谋一面，僧绍终不肯。又齐武帝七次征召亦皆不就。

⑪皇侃（488—545），一作皇偘，其字不详，吴郡（今江苏苏州市）人。南朝梁儒家学者，经学家，青州刺史皇象的九世孙。曾任国子助教、员外散骑侍郎。皇侃少好学，师从当时名儒会稽贺塌，精通儒家经学，尤精"《三礼》学"和《孝经》《论语》。撰有《论语义疏》十卷，收罗传统的章句训诂和名物制度，多以老、庄玄学解经。另撰有《礼记义疏》《礼记讲疏》《孝经义疏》等，均佚。清马国翰《玉函山房辑佚书》中有辑本。

《孝经注解传述人》考证

【原文】

《注解传述人》："长孙氏，博士江翁①，少府后苍②，谏大夫冀奉，安昌侯张禹传之。"

《汉书·艺文志》长孙氏说③二篇；江氏、冀氏、后氏说各一篇；安昌侯说一篇。

"又有古文出于孔氏壁中"。

臣清植④按：《家语》⑤云："孔腾藏《尚书》《孝经》《论语》于夫子旧堂壁中"，汉《纪尹敏传》云孔鲋（孔鲋：孔子后裔，秦末儒生）所藏。《隋志》（即唐长孙无忌撰《隋书·经籍志》）云："武帝时，鲁共王坏孔子宅，得其末孙惠所藏之书，皆古文也。"《史通》⑥亦以为孔惠所藏。诸编互异，未详孰是。

"孔安国作传"。

《家语》后序："安国为《孝经传》二篇。"

"刘向校书⑦定为十八。"

臣清植按：《说文》（即东汉许慎著《说文解字》）云：《古文孝经》，建武（建武：东汉年号）时，议郎⑧卫宏⑨所校者古文也。此则并合今古文而校之。

"今随俗（大流），用郑注十八章本。"

臣清植按：《三朝》⑩志（记载的文字）五代以来，孔、郑《注》⑪皆亡，周显德中⑫新罗⑬献《别序孝经》，即郑注者。而《崇文总目》⑭以为咸平⑮中日本僧奝然⑯所献，未审孰是。

【注释】

①博士江翁：西汉武帝时经学家，亦称"大江公"。初跟申公（鲁人，名培，文帝时经学博士）学习《诗》《春秋谷梁传》，"尽得其传"，因此"徒众最盛"，受到皇帝的征聘。江公的儿子、孙子也相继被征为经博士。清光绪版《滋阳县志》说江氏"三世以经师为博士，表表汉廷，而史俱佚其名，可怪也"。

②后苍：字近君，生卒年不详，西汉经学家，东海郡郯（今山东郯城县）人，精通《诗》和《礼》，是研究《孝经》的专家。武帝时立为博士，官少府。撰有《后氏曲台记》，已佚。

③在《汉书·艺文志》中，班固对《孝经》的来历、书名及在西汉研究、传授情况作了概括："《孝经》者，孔子为曾子陈孝道也。夫孝，天之经，地之义，民之行也。举大者言，故曰《孝经》。汉兴，长孙氏、博士江

翁、少府后苍、谏大夫翼奉、安昌侯张禹传之，各自名家。经文皆同，惟孔氏壁中古文为异。'父母生之，续莫大焉，故亲生之膝下。'诸家说不安处，古文字读皆异。"《汉书》所记著作主要有：《孝经》古孔氏一篇二十二章；《孝经》一篇十八章；《长孙氏说》二篇十八章，长孙氏撰；《江氏说》一篇，江翁撰；《后氏说》一篇，后苍撰；《杂传》四篇，翼奉撰；《安昌侯说》一篇，张禹（字子文，西汉河内轵即今河南济源东人）撰。

④清植：李清植，字立侯，别号穆亭。福建安溪感化里（现湖头镇）人。康熙二十九年出生（1690年），大学士李光地之孙。幼失父母，长期在京随侍祖父，备受家教熏陶。康熙五十一年（1712），李光地奉诏修《周易折中》《性理精义》等书，圣祖面谕可荐人协助纂修，李光地推荐一些名贤，清植在其列。乾隆元年任翰林院侍读，充日讲起居注官。

⑤《孔子家语》一书最早著录于《汉书·艺文志》，凡二十七卷，孔子门人所撰，其书早佚。唐颜师古注《汉书》时，曾指出二十七卷本"非今所有家语"。颜师古所云今本《孔子家语》，乃三国时魏王肃收集并撰写的十卷本，他曾遍注儒家经典，是郑玄之后著名的经学大师。他主张微言大义，综合治经，反对郑玄不谈内容的文字训诂学派，杂取秦汉诸书所载孔子遗文逸事，又取《论语》《左传》《国语》《荀子》《小戴礼》《大戴礼》《礼记》《说苑》等书中关于婚姻、丧葬、郊禘、庙祧等制度与郑玄所论之不同处，综合成篇，借孔子之名加以阐发，假托古人以自重，用来驳难郑学。

对《孔子家语》，历来颇多争议。宋王柏《家语考》、清姚际恒《古今伪书考》、范家相《家语证伪》、孙志祖《家语疏证》均认为是伪书。宋朱熹《朱子语录》、清陈士珂和钱馥的《孔子家语疏证》序跋，黄震《黄氏日抄》等则持有异议。然而一千多年来，该书广为流传，《四库全书总目》精辟论述说："其书流传已久，且遗闻逸事，往往多见于其中。故自唐以来，知其伪而不能废也。"晚近以来，学界疑古之风盛行，《家语》乃王肃伪作的观点几成定论。

⑥《史通》：刘知几所撰。这是我国古代最杰出的一部史学理论著作，共二十卷，包括内篇十卷三十九篇，外篇十卷十三篇。内篇中后来遗失了三篇，现在看到的共有四十九篇。其中内篇的《六家》《二体》讲正史的体裁，《本纪》《世家》《列传》《表历》《书志》等讲正史的内容，《论赞》《序例》《题目》《断限》等则从各个方面讨论如何写好史书，外篇的《史官建置》讲史官的设置沿革。

⑦刘向校书：是西汉年刘向、刘歆父子一次长达二十多年的整理古籍工作。传世的汉以前（包括西汉）的古书，大多是经过他们整理的。从搜集到整理书籍，他们作大量细致的校勘。后世乃至今日所见之古书，很多是当时整理的成果。他们整理时有明确指导思想，即当时"主流"思潮儒家思想。所以这次大整理，既有保存之功，也有删改之嫌；既为后世研究传统文化保存了大量资料，也引发出后世的一些辨伪、辨疑工作。

⑧议郎：汉代郎官之一，掌顾问应对，无常事。

⑨卫宏：字敬仲。东海（今山东郯城西南）人，东汉著作家，著名学者。其主要活动时期大概在东汉光武帝时代（公元25—57年）。

⑩三朝：指明代的《三朝要典》，共二十四卷，初名《从信鸿编》，又称《三大政纪》，内阁大学士顾秉谦、黄立极、冯铨等编撰。

⑪孔、郑《注》：指孔安国传，郑众、马融注的《古文孝经》。

⑫周显德：（954年—960年正月）是后周太祖郭威开始使用的年号（显德元年正月）。其后后周世宗柴荣在元年正月即位沿用（显德元年—六年）；后周恭帝柴宗训即位后继续沿用（显德六年六月—七年正月），前后共计7年。

⑬新罗：（公元前57年—935年），朝鲜半岛三国之一，从传疑时代开始，立国长达992年，是亚洲历史上立国时间最长的国家之一，公元503年始定国号为新罗。

⑭《崇文总目》：11世纪30年代北宋朝廷藏书的总目录。是中国现存最古的一部官修目录。反映东京开封府（今河南开封）的昭文、史馆、集贤三馆（三馆新修书院称崇文院）及别贮禁中书籍的秘阁4处的藏书。由王尧臣、王洙、欧阳修等奉宋仁宗赵祯之命编制，景祐元年始，至庆历元年（1034—1041）完成。共66卷，另有叙录1卷，有类序、解题（释），收书3445部、30669卷。

⑮咸平：北宋真宗赵恒的年号（公元998—公元1003）。

⑯奝然：（938—1016年），俗姓秦。其生于日本京都，幼入东大寺从观理习三论宗，又从石山寺元杲习真言密教。

《孝经注疏》序（一）

【原文】

翰林侍讲学士①、朝请大夫②守（任职）国子祭酒③上柱国④赐紫金鱼袋⑤臣邢昺等奉敕（奉敕：奉皇上的命令）校定注疏。

【注释】

①翰林侍讲学士：官名，唐始设，初属集贤殿书院，职司撰集文章、校理经籍。宋时由他官之有文学者兼任，如邢昺以国子祭酒为侍讲学士，属翰

林学士院。元、明、清翰林院均置此职，讲论文史，甚为清显。

②朝请大夫：文散官名，隋始置，唐为从五品上，文官第十二阶。宋从五品，第十三阶。元丰改制用以代前行郎中，后定为第十七阶。金从五品上，元升为从四品，明从四品初授朝列大夫，升授朝议大夫，加授朝请大夫。清废。

③国子祭酒：古代学官名。晋武帝咸宁四年设，以后历代多沿用。为国子学或国子监的主管官。

④上柱国：自春秋起为军事武装的高级统帅。汉废。五代复立为将军名号。北魏、西魏时设"柱国大将军、上柱国大将军"等，北周时增置"上柱国大将军"。隋代有"上柱国""柱国"，以封勋臣。唐以后作为勋官的称号唐以后正式确立隋朝的六部制度，兵权归中央机构，"上柱国"逐渐成为功勋的荣誉称号。

⑤紫金鱼袋：唐、宋官衔常有此名，紫指紫衣；金鱼袋，用以盛鲤鱼状金符。一般佩于腰右。

【原文】

《孝经》者，百行之宗，五教①之要。自（自从）昔孔子述作（述作：撰写著作）垂范将（以）来，奥旨微言已备解②乎（于）注疏，尚（还是）以辞高旨远③，后学难尽讨论。今特剪截元疏（元疏：元行冲的《注疏》），旁引诸书，分义错经④，会合归趣（通"取"），一依（通"一"）讲说，次第（次第：按顺序）解释，号（称之）之为讲义也。

【注释】

①五教：即"五常之教"，指父义、母慈、兄友、弟恭、子孝五种伦理

道德的教育。《书·舜典》："汝作司徒，敬敷五教。"

②奥旨微言已备解：将深刻的含义和个中细节说得很全面。

③辞高旨远：词意高深，意义深远。

④分义错经：分析内涵，琢磨经义。

《孝经注疏》序（二）

【原文】

成都府学主（学主：学校主持人）乡贡①傅注奉右（奉右：古代崇右，示恭敬）撰。

夫《孝经》者，孔子之所述作也。述作之旨（宗旨）者，昔圣人蕴（深函）大圣德②，生不偶（逢）时，适值（适值：正好遇到）周室衰微，王纲（王纲：天子的纲纪）失坠（失坠：丧失），君臣僭（超越本分）乱，礼乐崩颓（崩颓：败坏衰落）。居上位（居上位：当权）者赏罚不行（不行：不明），居下位者褒贬无作（褒贬无作：好坏不分）。孔子遂乃定（制定）礼、乐，删《诗》《书》（《尚书》），赞（重扬）《易》道，以明（阐明）道德仁义之源；修《春秋》③，以正君臣、父子之法。

又虑（顾虑）虽知其法，未知其行，遂说《孝经》一十八章，以明君臣、父子之行所寄（依据）。知其法者修其行，知其行者谨其法。故《孝经纬》④曰："孔子云：'欲观我褒贬诸侯之志（观点），在《春秋》；崇（推崇）人伦之行，在《孝经》。'"是知（是知：要知道）《孝经》虽居六籍⑤之外，乃与《春秋》为表（为表：互为表里）矣。

先儒或云"夫子为曾参所说"，此未尽其指归（未尽其指归：不只是指这么回事儿）也。盖（因为）曾子在七十弟子中，孝行最著（显著），孔子乃假立曾子为请益（已受教而更有所问；泛指向人请教）问答之人，以广明（广明：进一步阐明）孝道。既说（既说：说完）之后，乃属（借属）与曾子。泊（自从）遭暴秦焚书，并（一并）为煨烬（煨烬：灰烬）。汉（汉代）膺（接受，承当）天命，复阐（复阐：再一次阐述）微言（微言：精深微妙的言辞）。

【注释】

①乡贡：唐代的科举制度中，常科的考生一般有两个来源，一个是生徒，另一个是乡贡。由学馆而先经州县考试，及第后叫生徒，不经考试而由州推荐者叫乡贡。

②圣德：言至高无上的道德。一般用于古之称圣人者。

③对孔子是否修过《春秋》，有两种对立的意见：一是认为《春秋》是孔子所作或修，如孟子、司马迁、班固、王充、白寿彝、卫聚贤、苏渊雷等；一是认为孔子未曾写作或修过《春秋》，如王安石、钱玄同、顾颉刚、杨伯峻等。本文认为孔子取鲁史旧文，并采他国诸史编次而成《春秋》。

④《孝经纬》：明代孙瑴编，清钱熙祚附注。

⑤六籍：即六经。常说的是"五经"：《诗经》《尚书》《礼记》《周易》《春秋》，简称为"诗、书、礼、易、春秋"，本来应该是六经，还有一本《乐经》后来失传。

【原文】

《孝经》，河间颜芝所藏，因（才）始传之于世。自西汉及魏，历（经历了）晋、宋、齐、梁。注解之者，迨及（迨及：多达）百家。至有（助词，无义）唐之初，虽备存秘府（秘府：宫中藏书馆），而简编①多有残缺。传行者唯孔安国、郑康成两家之注，并有梁博士皇侃《义疏》，播於国序②。然辞多纰缪（纰缪：疏漏和谬误），理昧精研（理昧精研：没说清精髓含义）。至唐玄宗朝，乃诏群儒学官，俾（使，让）其集议（集议：一起来讨论）。是以（因此）刘子玄辨《郑注》有十谬七惑，司马坚斥《孔注》多鄙俚（鄙俚：粗野；庸俗）不经（不经：不见于经典，无根据）。其馀诸家注解，皆荣华其言（荣华其言：犹花言巧语），妄生穿凿（妄生穿凿：想当然、穿凿附会）。明皇遂於（从）先儒（先儒：先世儒者）注中，采摭（摘取，收集）菁英（菁英：精华），芟（删）去烦乱，撮（摘取）其义理允当（允当：平允，适当）者，用为注解。至天宝二年注成，颁行天下。仍自（亲自用）八分③御札（御札：皇上写的书札），勒（雕刻）于石碑，即今京兆《石台孝经》④是也。

【注释】

①简编：用青丝连缀成的竹简书，泛指古代史册。

②播於国序：在官办学校传播。序：古代学校。

③八分：东汉王次仲创造"八分书"，据记载说是割程邈隶字的八分取二分，割李斯的小篆二分取八分，故名八分。后又演变成为今天的楷书，也称为"真书"。

④京兆《石台孝经》：此碑刻于唐玄宗天宝四年（公元745），碑高620厘米，共4面，每面宽120厘米。是唐玄宗李隆基亲自作序、注解并书写。李亨篆额。书法工整，字迹清新，秀美多姿。此碑由四块黑色细石合成，方额、盖石、顶上等均做了非常艺术化的处理，碑下有三层石台阶，故称《石

台孝经》。原件现由西安碑林博物馆收藏。

《孝经注疏序》考证

【原文】

《（孝经）注疏·序》："孔子乃假立曾子为请益问答之文。"

吕维祺[1]曰：所云假立（用）曾子，断不其然（断不其然：绝对不是那回事）。朱子（朱子：朱熹）直（直接）以为曾子门人记录之书。观（查看）"仲尼居，曾子侍"，及中间"子曰"，字理亦近似，盖此书疑为曾子与其门人所记，然必有经孔子裁定。故曰：行在孝经也。

臣照按[2]：孔子曰："吾志在春秋，行在孝经。"

《春秋》，天子之事也。孔子作《春秋》[3]，托诸（托诸：假托于）空言，而非见诸实事，必（必然是）明王（明王：圣明的君王）兴而孔子辅之，乃（才）能为（在）东周以行其志（以行其志：施行其志向），故曰"志在《春秋》。"

若（说到）《孝经》，则大夫有大夫之孝，士有士之孝，庶人有庶人之孝。殊涂（通"途"）而同归。莫（无）非则天明而事地察（见《顺治本》第57页注①②）。固（肯定是）实事而非空言。故曰"行在《孝经》。"如以曾经孔子裁定而为"行在《孝经》"，则《春秋》者，孔子笔则笔（笔则笔：该写就写），削则削（削：古在竹简上写字，用刀削改），游夏[4]不能赞一辞[5]矣。岂转（反而）不得为行在《春秋》乎？

【注释】

①吕维祺：[明]（公元1587年—1641年）字介儒，号豫石，河南新安人。生于明神宗万历十五年，卒于穆宗崇祯十四年，年五十五岁。万历四十一年（公元1613年）进士。擢吏部主事。光熹之际，上疏请慎起居，择近侍，防渐杜微，与杨、左相唱和。升郎中，告归。崇祯间，为南京兵部尚书。贼至，不屈，被害。谥忠节。维祺著有《明德堂文集》二十六卷，及《存古约言》《四礼约言》《音韵日月灯》等，均《四库总目》并传于世。

②照：犹做按原文录下并作比对的意思。

③春秋：儒家五经之一，是孔子据鲁国史书《鲁春秋》修订的，他借由记载各诸侯国重大历史事件，宣扬王道思想。

④游夏：孔子学生言偃（字子游）、卜商（字子夏），并称"游夏"。《论语·先进》："文学子游、子夏。"游夏并称，是指他们二人同是被孔子重视的学生。

⑤不能赞一辞：不能添一句话，形容文章很完美，提不出一点意见。"赞"：参与。

《孝经》序

唐明皇　撰　　（宋）邢昺　疏

（御制序并注疏）

【原文】

邢疏　正义①曰：《孝经》者，孔子为曾参陈（陈述，讲述）孝道也。

汉初，长孙氏、博士江翁、少府后仓、谏大夫翼奉、安昌侯张禹传之。各自名家经文皆同，唯孔氏壁中古文为异。至刘炫遂以《古孝经·庶人章》分为二，《曾子敢问章》分为三，又多《闺门》一章，凡二十二章。

桓谭《新论》②。云："《古孝经》千八百七十二字，今异者（今异者：今不同之处有）四百馀字。孝者，事亲之名；经者，常行之典。"

按《汉书·艺文志》云："夫孝，天之经，地之义，民之行也。举大者言（举大者言：按天最大来说），故曰《孝经》。"

又按《礼记·祭统》云："孝者，畜也，畜养也。"

《释名》③云："孝，好也。"

《周礼·谥法》④："至顺（得当、顺理）曰孝。"

总而言之，道（道义）常在心，尽其色养⑤，中情悦好⑥，承顺（尊奉顺从）无怠（怠慢、懈怠）之义也。

《尔雅》⑦："善事父母为孝。"

【注释】

①正义：又叫作"疏"，也叫"注疏""义疏"，是一种经注兼释的注释。义疏产生于魏晋南北朝时期，唐代出于思想统一和科举考试的需要，由官方以指定的注本为基础把经书的解说统一起来，这种新的注疏唐人称之为"正义"。这里的"正义"指的是邢昺注疏。

②桓谭：字君山，沛国相人（今安徽省淮北市濉溪县人）。他约生于西汉成帝阳朔元年（即公元前 24 年），卒于东汉光武帝中元元年（公元 56 年）。是两汉之际的唯物主义哲学家，重要的无神论者。同时他又是博学多识的学问家，洞察时务的政论家和技艺精湛的宫廷音乐家，著有《新论》一书已失，现仅存辑本。

③《释名》：作者刘熙，字成国，北海（今山东省寿光、高密一带）人，生活年代当在桓帝、灵帝之世，曾师从著名经学家郑玄，献帝建安中曾避乱至交州，《后汉书》无传，事迹不详。《释名》与《尔雅》《方言》、《说文解字》历来被视为汉代4部重要的训诂学著作，在训诂学史上占有重要地位，具有较高的学术价值。

④《周礼》：相传西周时期的著名政治家、思想家、文学家、军事家周公旦所著儒家经典。今从其思想内容分析，说明儒家思想发展到战国后期，融合道、法、阴阳等家思想，所涉及之内容极为丰富，大至天下九州，天文历象，小至沟洫道路，草木虫鱼，凡邦国建制，政法文教，礼乐兵刑，赋税度支，膳食衣饰，寝庙车马，农商医卜，工艺制作，各种名物、典章、制度，无所不包。堪称为上古文化史之宝库。

谥法：《周礼》篇名。中国古代帝王、诸侯、卿大夫、大臣等人死后，朝廷根据他们生前事迹和品德，评定一个称号以示表彰，即称为"谥法"。

⑤色养：承顺父母脸色。《论语·为政》："子游问孝。子曰：'今之孝者，是谓能养。'子夏问孝。子曰：'色难。'"朱熹集注："色难，谓事亲之际，惟色为难也。"

⑥中情悦好：内心的想法和情感愉悦良好。

⑦《尔雅》是中国最早的一部解释词义的书，是中国古代的词典，也是儒家的经典之一，列入十三经之中。"尔"是近正的意思；"雅"是"雅

《尔雅》书影

言"，指某一时代官方规定的规范语言。"尔雅"就是使语言接近于官方规定的语言。《尔雅》是后代考证古代词语的一部著作，是中国训诂学的开山之作，在训诂学、音韵学、词源学、方言学、古文字学方面都有着重要影响。它的作者历来说法不一。有说是孔子门人所作，有说是周公所作，经后人增益而成。后人大都认为是秦汉时人所作，经过代代相传，各有增益，在西汉时被整理加工而成，大约是秦汉间的学者缀缉春秋战国秦汉诸书旧文，递相增益而成的。

【原文】

邢疏　皇侃云："经者，常也，法也。此经为教（教化，政教），任重道远，虽复（反复）时移代革（时移代革：时代转移，改朝换代），金石可消①，而为（行）孝事亲常行（常行：永远不变）。存世不灭，是其常（纲常，伦常）也。为百代规模（规模：规范），人生所资（依靠，禀赋），是其法（常规）也。"言孝之为教，使可常而法之（常而法之：作为日常行为的法则）。

《易》有"上经、下经"，《老子》有"道经、德经"。孝为百行之本，故名曰《孝经》。

经之创制，孔子所撰也。前贤以为曾参虽有至孝之性，未达孝德之本，偶（碰巧）於闲居，因得侍坐，参起问於夫子，夫子随而答，参是以（是以：因此）集录，因名为《孝经》。寻绎（寻绎：反复研究）再三，将未为得（将未为得：抑或不是这样）也。何者？夫子刊缉（刊缉：选辑，编修）前史而修《春秋》，犹（尚且）云笔则笔（笔则笔：该写的就写），削则削（削则削：该删则删），四科十哲②，莫敢措辞（措辞：置辞。犹增删）。

案：《钩命决》③云："夫子曰：吾志在《春秋》，行在《孝经》。"斯

（此）则修《春秋》、撰《孝经》，孔子之志、行也。何为（何为：何必）重（重视）其志而自笔削（自笔削：亲自修订），轻其行而假（假借）他人者乎？

按：刘炫《述义》（即《孝经述议》）其略（大概意思）曰，炫谓（说是）孔子自作《孝经》，本非曾参请业（请业：请教学业）而对也。士有百行，以孝为本。本立而后道行，道行而后业就④，故曰：明王之以孝治天下也。然则治世之要，孰能非（孰能非：谁能否定）乎？

【注释】

①金石可消：金属和石头都会销蚀。

②四科十哲：指孔子所教四门学问中的十大出色弟子。分别是：德行科：颜渊、闵子骞、冉伯牛、仲弓；言语科：宰我、子贡；政事科：冉有、季路；文学科：子游、子夏。

③《钩命决》：即指《古微书》中《尚书纬》中的《孝经钩命决》。《古微书》又名《删微》，纬书集汇，三十六卷。

④本立、道行、业就：古人认为要树立做人的根本原则，把握做事的公道、事业才能成就，以此为正确人生的三要素。

【原文】

邢疏　徒（仅）以教化之道，因时立称（因时立称：不同时期不同名称）；经典之目（经典之目：经书典籍的目录），随事（随事：按内容）表名（表名：命名），至使威仪礼节之馀盛（馀盛：常盛不衰）传当代。

孝悌德行之本隐而不彰（隐而不彰：被忽视而得不到彰显），夫子运偶

（运偶：遇上）陵迟（陵迟：渐趋衰败），礼乐崩坏（崩坏：败坏衰落），名教（名教：礼教）将绝，特感圣心①。因弟子有请问之道（问题），师儒（师儒：学官之古称）有教诲之义（义务），故假（借）曾子之言，以为对扬（对扬：答问）之体，乃非曾子实（真的）有问也。若疑而始问，答以申辞（申辞：明白的词句），则曾子应每章一问，仲尼应每问一答。

按经（按经：按照孝经里面来看）夫子先自言之，非参请也。诸章以次（以次：按秩序）演（阐发）之，非待问也。且辞义血脉，文连旨环②，而开宗（开宗：开头）题其端绪③，馀章（馀章：后面的章节）广而成之（广而成之：展开来说明），非一问一答之势也。理有所极（理有所极：道理说透了），方始发问，又非请业（请业：请教）请答之事。首章言先王有至德要道，则下章云此之谓（此之谓：这就是所说的）要道也，非至德，其孰能顺民（顺民：说服人民）？皆遥结（遥结：始终结合）道德，不答（不答：不回答）曾子也。

举此为例，凡（还）有数科（段落），必其主为曾子言④，首章答曾子已了（完毕），何由（故）不待曾子问，更（而）自述而修（整理）之？且三起（次）曾参侍坐与之别（区别），二者是问也，一者叹之也。故假言乘闲（乘闲：乘空闲）曾子坐也，与之论孝。

开宗明义，上陈（说）天子，下陈庶人，语尽（语尽：说完），无更端（无更端：没有别的理由）於（表示被动的介词）曾子未有请（未有请：没有请教）。故假参（假参：假借曾参之口）叹孝之大，又说以孝为理之功⑤，说之以终（说之以终：说到最后），欲言其圣道（圣道：圣人之道）莫大於孝。又假参问，乃说圣人之德不加（超过）於孝。

【注释】

①特感圣心：让圣人感到特别痛心。

②辞义血脉，文连旨环：文章的形式与内容如同人的血管脉络一样条理清楚，意思周遍。

③题其端绪：提出些微的认识或模糊的想法。

④必其主为曾子言：总是主动替曾子说出来。

⑤以孝为理之功：以孝道来治理家事国事之功效。

【原文】

在前（此前），论敬顺（敬顺：恭敬顺从）之道，未有规谏之事，殷勤在悦色①，不可顿说（顿说：胡乱说话）犯颜（犯颜：冒犯尊严），故须更（进一步）借曾子言陈谏诤之义。此在（此在：这儿是）孔子须（通"需"）参问，非参须问孔子也。

庄周之斥鷃笑鹏②，罔两问影③；屈原之渔父鼓枻④，太卜拂龟⑤；马卿之乌有无是⑥；扬雄之翰林子墨⑦，宁非（宁非：难道不是）师（仿照）祖制作以为楷模者乎？若依郑说（郑说：郑玄的解释），实居（实居：真的是在）讲堂（讲堂：课堂上），则广延生徒⑧，侍坐非一（非一：不止一个人），夫子岂（怎么会）凌人侮众（凌人侮众：忽视众人，欺辱大家），独与参言邪（语气助词）？且云（且云：而且说到）"汝知之乎"，何必直汝（直汝：直接对着）曾子，而参先避席（避席：离开座位起立）乎？必其（必其：一定是要）遍告诸生，又有对者（对者：应答的人），当参不让侪辈（侪辈：同辈）而独答乎？假使独与参言，言毕，参自集录（自集录：独自收录辑集），岂宜称师字⑨者乎？

【注释】

①殷勤在悦色：表示情谊深厚在于让人喜悦。

②斥鷃笑鹏：典出庄子《逍遥游》："斥鷃笑曰：'彼且奚适也？我腾跃而上，不过数仞而下，翱翔蓬蒿之间，此亦飞之至也。而彼且奚适也！'"意思是：斥鷃（一种小雀）用讥笑的语气说大鹏鸟："它要飞那么远干吗？像我这样地跳上跃下，也有丈把几丈的活动范围；要飞，在蓬草丛中穿来转去，也够逍遥了。这家伙真是莫名其妙，究竟要飞到哪儿去？"

③罔两问影：典出《庄周》："罔两问于景曰：'若向也俯而今也仰，向也括撮而今也被发，向也坐而今也起，向也行而今也止，何也？'景曰：'搜搜也，奚稍问也！予有而不知其所以。予，蜩甲也，蛇蜕也，似之而非也。火与日，吾屯也；阴与夜，吾代也。彼吾所以有待邪，而况乎以无有待者乎！彼来则我与之来，彼往则我与之往，彼强阳则我与之强阳。强阳者又何以有问乎？'"意思是：影子的边缘（罔两）问影子（景）说："你原来是俯着的现在（怎么）仰着了，原来是束着头发的现在（怎么）披着头发了，原来是坐着的现在（怎么）站着了，原来是走动的现在（怎么）停止了，为什么？"影子说："这有什么好问的！我的存在也不知道回事啊。我就像蝉蜕的壳，蛇蜕的皮，好像是原形其实又不是。有火和太阳的时候，我就有了；阴和夜晚，我就消失了。它们是我存在的前提啊，何况（你们）是无所期待（我的存在才存在）的呢！它们来了我就来，它们去我就去，它们运动了我也就动。它们为什么会动的这又有什么好问的呢？"

④渔父鼓枻：《楚辞·渔父》："渔父莞尔而笑，鼓枻（鼓枻：划桨）而去。"《渔父》原文：屈原既放，游于江潭，行吟泽畔，颜色憔悴，形容枯槁。渔父见而问之曰："子非三闾大夫与？何故至于斯？"屈原曰："举世皆浊我独清，众人皆醉我独醒，是以见放。"渔父曰："圣人不凝滞于物，而能与世推移。世人皆浊，何不淈其泥而扬其波？众人皆醉，何不铺其糟而歠其醨？何故深思高举，自令放为？"屈原曰："吾闻之，新沐者必弹冠，新浴者

必振衣。安能以身之察察，受物之汶汶者乎？宁赴湘流，葬于江鱼之腹中。安能以皓皓之白，而蒙世俗之尘埃乎？"渔父莞尔而笑，鼓枻而去。歌曰："沧浪之水清兮，可以濯吾缨；沧浪之水浊兮，可以濯吾足。"遂去，不复与言。

⑤太卜拂龟：太卜是官名。西周置，位次三公，为六卿之一，掌以玉、石、田地破裂的兆象、三易（连山、归藏、周易）八卦之法及梦境等、占卜国家吉凶。此典故事是说屈原被流放了三年，不再能见到楚王。他竭尽智慧用尽忠心却被谗言遮挡和阻隔。心情烦闷思想混乱，不知何去何从。就前往拜见太卜郑詹尹说："我有疑惑，希望由先生您来决定。"詹尹就摆正蓍草拂净龟壳说："您有何赐教？"屈原说："我是宁愿忠实诚恳，朴实地忠诚呢？还是迎来送往，而使自己不会穷困呢？是宁愿凭力气除草耕作呢，还是游说于达官贵人之中来成就名声呢？是宁愿直言不讳来使自身危殆呢，还是跟从习俗和富贵者来偷生呢？是宁愿超然脱俗来保全自己的纯真呢，还是阿谀逢迎战战兢兢，咿咿喔喔地谄言献媚来巴结妇人呢？是宁愿廉洁正直来使自己清白呢，还是圆滑求全，像脂肪一样滑如熟皮一样软，来谄媚阿谀呢？是宁愿昂然自傲如同一匹千里马呢，还是如同一只普普通通的鸭子随波逐流、偷生来保全自己的身躯呢？是宁愿和良马一起呢，还是跟随驽马的足迹呢？是宁愿与天鹅比翼齐飞呢，还是跟鸡鸭一起争食呢？这些选择哪是吉哪是凶？该何去何从？现实世界浑浊不清：蝉翼被认为重，千钧被认为轻；黄钟被毁坏丢弃，瓦锅被认为可以发出雷鸣般的声音；谗言献媚的人位高名显，贤能的人士默默无闻。可叹啊沉默吧，谁知道我是廉洁忠贞的呢？"詹尹便放下蓍草辞谢道："所谓尺有所短，寸有所长；物有它不足的地方，智慧有它不能明白的问题；卦有它算不到的事，神有它显不了灵的地方。您还是按照您自己的心，决定您自己的行为吧。龟壳蓍草实在无法知道这些事啊！"

⑥马卿之乌有无是：汉司马相如，字长卿，后人遂称之为马卿。其《子虚赋》中虚构名叫"无是公"的人物。后以之泛指虚构的人物。"楚使子虚使于齐，王悉发车骑，与使者出畋。畋罢，子虚过姹乌有先生，亡是公存焉。"成语"子虚乌有"出自此。

⑦翰林子墨：语出《汉书·扬雄传下》："雄从至射熊馆，还，上《长杨赋》，聊因笔墨之成文章，故藉翰林以为主人，子墨为客卿以风。"后因以"翰林子墨"泛指辞人墨客。

用这六个典故是为了说明《孝经》也是仿照他们的这种一问一答的写法。

⑧广延生徒：周围坐着很多学生徒弟。

⑨师字：中国人的"名字"很有讲究。所谓"名"，是社会上个人的特称，即个人在社会上所使用的符号。"字"往往是名的解释和补充，是与"名"相表里的，所以又称"表字"。《礼记·檀弓上》说："幼名、冠字。"《疏》云："始生三月而始加名，故云幼名，年二十有为父之道，朋友等类不可复呼其名，故冠而加字。"又《仪礼·士冠礼》："冠而字之，敬其名也。君父之前称名，他人则称字也。"由此可见，名是幼时起的，供长辈呼唤。男子到了二十岁成人，要举行冠礼，这标志着本人要出仕，进入社会。女子长大后也要离开母家而许嫁，未许嫁的叫"未字"，亦可叫"待字"。十五岁许嫁时，举行笄礼，也要取字，供朋友呼唤。曾参是孔子的学生也就是晚辈，按规矩就不可能用名字来称呼孔子。

【原文】

由斯言之（由斯言之：如此说来），经教（经教：指孝经）发极（发极：究其产生之源），夫子所撰也。"

而《汉书·艺文志》云："《孝经》者，孔子为曾子陈（陈说）孝道也。"谓其为曾子特说此经。然则圣人之有述作，岂为一人而已！斯皆（斯皆：这些都是）误本（误本：错误的文本），其文致兹（致兹：导致产生）乖谬（乖谬：谬误差错）也。所以先儒注解。多所未行（未行：不对）。唯郑玄之《六艺论》①曰："孔子以六艺题目不同，指意（指意：意图，意旨）殊别（殊别：不同），恐道离散（恐道离散：怕道义散失），后世莫知根源，故作《孝经》以总会（汇合）之。"

其言虽则不然，其意颇近之②矣。然入室之徒③不一，独（唯独）假曾子为言，以参偏（特别，很）得孝名也。

《老子》④曰："六亲不和（和睦，和谐），有孝慈（孝慈：孝敬尊长，慈爱小辈）⑤。"然则孝慈之名，因不和而有，若（这样）万行（万行：各种美德品行）俱备，称为人圣，则凡圣无不孝也。而家有三恶⑥，舜称大孝⑦，龙逢⑧、比干⑨，忠名独彰，君不明也⑩。孝已（随）伯奇⑪之名偏著（偏著：很显著），母不慈也。

【注释】

①《六艺论》：郑玄所著经学著作，已散轶，今存约十种。

②言虽则不然，其意颇近之：话虽然没这么直接说，但意思就是这个意思。

③入室：比喻学问或技能已达到深奥的境界。《论语·先进》"由也升堂矣，未入于室也。"徒：弟子，学生。

④老子：中国春秋时思想家、道家学派创始人，姓李名耳，字聃，楚国苦县（今河南鹿邑东）人，曾为周"守藏室之史"（管藏书的史官），后隐退著《老子》一书。

⑤六亲不和，有孝慈：语出《老子》第十八章："大道废，有仁义；智慧出，有大伪；六亲不和，有孝慈；国家昏乱，有忠臣。"

⑥三恶：指暴、虐、颇（不正）三种恶劣的品性。《左传·昭公十四年》："三言而除三恶，加三利。"杜预注："三恶：暴、虐、颇也。"

⑦舜称大孝：舜，传说中的远古帝王，五帝之一，姓姚，名重华，号有虞氏，史称虞舜。相传他的父亲瞽叟及继母、异母弟象，多次想害死他，让舜修补谷仓仓顶时，从谷仓下纵火，舜手持两个斗笠跳下逃脱；让舜掘井时，瞽叟与象却下土填井，舜掘地道逃脱。事后舜毫不嫉恨，仍对父亲恭顺，对弟弟慈爱。他的孝行感动了天帝。舜在厉山耕种，大象替他耕地，鸟代他锄草。帝尧听说舜非常孝顺，有处理政事的才干，把两个女儿娥皇和女英嫁给他；经过多年观察和考验，选定舜做他的继承人。舜登天子位后，去看望父亲，仍然恭恭敬敬，并封象为诸侯。

⑧龙逢：夏桀时的大臣，因忠谏而被桀所杀。据《韩诗外传》记载，夏桀时，建造的酒池中可以运船；堆起的酒糟足有十里长，池中之酒可供牛饮者三千人。关龙逢向夏桀进谏说：古代的君王，讲究仁义，爱民节财，因此国家久安长治。如今国王您如此挥霍财物，杀人无度，您若不改，上天会降灾祸，定有不测的结果。说毕，立于朝廷不肯离去。夏桀大怒，命人把他囚而杀之。龙逢因忠谏被杀，在夏王朝内外引起极大不满。

⑨比干：（公元前1092年—公元前1029年）商朝沫邑人（今河南省卫辉市北），纣王叔父，官少师。中国古代著名忠臣，被誉为"亘古第一忠臣"；他是商朝贵族商王太丁之子，名干。幼年聪慧，勤奋好学，20岁就以太师高位辅佐帝乙，又受托孤重辅帝辛。从政40多年，主张减轻赋税徭役，鼓励发展农牧业生产，提倡冶炼铸造，富国强兵。商末帝辛（纣王）暴虐荒淫，横征暴敛，比干叹曰："主过不谏非忠也，畏死不言非勇也，过则谏，

不用则死，忠之至也"。遂至摘星楼强谏三日不去。纣问何以自恃，比干曰："恃善行仁义所以自恃"。纣怒曰："吾闻圣人心有七窍，信有诸乎？"遂杀比干剖视其心，终年 63 岁。

⑩忠名独彰，君不明也：忠臣名声独得彰显，说明君王昏庸不明。

⑪伯奇：古代孝子，相传为周宣王时重臣尹吉甫的长子。其母死，后母欲立其子伯封为太子，就谗毁伯奇，吉甫便逐伯奇去乡野。伯奇"编水荷而衣之，采苹花而食之"，清朝履霜，自伤无罪而被放逐，乃作琴曲《履霜操》以述怀。吉甫感悟，遂召回伯奇并射杀后妻。

【原文】

曾子性虽至孝（至孝：特别孝顺），盖有由而发（有由而发：有理由才产生的）矣。藜蒸不熟而出其妻，家法严也。耘瓜伤苗几陨其命，明父少恩也①。曾子孝名之大，其或由兹（其或由兹：可能是因有这些事），固非（固非：本来不是）参性迟朴（性迟朴：本性迟钝朴质），躬行（躬行：身体力行）匹夫（匹夫：平民百姓）之孝也。

审考经言（经言：指孝经中的文字），详稽（详稽：详细查考）炫释（炫释：刘炫的解释）实藏理於古而独得之。於今者与元氏（指元行冲）虽同，炫说（炫说：刘炫的说法）恐未尽善（恐未尽善：未必很好），今以《艺文志》及郑氏所说为得（得当）。其作经年（经年：若干年），先儒以为鲁哀公十四年西狩获麟②而作《春秋》，至十六年夏四月己丑孔子卒（死）为证，则作在鲁哀公十四年后，十六年前。

案：《钩命决》云："孔子曰：'吾志在《春秋》，行在《孝经》。'"据先后言之，明（证明）《孝经》之文同（同时代）《春秋》作也。

又《钩命决》云："孔子曰：'《春秋》属商，《孝经》属参。③'"则

《孝经》之作在《春秋》后也。

【注释】

①藜蒸不熟而出其妻……明父少恩：说的是曾参少年丧母，继母是一凶悍刁妇，对参十分苛刻，百般虐待，致使参夏无单，冬无棉，在辛酸与泪水中成长。因不堪继母的折磨，他小小年纪便逃到卫国去靠卖苦力为生。但他天性纯孝，归国后，对他上了年岁的继母却非常孝顺。齐国闻其贤名，用厚礼相聘，欲封为上卿，他为了不使年迈的继母凄苦冷清，便坚辞不就。有朋友责怪他失坐良机，他说："自古养儿为防老，如今父亲过世，母亲年迈，参何敢远离呢？况且食人之禄，忧人之事，故我不忍离母远去，受人役使。"故一直没有出仕做官。

春天的一日，曾参到野外采来继母爱吃的野菜藜藿，第二天一早，曾参要出门办事，走前嘱咐妻子中午要做好藜藿侍奉母亲。曾参出门不久，妻子突然小腹疼痛难忍，额上汗珠如豆，在床上翻滚。她的婆婆亲眼目睹。由于病痛的折磨，儿媳竟没有煮熟藜藿。所谓不熟，不过是欠一把火而已，并非无法下咽。谁料等曾参傍晚回来，继母竟涕泪交流，哭诉儿媳有意与她为难，存心不良。曾参想自己素以孝闻名，妻子这样岂不坏了自己的名声，将来有何脸面见先父于地下？一怒之下，便写下了休书，欲将妻子休掉。妻子要申明原委，曾参还不让。曾参之妻也非等闲之辈，要拉他一起去找孔子评理。

提起找孔子评理，曾参不禁想起十四年前的一件往事：一天，曾参与父亲曾点一同在瓜地里劳作，曾参因年幼不懂农活儿，斩断了瓜苗的根，曾点不问青红皂白，举起手上的锄头把向曾参的背部打去。曾参见父亲因自己做错事而生气，心里很惭愧，也不逃避，就跪在地上受罚，七岁孩子的身体承受不住，被打晕过去，过了很久才慢慢苏醒。刚睁开眼睛，他就想到了父亲。为让父亲安心，赶紧爬起来整理好衣冠，恭恭敬敬地走到父亲面前行礼道："父亲大人，刚才孩儿犯错，使您费大力来教育我，不知您的身体有无不适之处？"父亲见曾参似无大碍，也便罢了。曾参于是退回了房间，拿出琴开始高声弹唱起来，他希望欢快的音乐与歌声能传到父亲的耳中，让父亲更加确认自己的身体无恙，可以安心。

听到此事的人都很敬佩曾参对父亲的孝顺，可当孔子听说了此事后，反而不高兴，对门下的弟子们说："曾参来了，不要让他进来！"弟子们有些奇怪。曾参知道后，内心很是惶恐不安，老师如此生气，一定是自己有做得不好的地方，可仔细检点反省，却又不认为自己有什么过错。于是，就请其他同学去向老师请教。孔子向前来请教的弟子说道："你们难道没有听说过吗？从前，有一位瞽瞍（瞎子老汉），他有一个孩子名叫舜。舜在侍奉他父亲的时候非常尽心，每当瞽瞍需要舜时，舜都能及时地侍奉在侧；但当瞽瞍要杀他的时候，却没有一次能找到他。如果是小棍棒，能承受的就等着受罚；可如果是大棍棒时，就应该先避开。这样，瞽瞍就不会犯下为父不慈的罪过。舜这样做，既保全了父亲的名声，也极尽了自己孝子的本分。而如今，曾参侍奉他的父亲，却不知爱惜自己的身体，轻弃生命去承受父亲的暴怒，死也不回避。倘若真的被打死了，那不是陷父亲于不义吗？哪有比这更不孝的呢？你难道不是天子的子民吗？杀了天子子民的人该当何罪呢？"弟子们听了老师的开导后恍然大悟，曾参听到这番话后也醒悟过来，感叹说："我犯的错，真是太大了啊！"于是就很诚恳地去向孔夫子拜谢并悔过。

想到前事，曾参知道和妻子去找孔子评理，老师不但不会同意他出（休）妻，还会严厉批评他，所以执意不去。邻人也来劝解说："藜藿小事，并未犯"七出"之条（七出：古代定妻子的七条罪过：一没有生儿子。二淫荡。三不能讨公婆的欢喜。四搬弄是非。五偷东西。六曰嫉妒。七得了恶疾。），为何竟要出妻呢？"曾参说："藜藿确系小事，不在"七出"之例。但她小事都敢不听我的，何况大事？如此不孝不从之妻，留她何用？"于是不听劝诫，将妻子休了。为这事，孔子批评他说："结发夫妻，为藜藿小事而休之，人伦何在？禽兽尚知恩爱，吾弟子难道不知？妻子藜蒸不熟，可以教诲，人非圣贤，孰能无过？有过则休之，仁义安在？"经夫子批评教训，曾参很是后悔，出妻之后，终身不续弦。他儿子劝其续娶，他对儿子说："高宗因有了后妻而杀孝己，尹吉甫因为有了后妻而放逐伯奇，我上不及高宗，中不足以比拟尹吉甫，一旦娶了后妻，又岂能保不为非呢？"这算是曾参弥补休妻之错的做法了。

②西狩获麟：是《春秋》的一句话："西狩获死麟。"《公羊传》解释为：春，西狩获麟。何以书？记异也。何异尔？非中国之兽也。然则孰狩之？薪采者也。薪采者则微者也，曷为以狩言之？大之也。曷为大之？为获麟大之也。曷为为获麟大之？麟者，仁兽也。有王者则至，无王者则不至。有以告者曰："有麕而角者。"孔子曰："孰为来哉！孰为来哉！"反袂拭面涕沾袍。颜渊死，子曰："噫！天丧予。"子路死，子曰："噫！天祝予。"西狩获麟，孔子曰："吾道穷矣。"《公羊传》在解释时所说的"有王者则至，无王者则不至"和"吾道穷"是《谷梁》《左传》所无的。既然如此，这两句话肯定是最重要，最能够代表公羊学派观点的两句。即"麟为孔子受命之瑞"。

东汉时候王充在《论衡·指瑞篇》中就做如下介绍：《春秋》曰："狩获死麟。"人以示孔子。孔子曰："孰为来哉？孰为来哉？"反袂拭面，泣涕沾襟。儒者说之，以为天以麟命孔子，孔子不王之圣也。后来的何休解释说："夫子知其将有六国争强，从横相灭之拜，秦项驱除，积骨流血之虞，然后刘氏乃帝。深闵民之离害甚久，故豫泣。"这段话很明显与上一段话不符合，可以看出公羊家将"麟为孔子受命之瑞"变成了"麟为汉将受命之瑞"。

③商，参：本指二十八宿的商星与参星，商在东，参在西，此出彼没，永不相见。此处"商"指子夏，"参"指曾参，孔子说这两人分别是《春秋》和《孝经》的嫡系传人。

【原文】

"御（统治，治理）"者，按《大戴礼·盛德篇》①云："德法②者，御民之本也。古之御政（御政：行政）以治天下者，冢宰③之官以（因此而）成道④，司徒⑤之官以成德⑥，宗伯⑦之官以成仁（成仁：成就仁德），司马⑧之官以成圣（成就精湛技艺），司寇⑨之官以成义（正义与道德规范），司空⑩之官以成礼（成礼：使礼仪完备）。

【注释】

①《大戴礼》：即《大戴礼记》，亦名《大戴记》。成书时间在东汉中期。可能是西汉末礼学家戴德（世称大戴）后学为传习《士礼》（即今《仪礼》前身）而编定的参考资料汇集。《大戴礼记》当初和《小戴礼记》（即《礼记》）并行而传。但《小戴礼记》因得着郑玄作注而在唐代列为"经书"；《大戴礼记》却从此长期被冷落，多赖北周学者卢辩的注释得以流传。至清代，《大戴礼记》方日益受到重视，陆续有学者进行整理研究。

②德法：儒家谓合乎仁德的礼法。《孔子家语·执辔》："夫德法者，御民之具，犹御马之有衔勒也。"

③冢宰：周朝官名。为六卿之首，亦称太宰。《书·周官》："冢宰掌邦治，统百官，均四海。"明朝也称吏部尚书为冢宰。

④成道：本意是悟正道而成佛，此用意为成就正道。

⑤司徒：古代名官。西周始置，位次三公，与六卿相当，与司马、司空、司士、司寇并称"五官"，金文多作"司土"，与司马、司工（即司空）合称"三有司"。是管理土地、人民的官，与后世的户部尚书相当。春秋时沿置。汉哀帝时丞相改称大司徒，东汉时改称司徒，成为三公之一。

⑥成德：成就盛德。《易·乾》："君子以成德为行。"

⑦宗伯：古代官名，周代六卿之一，掌宗庙祭祀等事，即后世礼部之职，因亦称礼部尚书为大宗伯或宗伯，礼部侍郎为少宗伯。

⑧司马：中央政府中掌管军政和军赋的长官。

⑨司寇：中央政府中掌管司法和纠察的长官。

⑩司空：古代中央政府中掌管工程的长官。

【原文】

故六官⑤以为辔（驾驭马的缰绳），司会①均入（均入：协调运用）以为軏（共驾车之马的内侧缰绳），故曰：御四马者执六辔②。御天地与（对）人与事者，亦有六政（六政：指"道、德、仁、圣、礼、义"）。是故（是故：因此）善御者，正身（正身：亲自）同（统一）辔，均马力，齐马心，唯（只听）其所引而之，以取长道远行，可以之急疾，可以御天地与人事③，此四者，圣人之所乘（奉行，施展）也。

是故天子御者，内史、太史④左右手也，六官亦（就是）六辔也。天子、三公合以执（合以执：共同管理）六官，均（协调）五政⑥，齐（整治）五法（五法：仁、义、礼、智、信），以御四者（四者：指"天、地、人、事"），故亦"为其所引而之"。以（凭借）之道则国治，以之德则国安，以之仁则国和，以之圣（圣明）则国平，以之义（恩义）则国成，以之礼则国定。此御政（御政：天子统理国政）之礼也。"

【注释】

①司会：官名。《周礼》天官之属，主管财政经济，及对群官政绩的考察。

②御四马者执六辔：古代一车四马，马各二辔，其两边骖马之内辔系于轼前，谓之軜，御者只执六辔。大意是驾驭由四匹马拉车的人要手执六条缰绳。辕马不用缰绳控制，而旁边的帮套马每匹都用两条缰绳来控制。

③唯其所引而之，……御天地与人事：按其所指引的方向，在大道上远行，可快速前进，可治理自然界和社会人间的事。

④内史：官名，西周始置，协助天子管理爵、禄、废、置等政务。春秋时沿置。《孔子家语·执辔》："古者天子以内史为左右手。"

太史：官名。三代为史官与历官之宅，朝廷大臣。后职位渐低，秦称太史令，汉属太常，掌天文历法。魏晋以后太史仅掌管推算历法。

⑤六官：六卿之官。《周礼》以天官冢宰、地官司徒、春官宗伯、夏官司马、秋官司寇、冬官司空分掌邦国之政，总称六官或六卿。

⑥五政：亦称五行之政。古代以五行分主四时，即指四时之政治。《孝经纬钩命决》："春政不失，五谷蘖；初夏政不失，甘雨时；季夏政不失，地无菑；秋政不失，人民昌；冬政不失，少疾病。五政不失，百谷稚熟，日月光明。"

【原文】

然则"御"者，"治天下"之名，若（如同用）柔辔（柔辔：柔软的缰绳）之御刚马（御刚马：驾驭烈马）也。《家语》亦有此文。是以（是以：因此）秦、汉以来，以御为至尊之称。又蔡邕《独断》①曰："御者，进也，凡衣服加於身，饮食入於口，妃妾接於寝，皆曰御。至於器物制作，亦皆以御言之。"故此云"御"也。

"制"者，裁剪述作②之谓也。故《左传》③曰："子有美锦，不使人学制焉。"取此美名。故人之文章述作，皆谓之"制"。以（因）此序唐玄宗所撰，故云"御制"也。

【注释】

①蔡邕：（133—192），字伯喈，陈留（今河南省开封市陈留镇）圉人，东汉文学家、书法家。汉献帝时曾拜左中郎将，故后人也称他"蔡中郎"。蔡邕的著作《独断》是我国最早有关文体研究的论著。

②述作：指撰写著作。《礼记·乐记》："作者之谓圣，述者之谓明。明圣者，述作之谓也。"

③《左传》：古代编年体历史著作，儒家经典之一，西汉初称《左氏春秋》，或称《春秋古文》。后人将它配合《春秋》作为解经之书，称《春秋左氏传》，简称《左传》。它与《春秋公羊传》《春秋谷梁传》合称"春秋三传"。《左传》实质上是一部独立撰写的史书。它的作者，司马迁和班固都说《左传》是左丘明作，现在认为是战国初年之人所作。

【原文】

玄宗，唐第六帝①也，讳（尊称已故尊长之名）隆基，睿宗之子，以延和元年（712 年）即位，时年三十三。在位四十五年，年七十八登遐②，谥③曰"明孝皇帝"，庙号④玄宗。开元十年（722 年）制《经序》并注。

"序"者，按《诗·颂》云："继序思不忘⑤。"《毛传》⑥云："序，绪也。"又《释诂》⑦云："叙，绪也。"是"序"与"叙"音义同。郭璞⑧云："又为端绪（端绪：头绪）。"然则此言"绪"者，举一经之端绪耳。

"并注"者，并：兼也。注：著也，解释经指（通"旨"旨意），使义理著明也。言非但制序，兼亦作注，故云"并"也。

唐玄宗

【注释】

①唐第六帝：唐朝第六个皇帝。本来唐朝皇帝依次为：1. 唐高祖李渊；2. 唐太宗李世民；3. 唐高宗李治；4. 唐中宗李显；5. 唐睿宗李旦；6. 武后武则天；7. 唐中宗李显；8. 唐睿宗李旦；9. 唐玄宗李隆基。但因为李显和李旦的母亲武则天在高宗死后把持朝政实际当权，直至公元 690 年废睿宗李旦称圣神皇帝，立国号"周"，史又将这一段不算唐朝正宗，如此有唐玄宗为第六帝一说。

②登遐：谓死者升天而去。《墨子·节葬下》："秦之西有仪渠之国者，

其亲戚死，聚柴薪而焚之，燻上，谓之登遐。"后以"登遐"为对人死讳称。

③谥：古代帝王、贵族、大臣、士大夫或其他有地位的人死后，据其生前业绩评定的带有褒贬意义的称号。

④庙号：皇帝死后，在太庙立室奉祀时特起的名号，如高祖、太宗、康熙、雍正之类等。

⑤继序思不忘：指《诗·周颂·闵予小子》中："於乎皇王！继序思不忘"，意思是说后人不敢有所遗忘。

⑥《毛传》：相传为汉初学者毛亨和毛苌所传。据称其学出于孔子弟子子夏。《汉书·艺文志》著录有《毛诗》二十九卷、《毛诗故训传》三十卷，故称。西汉初午，传授诗经的主要有四家。一是鲁国人申公，一是齐国人辕固，一是燕国人韩婴。但是这三家著作除《韩诗外传》，都已不存。另外一家就是《毛诗》，即大毛公毛亨、小毛公毛苌所传。

⑦《释诂》：即《尔雅·释诂》。《释诂》《释言》，还有一个《释训》，都是《尔雅》的篇章。共收词条分别为 191 条、304 条、124 条。《释训》多为迭音词。《释言》多为单字对释，一条中的被释词没有超过四字的。而《释诂》每条含五字以上的约占全篇总条数的一半，全篇收 948 个词项，也占三篇所收词项总数的三分之二。

⑧郭璞（276 年—324 年），字景纯，河东闻喜县人（今山西省闻喜县），西晋建平太守郭瑗之子。东晋著名学者，既是文学家和训诂学家，又是道学术数大师和游仙诗的祖师。

【原文】

案：今俗所行（俗所行：一般所流行的）《孝经》题曰（题曰：题署）"郑氏注"，近古皆谓康成（康成：郑玄字康成）。而晋魏之朝无有此说。晋穆帝永和十一年（311 年），及孝武太元元年（376 年），再聚群臣，共论经义，有荀暴（当为"昶"）①者，撰集《孝经》诸说，始以郑氏为宗。晋末以来，多有异论。陆澄②以为非玄所注，请不藏於秘省③。王俭④不依（同意）其请，遂得见传。至魏、齐，则立学官著作律令。盖由其俗无识（俗无识：平庸无知），故致斯讹舛（致斯讹舛：造成误谬。舛：（差错）。

【注释】

①据《隋书》卷三十二《经籍志一》载："其年四月七日，左庶子刘子玄（即刘之几）上《孝经注议》曰："谨按今俗所行《孝经》，题曰'郑氏注'。爰自近古，皆云郑即康成。而魏晋之朝，无有此说。至晋穆帝永和十一年，及孝武帝太元元年，再聚群臣，其论经义，有荀昶者，撰集《孝经》诸说，始以郑氏为宗。"荀昶：字茂祖，颍川颍阴人。生卒年不详，约宋武帝永初元年前后在世。生平事迹不详，仅知他在元嘉初（公元四二四年左右）官至中书郎，著有文集十四卷传于世。

②陆澄：（425—494）字彦渊，吴郡吴人。生于宋文帝元嘉二年，卒于齐郁林王隆昌元年，年七十岁。少好学博览，无所不知。行坐眠食，手不释卷。

③秘省：即官署秘书省。东汉桓帝始置秘书监一官，典司图籍，先属太常寺。曹操置秘书令，典尚书奏事，属少府。晋初裁并，西晋末复置。南朝梁始定此名。

④王俭：（452—489）南朝齐文学家、目录学家。字仲宝。祖籍琅邪临沂（今属山东）。东晋名相王导五世孙。

【原文】

然则经非郑玄所注，其验有十二焉。据郑自序云："遭党锢之事逃难，至党锢事解，注《古文尚书》《毛诗》①《论语》，为袁谭所逼②，来至元城，乃注《周易》。"都无注《孝经》之文，其验一也。

郑君卒后，其弟子追论师所注述及应对时人（应对时人：与同时代人的谈话），谓之（谓之：说到）《郑志》，其言郑所注者，唯有《毛诗》《三礼》③、《尚书》④、《周易》，都不言注《孝经》，其验二也。

又《郑志目录》记郑之所注五经之外，有《中候》《大传》《七政论》《乾象历》《六艺论》《毛诗谱》《答临硕难礼》《许慎异议》《释废疾》《发墨守》《箴膏肓》《答甄守然》等书。寸纸片言，莫不悉载。若有《孝经》之注，无容匿（藏）而不言，其验三也。

郑之弟子，分授门徒，各述所言，更为问答，编录其语，谓之《郑记》。唯载《礼》《易》《论语》，其言不及（涉及）《孝经》，其验四也。

赵商作《郑玄碑铭》，具载其所注笺论，亦不言注《孝经》。《晋中经簿》⑤：《周易》《尚书》《中候》《尚书大传》《毛诗》《周礼》《仪礼》《礼记》《论语》凡九书，皆云"郑氏注，名玄"；至於《孝经》则称郑氏解，无"名玄"二字，其验五也。

【注释】

①毛诗：即今本《诗经》。《毛诗》每一篇下都有小序，以介绍本篇内容、意旨等。而全书第一篇《关雎》下，除有小序外，另有一篇总序，称为《诗大序》，是古代诗论的第一篇专著。

②东汉建安五年（200 年）春，袁绍命其子袁谭逼郑玄随军。

③《三礼》：《周礼》《仪礼》、《礼记》。

④《尚书》：原称《书》，到汉代改称《尚书》，意为上代之书。《尚书》作为历史典籍的同时，向来被文学史家称为我国最早的散文总集，是和《诗经》并列的一个文体类别。但这散文之中绝大部分应属于当时官府处理国家大事的公务文书，准确地讲，它是一部体例比较完备的公文总集。

⑤《晋中经簿》：西晋荀勖著（亦称《中经新簿》）。全书正文十四卷，另附佛经两卷，共著录图书 1885 部、20935 卷。只记书名、卷数与撰人，没有提要或解题。该书按甲、乙、丙、丁四部分类，甲部收录六艺、小学，乙部收录古诸子、近世子家、兵书兵家、术数，丙部收录史记、旧事、皇览簿、杂事，丁部收录诗赋、图赞、汲冢书。《晋中经簿》是古代图书分类体系的一次变革，较好地反映了从汉至晋三百余年的学术发展状况，开创了四部分类法的道路。东晋李充依《晋中经簿》编成《晋元帝四部书目》，将乙、丙两部更换，使甲部纪经书、乙部纪史书、丙部纪子书、丁部纪集部书。从此，四部分类法成为后世官修目录的定制。

【原文】

《春秋纬·演孔图》①注云："康成注三《礼》《诗》《易》《尚书》《论语》，其《春秋》《孝经》则有评论。"宋均②《诗谱序》云："我先师北海郑司农③"，则均是玄之传业弟子，师有注述，无容（内容）不知，而云《春秋》《孝经》唯有评论，非玄所注特明（特明：特别明显了），其验六也。

【注释】

①纬：汉代一批神学家附会儒家经典撰的书称"纬书"。如：易纬、书纬、诗纬、礼纬、乐纬、春秋纬、孝经纬，所谓"七经纬"。纬本是辅经，释经，于西汉哀平之际蔚然成风，从此风行整个东汉，是儒学变异神化的特殊产物。《春秋纬》的《演孔图》中，孔子被说成是孔母梦中与黑帝交而生，因此孔子是黑帝的儿子，故称"玄圣"。还说孔子制作《春秋》《孝经》等五经是根据天命来为汉制法，《演孔图》中有作图制法之状，还有许多荒诞玄乎的神话，将孔子由先秦时的一个在政治上不得志的学者与私塾教师，演变成今文经学中的圣人，由经学家所推崇的孔圣人变成了受天命而为汉制法的通天神人，儒家典籍变成了神秘的天书，使得儒家由经学变成了神学。

②宋均：字叔庠，南阳安众人，父亲是东汉建武初的五官中郎将。均15岁凭借父任为郎官，他好经书，每逢休假日辄受业博士，通《诗》《礼》，善论辩。他做过魏博士、自称郑玄的学生、以注纬书知名。

③考《隋志》以下诸史艺文志，宋均并不曾注郑玄的《诗谱序》。宋均《诗谱序》"我先师北海郑司农"一句乃据唐刘知几《孝经议》所引，出于宋均《诗纬序》，而非《诗谱序》。此处原文沿引唐典之误。

【原文】

又宋均《孝经纬注》引郑《六艺论》，叙（说到）《孝经》云"玄又为之注"，"司农①论如是而均（宋均）无闻（无闻：不知道）焉？有义无辞，令予昏惑②"。举（列举）郑之语而云无闻，其验七也。

宋均《春秋纬注》云"为《春秋》《孝经》略说"，则非"注"之谓

（称谓），所言又为之注者，泛辞（泛辞：不切实的说法）耳，非事实。其叙《春秋》亦云"玄又为之注"，宁可（宁可：怎么可以）复责（复责：还指望）以实（真的）注《春秋》乎？其验八也。

后汉史书存於代（历代）者，有谢承[3]、薛莹[4]、司马彪[5]、袁山松[6]等，其所注皆无《孝经》。唯范晔[7]书有《孝经》，其验九也。

王肃《孝经传》首有司马宣王[8]奉诏令诸儒注述《孝经》，以肃说为长（正确）。若先有郑注，亦应言及，而不言郑，其验十也。

王肃注书，好发郑短[9]，凡有小失，皆在《圣证》[10]，若《孝经》此注亦出郑氏，被肃攻击，最应烦多，而肃无言，其验十一也。

魏晋朝贤（朝贤：朝中大臣）辩论时事，郑氏诸注无不撮引（撮引：摘取引用），未有一言《孝经注》者，其验十二也。

【注释】

①司农：原指汉经学家郑众。因其曾官大司农，故称郑司农。后人们用以泛称誉博学的人，此处为尊称郑玄。

②有义无辞，令予昏惑：有意向而不写出来，令人困惑。

③谢承：（生卒年未详），字伟平，会稽山阴（今绍兴）人，三国孙权谢夫人之弟。父为东汉尚书郎。他博学洽闻，尝所知见，终身不忘。尤熟悉东汉史事及本郡掌故。著有《后汉书》143卷，以"疏谬少信"为刘勰所讥，今已佚。又撰《会稽先贤传》7卷，记严遵等人事迹，多有史传失载者。原书已散佚，《太平御览》屡引之。另著有文集4卷，今残存《贺灵龟表》《上丹砂表》《与步子山书》《三夫人箴》等文。

④薛莹：字道言，沛郡竹邑（今安徽濉溪）人，三国时期吴国的左国史。莹初为秘府中书郎，孙休即位，为散骑中常侍。数年，以病去官。

⑤司马彪：（？—306）字绍统，西晋史学家，河内温县（今河南温县西）人。晋朝皇族，高阳王司马睦长子。从小好学，然而好色薄行，不得为嗣，因此闭门读书，博览群籍。初官拜骑都尉，泰始中任秘书郎，转丞。

⑥袁山松：又名为袁崧，（？—401）字桥孙，陈郡阳夏（今河南太康）人，曾任西晋吴郡太守。他博学有文章，性情秀远，擅长音乐，其歌《行路难》，与当时善唱乐的羊昙，能挽歌的桓伊，被同誉为"三绝"。其所著《后汉书》百篇被公认为不朽之作。

⑦范晔：（398—445），字蔚宗，南朝宋顺阳（今河南淅川东）人。官至左卫将军，太子詹事。宋文帝元嘉九年（432年），范晔因为"左迁宣城太守，不得志，乃删众家《后汉书》为一家之作"，开始撰写《后汉书》，至元嘉二十二年（445年）以谋反罪被杀止，写成了十纪，八十列传。原计划作的十志，未及完成。今本《后汉书》中的八志三十卷，是南朝梁刘昭从司马彪的《续汉书》中抽出来补进去的。范晔著史，注重"自得"，所著《后汉书》，是众多东汉史著作中唯一得以完整保存至今者，在中国史学史上占有重要的地位。

⑧司马宣王：即司马懿（179—251），字仲达，河内温县孝敬里（河南温县招贤镇）人，三国时期魏国杰出的政治家、军事家，权臣，多次率军对抗诸葛亮，以其功著，封宣王。其孙司马炎称帝后，追尊为晋宣帝。

⑨好发郑短：爱揭露郑玄文章中的短处。

⑩圣证：王肃撰《圣证论》，并伪造《孔子家语》等书作为论据。后因以"圣证"谓取证于圣人之言。

【原文】

以此证验，易为讨核①。而代（历代）之学者，不觉（察觉）其非，乘后^②谬说，竞相推举。诸解不立学官^③，此注独行於世。观言语鄙陋，义理乖谬，固（必）不可示彼后来（示彼后来：展示给后人），传诸不朽。

【注释】

①易为讨核：即很容易研讨并加以综合考查清楚的。

②乘后：原指充任文学侍从之臣。古代天子车驾出，文学侍从之臣陪乘后车侍宴游备顾问，称"托乘后车"。此泛指御用文人。

③不立学官：不被列入官学教材。

【原文】

至《古文孝经》孔传本出孔氏壁中，语甚详正，无俟（待）商榷。而（然而）旷代亡逸（旷代亡逸：长期散失），不被流行。隋开皇十四年（594年），秘书学生王逸^①於京市陈人（陈人：犹老者）处买得一本，送与著作王邵^②，以示（给）河间刘炫，仍令校定。而此书更无兼本（兼本：其它相同的本子），难可依凭，炫辄（擅自）以所见（所见：个人见解）率意（率意：随意）刊（修订）改，因（因此）著《古文孝经稽疑》一篇。

故（因此）开元七年敕议（敕议：奉皇上的旨意议论）之际，刘子玄（刘子玄：即刘知几）等议以为孔、郑二家云泥致隔^③，今纶旨（纶旨：圣旨）焕（明）发，校其短长，必谓行（传布）孔废（废弃）郑，於义为允（於义为允：从道理上使人信服）。国子博士司马贞议曰："《今文孝经》是汉河间王所得颜芝本，至刘向以此参校（参校：参照同名另一版本校订）古文，省除繁惑（省除繁惑：裁撤多余与混乱部分），定此一十八章。其注相承（相承：递相沿袭）云是（云是：说是）郑玄所作。而《郑志》及《目录》等不载，故往贤（往贤：先贤）共疑焉。唯荀昶、范晔以为郑注，故昶集解《孝经》具载此注为优。且其注纵非（纵非：尽量避开。"非"通"避"）郑玄，而义旨敷畅④，将为得所（将为得所：这样做的地方），虽数处小有非稳（小有非稳：小有些不妥帖的地方），实亦未爽经旨⑤。

【注释】

①王逸：东汉著名文学家，《楚辞章句》作者。字叔师，南郡宜城（今湖北襄阳宜城）人。安帝时为掌校雠典籍，订正讹误的"校书郎"。东汉朝廷藏书于东观，置校书郎中，后魏"秘书省"置校书郎职位，故称王"秘书学生"。

②著作王劭：生卒年不详，隋代并州晋阳（今太原南郊）人。他自幼沉默寡言，酷爱读书。少年时代即以博闻强记知名。北齐时尚书仆射魏收辟与祖孝徵、阳休之等成名学士、官吏，经常在一起论古道今，有所遗忘，或是模糊之处，便向王劭询问出处。王劭每问必答，毫不匆忙。查出对照，半点不差。成年后，王劭在高齐做官，累至中书舍人。隋文帝杨坚即位后，王劭被授予著作佐郎之职，后因母亲病逝，遂辞职归里，闭门谢客，专心致志于编修《齐书》。按隋代的制度，朝廷不准私人编修史籍，王劭嗜好经史，早为世人所知。闭门修史之事，被内史传郎李元操得知后，便向隋文帝告发。文帝悉知王劭私撰史书大怒，遂没收其所著，并亲览其内容。见其所著记史翔实，文触严谨，深为赞赏，便任命他为员外散骑侍郎，专职撰写文帝起居注。由于王劭常伴文帝左右，便称文帝有"龙颜戴干"之仪表，并指示给群臣观看。龙颜大喜，遂赐王劭数百段锦匹为礼，并提升他为"著作郎"。

③云泥致隔：云在天，泥在地，喻两物相去甚远，差异很大。语出《后汉书·逸民传·矫慎》："仲彦足下，勤处隐约，虽乘云行泥，栖宿不同，每

有西风，何尝不叹！"

④义旨敷畅：将意义与宗旨铺叙而加以发挥。

⑤未爽经旨：没有说透爽经文的真正含义。

【原文】

其古文二十二章，虽出孔壁，先是安国作传，缘（因此而）遭巫蛊①，未之行（流行）也。昶集注之时，尚未见孔传，中朝遂亡（丢失）其本。近儒欲崇古学，妄作传学，假称孔氏，辄穿凿改更，又伪作《闺门》一章。刘炫诡随（诡随：不顾是非而妄随人意），妄称其善。且"闺门"之义，近俗之语，必非宣尼②正说（正说：正式的语言）。

案：其文云：闺门③之内具礼（具礼：有礼节规矩）矣。严亲、严兄，妻子、臣妾，繇（随）百姓徒役（徒役：服劳役的人）也。是（这样）比妻子於（同於）徒役，文句凡鄙，不合经典。

又分《庶人》章，从"故白天子"已（又）下别为一章，仍加"子曰"二字。然"故"者，逮（接续）下之辞。既是章首，不合（宜）言"故"。是古人既没（既没：本来没有），后人妄开此等数章，以应（凑）二十二之数。非但经文不真，抑亦（抑亦：也是）传文浅伪。

又注："用天之道、分地之利"，其《略》（汉代图书目录分类的名称）曰："脱之应功，暴其肌体，朝暮从事，露发徒足，少而习之，其心安焉？"此语虽旁出诸子④，而引之为注，何言之鄙俚（鄙俚：粗野庸俗）乎？与郑氏所云"分别五土（五土：见《顺治本》第26页注⑩），视其高下，高田宜黍稷，下田宜稻麦"，优劣悬殊，曾何（曾何：难道没有）等级！今议者欲取近儒诡说（诡说：虚妄之辞）而废郑注，理实未可（理卖未可：实在没什么道理），请准今式（施行）《孝经》"郑注"与"孔传"依旧俱行。

诏《郑注》仍旧行用，《孔传》（即晋魏时的《尚书孔传》）亦存。是时（是时：这时）苏宋文吏⑤拘（拘泥）於流俗，不能发明古义，奏议排（排斥）子玄，令诸儒对定（对定：相互商榷订正），司马贞与学生郗常等十人尽非（否定）子玄，卒（最后）从诸儒之说。至十年（十年：开元十年）上（皇上）自注《孝经》，颁于天下，卒以十八章为定。

【注释】

①巫蛊：古代称巫师使用邪术加害于人。

②宣尼：汉平帝元始元年追谥孔子为"褒成宣尼公"，后因称孔子为宣尼。

③闺门：官苑、内室的门。借指宫廷、家庭。

④旁出诸子：旁出自先秦时期各个学派的代表人物或他们的著作。

⑤苏宋文吏："苏"当指唐代文学家苏颋，当时堪与宋璟等量齐观而又关系密切至能够并称"苏宋"者非苏颋莫属。

【原文】

御序　朕闻上古，其风朴略（朴略：质朴简约）。

邢疏　正义曰：自此以下至於序末，凡（总共）有五段明义（明义：要旨），当段自解其指①，於此不复繁文（繁文：重复的文字）。今此初段，序（叙述）孝之所起，及可以教人而为德本（德本：道德之根本）也。

朕者，我也。古者尊卑皆称之。故帝舜命（告诉）禹曰："朕志先定。"禹曰："朕德罔克（罔克：不能胜任）。"皋陶②曰："朕言惠，可底行③。"又屈原亦云："朕皇考曰伯庸④。"是由（是由：因为）古人质（纯朴），故君臣共称。至秦始皇二十六年，始定为天子之称。

闻者，目之不睹，耳之所传。曰"闻上古"者，经典所说不同。

案：《礼运》⑤郑玄注云"中古未有釜甑（釜甑：古人的炊具）"，则谓神农⑥为中古。若《易》历三古⑦，则伏羲⑧为上古，文王为中古，孔子为下古。若三王对五帝⑨，则五帝亦为上古。

【注释】

①当段自解其指：每一段都阐明了其意思。

②皋陶：名庭坚，字聩，颛顼帝与邹屠皇后第七子。舜禹时期的士师，大理官（司法长官）。《春秋·元命里》载："尧得皋陶，聘为大理，舜时为士师。"与尧、舜、禹同为"上古四圣"，被史学界和司法界公认为"司法鼻祖"。他制定了我国第一部《狱典》。归纳了偷窃、抢劫、奸淫、杀人等多项犯罪的轻重，给予不同的量刑以及"摘心、割鼻、挖眼、剥皮、腰斩、刖足"之刑。皋陶刑法是中国最早系统和制度化的刑法，夏代的"禹刑"，商代的"汤刑"和西周的"九刑"或"吕刑"，都是从皋陶之刑发展而来。

③朕言惠，可底行：我所说的顺乎道理，就可以施行。

④皇考伯庸：指屈原对其祖先屈中的称谓，伯庸乃屈中之表字。

⑤《礼运》：《礼记》的第九篇。全文借夫子对旁边的子游"喟然而叹"而论礼的起源、运行与作用。《中庸》《大学》《礼运》原是《礼记》中的三篇。

⑥神农：传说中的太古帝王名。始教民为耒耜，务农业，故称神农氏。又传他曾尝百草，发现药材，教人治病。也称炎帝。中国的农业、医药由他开始。

⑦《易》历三古：《易经》经历了夏、商、周三个朝代的变革，经过了

文王、周公、孔子三位圣人的推演发挥。

⑧伏羲：我国古代传说中的古帝，即太昊。《白虎通考》："三皇者，何谓也？伏羲、神农、燧人也"。伏羲始画八卦，造书契，教民佃、渔、畜牧。相传在位115年，传十五世，凡千二百六十载。

⑨三王，五帝：亦作"三皇五帝"。三皇：伏羲、神农、黄帝；五帝：少昊、颛顼、帝喾、尧、舜。原为传说中我国远古的部落酋长。后借指远古时代。

【原文】

故《士冠记》①云"大古冠布②"，下云"三王共皮弁③"，则大古五帝时也。大古亦上古也。以其文各有所对，故上古、中古不同也。此云上古者，亦谓五帝以上也。"知"者以下云"及乎仁义既有"，以《礼运》及《老子》言之，仁义之盛在三王之世，则此上古自然当五帝以上也。

云"其风朴略"者，风，教也；朴，质也；略，疏也。

言上古之君，贵尚道德，其於教化，则质朴疏略（疏略：粗疏简单）也。

【注释】

①《士冠记》：中国古代记载典礼仪节的书《仪礼》（简称《礼》，亦称《礼经》《士礼》。《仪礼》《周礼》《礼记》合称"三礼"）中的一章节。

②大古冠布：大古时戴布帽子。郑玄注"大古，指唐虞以上。"

③皮弁：古代用白鹿皮制成的帽子。

【原文】

御序　虽因心之孝已萌（产生），而资敬（资敬：取用恭敬）之礼犹（仍然）简。

邢疏　正义曰："因"犹"亲"也；"资"犹"取"也。言上古之人，有自然亲爱父母之心，如此之孝，虽已萌兆，而取其（取其：他们采取的）恭敬之礼节犹尚简少也。

《周礼》："大司徒①教六行，云：'孝、友、睦、姻、任、恤②'"。注云（注云：指郑玄注，下同）"因亲於外亲③，是（才）因得为亲"也。《诗·大雅·皇矣》云："睢此王季，因心则友④。"《士章》（《孝经》中"士章第五"）云："资於事父以事君，而敬同。"此其所出之文也，故引以为序耳。

【注释】

①大司徒：《周礼》以大司徒为地官之长。

②孝、友、睦、姻、任、恤：六种善行：孝顺、友爱、和睦、对姻亲亲爱、诚信、体恤人。

③因亲於外亲：内心有亲善，表现出外表的亲善。

④惟此王季，因心则友：王季：即季历。周太王古公亶父少子（三子），文王姬昌之父。古公是古代周族首领，为后稷第十二代孙，因戎狄威逼，由豳迁到岐山下的周原（在今陕西岐山北），建筑城邑房屋，设立官吏，改革戎狄风俗，开垦荒地，发展农业生产，使周族逐渐强盛起来，奠定了周人灭商的基础。古公娶妻姜氏，生有三子。长子名泰伯，次子名仲雍，三子名季

历。季历生子名昌，聪明过人，古公心中十分钟爱，常对人说：我的后世应当由昌兴旺。泰伯和仲雍听见古公这样说，知道他想传位于季历，便在古公抱病时托词出去买药，兄弟相偕，逃离周原，奔往吴地（江苏省无锡市）。"当时吴地还未开化，不懂农耕，以扑鱼捉鳖为食。泰伯和仲雍到吴地后，将西北农耕文化和风俗也带到了江南，发展了江南经济，吴地人民便尊他们为君长。古公病殁后，国人寻到吴地，要请泰伯、仲雍回去主政，他们兄弟二人坚决回绝。国人只得拥季历为君。古公时周人已实行宗法制，但不很严格。泰伯具有首选资格，然而古公看好季历。泰伯顺从父意，爱护三弟，在伦理上属孝悌双全，孔子称颂为"至德"。姚际恒《诗经通论》说："因心行，王季因太王之心也，故受泰伯之让而不辞，则是能友矣。"泰伯之让，因在翦商政见上与乃父不合；古公废长立幼，因季历赞同其方略。

【原文】

御序　及乎仁义既有，亲誉（亲誉：慈爱之名声）益著（益著：越发显著）。

邢疏　正义曰："及乎"者，语之发端，连上逮下之辞也。"仁"者兼爱（兼爱：博爱）之名；"义"者裁非（裁非：去除不符合正义与道德规范）之谓。"仁义既有"，谓（说的是）三王时（那个时候）也。

案：《曲礼》[①]云："太上贵德。"郑注云："太上（太上：太古，上古）帝皇之世（时期）。"

又《礼运》云："大道（大道：指最高的治世原则，包括伦理纲常等）之行也。"郑注云："大道谓五帝时。"老子《德经》云："失道而后德，失德而后仁，失仁而后义。"[②]是（这）道德当（在）三皇五帝时，则仁义当三王之时可知也。慈爱之心曰"亲"，声（名声）美之称曰"誉"。谓三王之世，天下为家，各亲其亲，各子（生养）其子，亲誉之道，日益著见（发扬光大），故曰"亲誉益著"也。

【注释】

①《曲礼》：是组成《礼记》的一部分。"曲"为细小的杂事。"礼"为行为的准则规范。"曲礼"是指具体细小的礼仪规范。

②失道而后德……失义而后礼：这是说后世道越衰，失真愈远，老子旨在教人逐步返本归源，无礼者当学礼，有礼则成就仁义，全仁义而成就德，德成而步入道。

【原文】

御序　圣人知孝之可以教（教化）人也。

邢疏　正义曰：圣人，谓以孝治天下之明王也。孝为百行之本，至道（至道：最好的道德学说）之极，故经文云："圣人之德，又何以加於孝乎？"

御序　故"因严以教敬，因亲以教爱"。

邢疏　正义曰：引下经文以证义（证义：论证其表义）也。

御序　於是，以顺移忠①之道昭（明显，清楚）矣，立身扬名之义彰（彰显）矣。

邢疏　正义曰：经云"君子之事亲孝，故忠可移於君。"又曰："立身行道，扬名於后世。"言人（言人：说的是一个人）事兄能悌，以之事长则为顺；事亲能孝，移之事君则为忠。然后立身扬名，传於后世也。

昭、彰，皆明也。

【注释】

①以顺移忠：将孝顺的道理移植为对君王的忠诚。

【原文】

御序　子曰："吾志在《春秋》，行在《孝经》。"

邢疏　正义曰：此《钩命决》文也。言褒贬诸侯善恶，志在於《春秋》；人伦尊卑之行，在於《孝经》也。

御序　是知（是知：这里说的）孝者德之本欤！

邢疏　正义曰：《论语》云："孝、弟（通"悌"）也者，其为仁之本欤？"今言"孝者德之本欤"，欤者，叹美之辞，举其大者而言，故但（只）云孝。德，则行（品行）之总名，故变"仁"言"德"也。

御序　经曰："昔者明王之以孝理天下也，不敢遗小国之臣，而况於公、侯、伯、子、男乎？"

邢疏　正义曰：此第二段。序已仰慕先世明王，欲以博爱广敬之道被（遍布）四海也。

"经曰"至"男乎"，此《孝治章》文也。故言"经曰"。言小国之臣尚不敢遗弃，何况於五等列爵之君乎？公、侯、伯、子、男，五等之爵也。

《白虎通》①曰："公者，通也，公正无私之意也。"

《春秋传》②曰："王者之后称公。"侯者，候（伺察）也，候顺逆也。伯者，长也，为一国之长也。子者，字（爱）也，常行字爱於人也。男者，任也，常任王事也。"

《王制》③云："公、侯，地方百里。伯，七十里。子、男，五十里。"至於周公时，增地益广，加赐诸侯之地，公五百里，侯四百里，伯三百里，子二百里，男一百里。公为上等，侯、伯为中等，子、男为下等。言小国之臣，谓子、男之臣也。

御序　朕尝三复斯言，景行（景行：敬仰）先哲。

邢疏　正义曰：复，犹覆也；斯，此也；景，明也；哲，智也。

言每读经至此科（段），三度反复重读。庶几法则（庶几法则：很想效法）此有明行者（此有明行者：那些做得好的人），先世圣智之明王也。《论语》云："南容三复白圭④"。《诗》云："高山仰止，景行（景行：大路。行：行止"，是其类（是其类：都是差不多的意思）也。

【注释】

①《白虎通》：汉代在统一天下后，废除秦代的书禁，广开献书之路，设立五经博士，经学由此繁荣，成为汉代典章制度的重要依据及统治思想的重要来源。但经学由于文字和师承的不同形成了今文和古文之争，造成了经义的分歧局面，不但令学者无所适从，也不利于政治思想的统一。西汉时，汉宣帝甘露三年（公元前51年）曾在石渠阁大集诸儒，讨论五经的同异，分歧不决的由皇上出面做出最后决定。东汉章帝建初四年（公元79年），仿先例在白虎观召开由廷臣及诸侯参加的讨论五经同异的会议，历时数月之久。会上，使五官中郎将魏应提出需要讨论的问题，由淳于恭将讨论结果上奏，分歧处由章帝做出决断。班固在淳于恭议奏的基础上，将其中统一的意见和章帝决断的结果编撰成《白虎通义》，简称《白虎通》。这是当时官方对经学的标准答案，对后世影响很大。

②《春秋传》：此《春秋传》非如今世传宋胡安国，叶梦得，刘敞所著的那三本。乃《白虎通》中所说的本。

③王制：即《礼记·王制》篇。

④南容三复白圭：南容再三地反复诵读"白圭"诗句。"白圭"：《诗经·大雅·抑之》里的诗句"白圭之玷，尚可磨也，斯兰之玷，不可为也"。意思是白玉的瑕点尚可磨去。这言论的污点不可挽回。

【原文】

御序　虽无德教加於百姓

邢疏　正义曰：上（皇上）逊辞（逊辞：谦逊之词）也。

御序　庶几广爱，形于四海。

邢疏　正义曰：此上意思行教（上意思行教：皇上想要施行教化）也。"庶几"犹"幸望"。既谦言无德教加於百姓，唯幸望以广敬博爱之道著见於四夷也。

案：《经》（指孝经原文）作"刑"；刑，法也。今此作"形"，则"形"犹"见"也。义得两通（义得两通：能表达两种意思），无烦改字。

"四海"即"四夷"也，又经别释（别释：有别的解释）。

御序　嗟乎！夫子没（去世），而微言绝；异端起，而大义乖（背离）。

邢疏　正义曰：此第三段，叹夫子没后，遭世陵迟（遭世陵迟：遇上世道渐趋衰败），典籍散亡，传注踳驳（踳驳：驳杂错乱），所以撮其枢要（枢要：核心），而自作注也。

"嗟乎"，上叹辞也。"夫子"，孔子也，以尝为（以尝为：因他曾当过）鲁大夫，故云夫子。

案：《史记》云：孔子生鲁国昌平陬邑（今山东曲阜城东南），鲁襄公二十二年生，年七十三，以鲁哀公十六年四月己丑卒，葬鲁城北泗上（今曲阜城北泗河南岸的孔林）。

"而微言绝"者，《艺文志》文。李奇曰："隐微不显之言也。"颜师古[1]曰："精微要妙之言耳。"言夫子没后，妙言咸（全都）绝，七十子（弟子）既丧，而异端（异端：异端学说）并起，大义悉乖（悉乖：全都背离原意，出现谬误）。

【注释】

①颜师古：（581—645），字籀，京兆万年（今陕西西安市）人初儒家学者，聪敏好学，精于训诂，是经学家、语言文字学家、历史学家。唐武德九年（公元626年），秦王李世民即皇帝位，颜师古被擢为中书侍郎，封琅琊县男。后因坐事两次被贬。

【原文】

御序　况泯绝於秦，得之者皆烬烬之末。

邢疏　正义曰："泯"，灭也。"秦"者，陇西谷名也，在雍州鸟鼠山[1]之东北。昔皋陶之子伯翳[2]，佐（辅佐）禹治水有功，舜命作虞，赐姓曰嬴。其末孙非子[3]为周孝王养马於汧（渭河一支流）、渭之间，封为附庸，邑（封地）于秦谷。及（到了）非子之曾孙秦仲，周宣王又命为大夫。仲之孙襄公讨西戎，救周[4]。周室东迁，以岐丰之地赐之，始列为诸侯[5]。春秋时称秦伯。至孝公子惠文君立，是为惠王。及庄襄王为秦质子[6]於赵，见吕不韦姬说（通"悦"）而取之，生始皇。

【注释】

①雍州鸟鼠山：雍州是中国古九州之一，其名来自陕西省凤翔县境内的

雍山、雍水。一般是指现在陕西省中部北部、甘肃省和青海省的东北部和宁夏回族自治区一带地方。鸟鼠山在甘肃省中部，渭源城西南，属西秦岭北支。

②伯翳：又名伯益，舜时与大禹同朝为官，因善于狩猎与畜牧，被推为九官之一的虞官（相当于现代的林业部长），负责治理山泽，管理上下草木鸟兽，并佐舜调驯鸟兽。又始食于嬴（今山东莱芜西南一带），被舜赐姓嬴氏，作为东夷少昊部落嬴姓的继承人，并赐其封土。大禹继承舜的王位之后，伯益又辅佐大禹治理水土、开垦荒地、种植水稻、凿挖水井。他在政治上也很有建树。

③非子：原居赵城（今山西省洪洞县赵城镇），后迁居至西犬丘（今甘肃礼县东北），因善养马，被周孝王派遣在汧、渭二水间（今陇东地带）主管畜牧，成效卓著，以功封于秦，从赵城中独立出来，另立宗庙，成为这一嬴姓部落分支的首领，号曰嬴秦。

④救周：周幽王宠褒姒，废太子申，立褒姒子为太子，又屡次"烽火戏诸侯"，失人心，于前771年为西戎、犬戎攻杀，秦襄公曾出兵相救。

⑤西周覆灭后，申侯、鲁侯、许文公等诸侯拥立宜臼为王。次年，因镐京及王畿遭战争破坏，周平王得晋、郑、秦和其他诸侯之助，遂东迁到雒邑（今洛阳），以避戎寇，重建周王朝，为东周。周平王东迁时，秦襄公出兵护送，以功封诸侯。东迁后，周平王又把王室无力控制的岐山以东的土地赐予秦国。

⑥质子：因为秦庄襄王（异人）的母亲不是安国君秦孝文王所宠爱的妃子，加上安国君有儿子二十多人，故被送去赵国为人质，称为"质子"。当时秦赵两国不时交战，故他在赵国为质子时，待遇很差。当时在赵国的商人吕不韦富甲天下，遇见异人时，以为"奇货可居"。认为只要为异人在秦国

争取到安国君继承人的地位，他日为王，即可获利不计其数。于是便照顾异人，加以栽培，把自己宠爱的歌姬赵姬献给异人，得异人钟爱。吕不韦还帮异人去秦国争取安国君所宠爱而没有儿子的华阳夫人欢心，成功的令安国君以异人为世子，安国君即位为孝文王，一年便去世，异人继位为秦王（即庄襄王）。庄襄王在位三年，以吕不韦为相国。并立他与赵姬所生的儿子王子嬴政为世子。秦王嬴政称皇帝尊号后，追封庄襄王为太上皇。

【原文】

按：秦昭王四十八年（前259年）正月生於邯郸，及生（及生：出生），名为政，姓赵氏。年十三，庄襄王死，政代立为秦王。至二十六年（前221年），平定天下，号曰始皇帝①。三十四年（前213年）置酒咸阳宫②，博士齐人淳于越进曰："臣闻殷周之王千餘岁，封子弟，立（册立）功臣，自为枝辅（自为枝辅：支持，拱卫形成辅佐）。今陛下有海内，而子弟为匹夫。卒有（卒有：突然发生）田常、六卿之臣③，无辅拂④，何以辅政哉！"丞相李斯曰："五帝不相复（重复），三代不相袭（传袭），非其相反（相反：故意反着干），时（时代）变异也。今陛

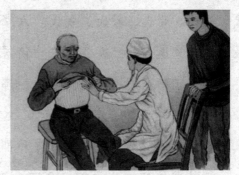

新二十四孝图（九）

下创大业，建万世之功，固（本来就）非愚儒之所知。臣请史官非《秦记》皆烧⑤之，非（不为）博士官所职（通'识'，识别），天下敢有藏《诗》《书》百家语者，悉诣守尉杂烧之⑥。"制（帝王的命令）曰："可。"

三十五年，以为诸生诽谤，乃自除犯禁者四百六十餘人，皆坑之咸阳⑦。是（于是）经籍之道灭绝於秦。

【注释】

①始皇帝：见于《史记·秦始皇本纪》："秦始皇帝者，秦庄襄王子也。庄襄王为秦质子于赵，见吕不韦姬，悦而取之，生始皇。以秦昭王四十八年正月生于邯郸。及生，名为政，姓赵氏。"

②置酒咸阳宫：始皇三十四年（前213年）为庆祝自己47岁生日，置酒咸阳宫与群臣欢会。席间70位职司议政及典掌教育事业的文化官员、博士上前献酒祝寿，其中博士仆射周青臣向始皇敬献颂辞。而另一姓淳于名越的博士则当面表示异议，指责秦始皇的大胆改革举措。

③田常、六卿（之患）：代指手下大臣图谋篡位。田常，也叫"田恒""陈恒"，春秋末期齐国的权臣，曾弑其君简公，另立傀儡平公，从此姜氏之齐遂名存实亡。六卿，春秋末期执掌晋国政权的六家大贵族，即范氏、中行氏、知氏、赵氏、韩氏、魏氏。六家后来又并成赵、韩、魏三家，姬氏之晋最后被三家所分，三家各自立为诸侯。

④无辅拂：朝中无辅弼之臣。拂通"弼"，辅佐。

⑤非《秦记》皆烧：《秦记》之外的别国史记都烧掉。

⑥悉诣守尉杂烧之：让郡守和郡尉前去把它们一起烧掉。杂：一起。

⑦焚书坑儒：公元前213年，秦始皇采纳李斯的建议，下令焚烧《秦记》以外的列国史记，对不属于博士馆的私藏《诗》《书》等也限期交出烧毁；有敢谈论《诗》《书》的处死，以古非今的灭族；禁止私学，想学法令的人要以官吏为师。此即为"焚书"。第二年，两个术士（修炼功法炼丹的人）侯生和卢生暗地里诽谤秦始皇，并亡命而去。秦始皇得知此事大怒，派御史调查，审理后抓到犯禁者四百六十余人，全部坑杀。此即为"坑儒"。两件事合成"焚书坑儒"。

【原文】

《说文》云："煨，盆火也。烬，火余也，"言遭秦焚坑之后，典籍灭绝，虽仅有存者，皆火余之微末耳。若（比如）伏胜①《尚书》、颜贞《孝经》之类是也。

【注释】

①伏胜：字子贱，汉朝时济南人，生于周赧王五十五年（公元前260年），卒于汉文帝三年（公元前161年），享年99岁。为伏羲的后裔，其近祖由淮阳陈国迁到鲁国（今山东南部的济南）。原来是秦国的博士，世称伏生。秦始皇焚书时，他冒着诛灭九族的危险，领一家将，偷偷将两千卷竹简运出咸阳。后几经周折风险，进入南蛮黔中郡乌宿（今湖南沅陵），觅得二酉山洞，将竹简藏于洞内达十数年之久，他则一直研读这些古籍。到汉朝开国之后，汉高祖刘邦下令征集民间书籍，他才将全部藏书取出献出来。刘邦便组织人翻刻出版，并办学堂由伏胜和其女儿伏女负责教授学生。汉文帝时求能治《尚书》者，伏生是时九十余岁，老不能行，文帝便遣太常事史掌故晁错前往求教，得29篇即是今天传世的《尚书》。

【原文】

御序 滥觞於汉，传之者皆糟粕之馀。

邢疏 正义曰：案：《家语》："孔子谓（对）子路曰：夫江始（发源）於岷山①，其源可以滥觞②；及其至（及其至：一直到它流到）江津（江津：下游）也，不舫舟（不舫舟：不能两船相并），不避风雨，不可以涉（徒步涉水)。"

王肃曰："觞所以盛酒者，言其微也。"又《文选》③郭景纯④《江赋》曰："惟岷山之导（发源）江，初发源乎（叫作）滥觞。"臣翰注⑤云："滥，谓泛滥，小流貌。觞，酒酸（同'盏'）也。谓发源小如一盏。"

【注释】

①岷山：中国西部大山，位于甘肃省西南、四川省北部，西北—东南走向。西北接西倾山，南与邛崃山相连，包括甘肃南部的迭山，甘肃、四川边境的摩天岭。是长江水系的岷江、涪江、白水河与黄河水系的黑水河的分水岭。

②滥觞：原指浮起酒杯。此喻水小流微。

③《文选》：南朝梁萧统（501—531）编选的先秦至梁的各体文章，取名《文选》。分为三十八类，共七百余首。为我国现存最早的诗文总集。

④郭璞：（276年—324年），字景纯，河东闻喜县人（今山西省闻喜县），西晋建平太守郭瑗之子，东晋著名学者，是文学家、训诂学家、道学术数大师和游仙诗的祖师。

⑤臣翰注：唐代五臣（吕向、吕延济、刘良、张铣、李周翰）注南朝梁武帝的长子萧统组织文人共同编选、中国现存的最早一部诗文总集《昭明文选》。翰即李周翰。

【原文】

"汉"者，巴蜀之间水名也。

二世（二世：秦二世胡亥）元年（前209年），诸侯叛秦，沛人共立刘季以为沛公①。二年八月入秦，秦相赵高杀二世，立二世兄子（哥哥的儿子）子婴。冬十月，为汉元年（前206年）。子婴二年春正月，项羽尊楚怀王②为义帝，羽自立为西楚霸王，更（又）立沛公为汉王，王（统治）巴、蜀、汉中四十一县，都南郑（都南郑：在南郑设都城）。五年，破（击溃）项羽，斩之。六年二月，即（登）皇帝位于氾水之阳③，遂取"汉"为天下号，若（就像）商、周然（那样）也。

汉兴，改秦之政（政策），大收篇籍。言（助词，无义）从始皇焚烧之后，至汉氏尊学，初除（初除：开始废除）挟书之律④，有河间人颜贞出其父芝所藏，凡一十八章，以相传授。言其至少，故云"滥觞於汉"也。其后浸（逐渐）盛，则如江矣。

《释名》曰："酒滓曰糟，浮米曰粕。"既以"滥觞"况（比拟）其少，因取"糟粕"比其微。言醇粹（醇粹：精纯部分）既丧，但余此糟粕耳。

【注释】

①沛公：汉高祖刘邦（前256—前195），字季（一说原名季），沛县丰邑中阳里（今江苏丰县）人，起兵于沛（今江苏沛县）。秦朝时曾担任泗水亭长，在秦末农民战争中起义，登高一呼，天下英雄云集于麾下，称"沛公"；公元前206年被义军盟主项羽封为汉王，封地为汉中、巴蜀。

②楚怀王：历史上有两个楚怀王。一个是战国时楚怀王熊槐，被骗客死在秦；另一个是秦末的熊心，是前楚怀王之孙，初被立为"楚怀王"，后来被尊为"义帝"，是"亡秦"战争中的精神领袖，后为项羽谋杀。

③氾水之阳：即今河南省郑州荥阳市。又：秦制十个月为一年，故前面说的"六年二月"，实际上是"五年"的十二月份。

④挟书之律："挟书律"是在秦始皇在焚书时实行的一项法令，规定除

了官府有关部门可以藏书外，民间和个人一律不许。西汉王朝初期，制度基本上是继承秦朝，"挟书律"也不例外。直到惠帝才废除了这一法令。

【原文】

御序　故鲁史《春秋》，学开五传。

邢疏　正义曰："故"者，因上起下（因上起下：承上启下）之语。夫子约（收集）鲁史《春秋》，"学开五传"者，谓各专己学（己学：自己的学问），以相教授，分经作传，凡有五家。"开"则分也。

"五传"者，案：《汉书·艺文志》云：《左氏传》（即《左传》）三十卷，左丘明[1]，鲁太史也。

《公羊传》[2]十一卷，公羊子，齐人，名高，受经（受经：从师学经）於子夏。

《穀梁传》[3]十一卷，名赤，鲁人，糜信[4]云：与秦孝公同时；《十录》云：名俶，字元始；《风俗通》[5]云：子夏门人。

《邹氏传》十一卷。《汉书》云：王吉善《邹氏春秋》。

《夹氏传》十一卷，有录无书。其邹、夹二家，邹氏无师，夹氏未有书[6]，故不显于世，盖王莽[7]时亡失耳。

【注释】

①左丘明：（约公元前502年—约公元前422年），姓左，名丘明（一说复姓左丘，名明，也有说姓丘，名明），春秋末期鲁国人，世代为史官。与孔子一起"乘如周，观书于周史"，据有鲁国以及其他封侯各国大量的史料，依《春秋》著成了中国古代第一部记事详细、议论精辟的编年史《左传》

和现存最早的一部国别史《国语》，成为史家的开山鼻祖。他知识渊博，品德高尚，孔子言："巧言、令色、足恭，左丘明耻之，丘亦耻之；匿怨而友其人，左丘明耻之，丘亦耻之。"司马迁称其为"鲁君子"。

②《公羊传》：亦称《春秋公羊传》《公羊春秋》，是专门解释《春秋》的一部典籍。其起迄年代与《春秋》同为公元前722年至前481年。其释史十分简略，着重阐释《春秋》所谓的"微言大义"，用问答的方式解经。作者是战国时齐人公羊高，他受学于孔子弟子子夏，后来成为传《春秋》的三大家之一。《公羊传》的传授源流，按汉朝人的说法，是先由孔子的学生子夏传给公羊高，公羊高传给其子平，平传与其子地，地传与其子敢，敢传与其子寿，都是口耳相传。到西汉景帝时，公羊寿才与其弟子齐人胡毋子都写在竹帛上。据后世特别是清代人的研究，子夏传公羊高一说，并不可靠。清代《四库全书总目提要·春秋公羊传注疏》更具体论证，《公羊传》也并非只公羊一家相传，其他一些经师在讲授过程中对全书也陆续有所增补。

③《穀梁传》：《穀梁春秋》的简称，它是一部对《春秋》的注解。传说孔子的弟子子夏将这部书的内容口头传给穀梁俶，穀梁将它记录下来写成书，但实际上这部书的口头传说虽然早已有了，但其成书时间是在汉朝。

④糜信：三国吴国人，经学家，乐平太守。著有《春秋穀梁传注》十二卷、《春秋说要》十卷、《春秋汉议》等。

⑤《风俗通》：东汉学者应劭的《风俗通义》简称。至于两汉时期的正史（如《史记》《汉书》）、地方史（如《蜀王本纪》《吴越春秋》）等著作，其中包含了一定分量的民俗资料。

⑥未有书：意即《邹氏传》后来没有人传下来，《夹氏传》只是口耳相传，没有成书。因此后世相传的只有《左氏传》《公羊》《谷梁》三传，也称《春秋三传》。

⑦王莽：（公元前45—公元23），字巨君，汉元帝皇后侄，新朝建立者，公元8—23年在位。魏郡元城（今河北大名县东）人，祖居东平陵（今山东济南东75里），汉族。西汉哀帝自元寿二年六月（公元前1年）去世后，九岁的汉平帝即位，元后临朝称制，以王莽为辅政大臣，出任大司马，封"安汉公"。至公元9年元旦，篡位称帝，改国号为"新"，年号"始建国"。直至公元23年赤眉绿林军攻入长安被杀，在位15年，死时69岁。

【原文】

御序 《国风》《雅》《颂》，分为四诗。

邢疏 正义曰：《诗》《国风》《小雅》《大雅》《周颂》《鲁颂》《商颂》，故曰《国风》《雅》《颂》。

四诗者，《毛诗》《韩诗》①、《齐诗》②、《鲁诗》也。

《毛诗》自夫子授卜商③，传至大毛公（名亨），大毛公授毛苌（赵人，为河间献王博士）。先有子夏《诗传》一卷，苌各置其篇（各置其篇：分开各篇），常（通"尝"，曾经）存其作者。至后汉大司农郑玄为之笺（注释古书以明作者原意），是曰《毛诗》。

《韩诗》者，汉文帝时博士燕人韩婴④所传，武帝时与董仲舒论於上前（论於上前：在皇上面前辩论），仲舒不能难（诘难）。至晋，无人传习，是曰《韩诗》。

《齐诗》者，汉景帝时博士清河太傅辕固生⑤所传，号（别称）《齐诗》。传夏侯始昌，昌授后苍辈（等人），门人尤盛。后汉（即东汉）陈元方亦传之，至西晋亡。是曰《齐诗》。

《鲁诗》者，汉武帝时鲁人申公所述，以经为训诂教之，无传，疑者则阙（通"缺"），号为《鲁诗》。

【注释】

①《韩诗》：西汉初年记述前代史实、传闻的著作。作者韩婴，燕人，生卒年不详。汉文帝时为博士，景帝时为常山王太傅。韩婴说《诗》主要是借《诗》发挥他的政治思想，所以多述孔子轶闻、诸子杂说和春秋故事，引《诗》以证事，非述事以明《诗》。汉代，《韩诗》即以《内传》《外传》著称。《史记·儒林传》说："韩生推《诗》之意而为《内、外传》数万言，其语颇与齐、鲁间殊，然其归一也。"而《汉书·艺文志》则认为韩婴作《诗》传，"或取《春秋》，采杂说，咸非其本义"。褒贬不同，但都说明《韩诗》著力于传，而非训诂。

②《齐诗》：在魏晋南北朝时期，《诗经》的传授情况发生了很大的变化。齐、鲁、韩三家《诗》或亡佚，或不传。《齐诗》《鲁诗》相继亡佚，《韩诗》虽在，无有传者。关于《齐诗》《鲁诗》的亡佚时间，陆德明《经典释文·注解传述人》云："《齐诗》久亡，《鲁诗》不过江东，《韩诗》虽在，人无传者。唯《毛诗》《郑笺》独立国学，今所遵用。"《隋书·经籍志》指出《齐诗》《鲁诗》的准确亡佚时间："《齐诗》魏代已亡；《鲁诗》亡于西晋。"

③卜商：（公元前507年—前? 年），字子夏，卫（今河南温县）人。孔门十哲（孔子最杰出的十位弟子：颜回、闵损、冉耕、冉雍、冉求、仲由、宰予、端木赐、言偃、卜商），七十二贤之一，称卜子。李悝、吴起、商鞅都是他的弟子。孔门弟子著作传世者，以子夏为最多。相传《论语》为子夏与仲弓合撰。《毛诗》传自子夏，《诗序》即为子夏作，《仪礼·丧服篇》亦传自子夏。《易传》一卷，亦子夏所撰。

④韩婴：西汉燕（今属河北）人。汉文帝时为博士，景帝时至常山王刘

舜太傅。治《诗》兼治《易》，西汉"韩诗学"的创始人。

⑤辕固：又名辕固生（"生"是"先生"的意思），今山东桓台县田庄镇辕固村人，西汉《诗》学四大流派之一《齐诗》的创始人。辕固学术严谨，敢于坚持真理，汉景帝时以治《诗》为博士。

【原文】

御序　去圣逾远，源流益别。

邢疏　正义曰：逾，越也。百川之本曰"源"，水行曰"流"，增多曰"益"。言秦汉而下（之后），上去（离开）孔子圣越远。

《孝经》本是一源，诸家增益，别分为众流，谓其文不同也。

御序　近观《孝经》旧注，踳驳尤甚。

邢疏　正义曰：《孝经》，今文称郑玄注，古文称孔安国注。先儒详（揣摩）之，皆非真实，而（只不过是）学者互相宗尚（宗尚：推崇，效法）。

踳，乖（谬误）也。驳，错也。尤，过也。今言观此二注，乖错过甚，故言踳驳尤甚也。

御序　至於迹相祖述①，殆且（殆且：将近）百家。

邢疏　正义曰："至於"者，语更端（语更端：说另一件事）之辞也。

迹，踪迹也。祖，始也。因而明之曰"述"。言学者踪迹相寻，以在前者为始，后人从而述修之。若（比如）仲尼祖述尧舜之为也。殆，近也。言近且百家，目（名称）其多也。

考（考查）其人，今文则有魏（三国魏）：王肃、苏林、何晏、刘劭；吴（三国吴）韦昭、谢万、徐整；晋：袁宏、虞槃佑；东晋：杨泓、殷仲文、车胤、孙氏、庾氏、荀昶、孔光、何承天、释慧琳；齐（南北朝齐国）：王玄载、明僧绍，及汉之长孙氏、江翁、翼奉、后苍、张禹、郑众、郑玄。

所说各擅（独）为一家也。

其梁（南朝梁国）皇侃撰《义疏》三卷，梁武帝作《讲疏》，贺玚[2]、严植之[3]、刘贞简[4]、明山宾[5]咸（都）有说（对经书的注解）。隋有钜鹿魏真克者亦为之训注。其古文出自孔氏坏壁，本是孔安国作传，会（遭逢）巫蛊事[6]，其本亡失。

至隋王邵[7]所得，以送刘炫。炫叙其得丧（失），述其义疏[8]议之。刘焯[9]亦作《疏》，与郑义俱行[10]。又马融亦作《古文孝经传》，而世不传。此皆祖述[11]名家者也。

【注释】

①迹相祖述：追随效法前人的说法。"迹相"通"迹象"。

②贺玚：（452—510），字德琏，山阴（今浙江绍兴）人。齐时会稽郡丞刘某见而器重，荐为国子生历任奉朝请、太学博士、太常丞等职。因母亡去官。梁初仍为太常丞。武帝召见，讲说《礼》义。天监四年（505），初开五馆，兼《五经》博士，为皇太子定礼，撰写《五经义》。当时武帝创作礼乐，凡玚所建议多被采纳施行。所著有《礼》《易》《老》《庄》讲疏，《朝廷博士议》数百篇，《宾礼义注》145卷。

③严植之：字孝源，建平秭归人，仕齐历王国侍郎、右常侍，迁员外郎、散骑常侍、康乐侯相。入梁为后军骑兵参军、五经博士，迁中抚军参军兼博士。著有《凶礼仪注》479卷，《录》45卷。

④刘贞简：即刘献，南朝齐学者、文学家。字子珪，沛国相（今安徽濉溪西北）人。晋丹阳尹悛六世孙。少笃学，博通《五经》。性谦率通美，不以高名自居。天监元年（502），诏立碑，谥"贞简先生"。著《周易乾坤义》一卷、《周易四德例》一卷、《周易系辞义疏》二卷、《毛诗序义疏》一

卷、《毛诗篇次义》一卷、《丧服经传义疏》一卷、集三十卷，今佚。

⑤明山宾：南朝梁人，字孝若，平原鬲人。七岁能言名理，十三博通经传，居丧尽礼。累居学官，甚有训导之益，然性颇疏通，平易近人。著有《吉礼仪注》二百二十四卷，《礼仪》二十卷，《孝经丧礼服义》十五卷。

⑥巫蛊之祸：征和元年（公元前92年）十一月，方士及众神巫聚集京城，用妖术迷惑众人。女巫在宫中来来往往，教宫中的妃嫔们念咒，汉武帝刘彻大怒，从诛杀后宫妃嫔到诛杀大臣，所杀有数百人。后又发动三辅骑士在皇家园林里大搜查，并在长安城中到处寻找，过了十多天才收兵。自此巫蛊之祸就兴起了。因巫蛊的原因牵连受死的，前后达数万人。征和二年七月，与太子刘据结怨的武帝宠臣江充指使巫说宫中有蛊气。武帝命江充与按道侯韩说等入宫追查，江充诬告太子宫中埋的木人最多，又有帛书，所言不守道法。太子得知后非常恐惧，就听从少傅石德的计策，派人诈称武帝使者，捕杀江充等人。汉武帝命丞相刘屈耗派兵击太子，太子举兵对抗。激战五日，太子兵败逃亡，被迫自杀。因巫蛊而起的祸事，数这一次最严重。

⑦王邵：生卒年不详，隋代并州晋阳（今太原南郊）人。自幼喜沉默寡言，酷爱读书。少年时代即以博闻强记知名。他一生有志学问，淡于仕途，读书撰文，十分专注对于经史则嗜好成癖，所著之作，几乎都是史籍。即便一些读书之记，亦必涉于史，终成一代颇有名气的史学大家，为后来《隋书》《北齐书》的正式成卷，奠定很好的基础。

⑧日本京都大学图书馆现存有手抄本刘炫《孝经述议》卷1、4。

⑨刘焯："绰"通"焯"（544—610），刘焯字士元，隋朝经学家、天文学家，信都县（今冀州区）人。刘焯自幼聪慧，并与河间刘炫友善，两人一起向信都郡刘轨思学习《诗经》，向广平郭懋常学《左传》，向阜城熊安生学《仪礼》，后又在大儒刘智海家苦读十年，遂成知名学者，出任州博士，

同刘炫并称"二刘"。

⑩与郑义俱行：与郑玄的著作一起流行。

⑪祖述：效法遵循前人的学说或行为。

【原文】

御序　业擅专门（业擅专门：很专业的门派），犹将十室。

邢疏　正义曰：上言"百家"者，大略皆祖述而已。其于（由于）传守（传守：传承）已业、专门命氏（命氏：命名）者，尚自将近十室。室，则"家"也。《尔雅·释宫》云："宫谓之室，室谓之宫，其内谓之家。"但（只是）与上"百家"变文（变文：变一种措辞）耳，故言"十室"。其十室之名，序不指摘（序不指摘：不必挑剔排序），不可强言（强言：叫真），盖（也就是）后苍、张禹、郑玄、王肃之徒也。

御序　希升堂者，必自开户牖。

邢疏　正义曰：希，望也。

《论语》云："子曰：'由也升堂矣，未入于室①。'"夫子言仲由②升我堂矣，未入于室耳。今祖述《孝经》之人，望升夫子之堂者，既不得其门而入，必自擅（随意）开门户窗牖（开窗）矣。言其妄为穿凿也。

【注释】

①升堂入室：比喻学识或技能由浅入深，循序渐进，逐步达到很高的成就。古代宫室，前为堂，后为室。

②仲由：即孔子得意门生子路。18岁时受到孔子青睐，收为弟子。他以政事见称。为人伉直鲁莽，好勇力，事亲至孝，除学六艺外，还为孔子赶

车，做侍卫，跟随孔子周游列国，他敢于对孔子提出批评，勇于改正错误，深得孔子器重。孔子称赞说："子路好勇，闻过则喜。"

【原文】

御序　攀逸驾者，必骋殊轨辙。

邢疏　正义曰：攀，引也。逸驾，谓奔逸（奔逸：奔逃）之车驾也。

案：《庄子》①：颜渊问于仲尼曰："夫子步亦步，夫子趋亦趋，夫子驰亦驰②，夫子奔逸绝尘③，而回瞠若乎后④耳。"言夫子之道，神速不可及也。

今祖述《孝经》之人，欲仰慕攀引（攀引：攀比）夫子奔逸之驾者，既不得直道而行，必驰骋于殊异之轨辙矣⑤。言不知道之无从也。

两辙（车轮碾过的痕迹）之间曰"轨"，车轮所轹（碾压）曰"辙"。

【注释】

①庄子，约前369年—前286年，汉族，名周，字子休，后人称之为"南华真人"，著名的思想家、哲学家、文学家，是道家学派的代表人物。《庄子》在哲学、文学上都有较高研究价值。名篇有《逍遥游》《齐物论》《养生主》等。这段引文出自《庄子·田子方》。

②成语"亦步亦趋"的出处。意思是：你慢走我也慢走，你快走我也快走，你跑我也跑。

③绝尘：形容前面的跑得快，后面的人连飞尘都不见。

④成语"瞠乎其后"的出处。在别人后面干瞪眼赶不上。形容远远落在后面。

⑤这一段的大意是：想攀比前面奔逸车驾，不能乱跟在后面跑，必须要

驰骋于别的轨辙上。

【原文】

御序　是以道隐小成，言隐浮伪①。

邢疏　正义曰："道"者，圣人之大道也。隐，蔽也。小成，谓小道而有成德（成德：成就品德）者也。"言"者，夫子之至言（至言：富有哲理合乎情理的话）也。浮伪，谓浮华泛辨（泛辨：泛泛而谈）也。

言此（言此：说这些）穿凿驰骋（驰骋：喻肆意附会）之徒，唯行小道华辨②，致使大道至言皆为隐蔽，真实则不可隐。故《庄子内篇·齐物论》云："道，恶（忌讳）乎隐而有真伪；言，恶乎隐而有是非。道，恶乎往而不存；言，恶乎存而不可。道隐于小成，言隐于荣华③。"此文与彼同，唯"荣华④"作"浮伪"耳，大意不异也。

【注释】

①道隐小成，言隐浮伪：大道被隐蔽在小道的描述之中，富有哲理而合情合理的话被浮伪荣华之词所替代。

②唯行小道华辨：只进行脱离大道之外的华丽言词辩说。"辨"通"辩"。

③庄子的这段话寓意：本体的存在是客观的，但有专论"道"的"言"产生。而且论道之言总有许多家，还常相互矛盾，彼此攻讦。庄子认为产生论道之言是"道"隐的结果，"言"要把隐没的道发扬光大。而是非的产生是言隐的结果，分辨是非，也是为了把隐没的言磨垢重光。"道恶乎隐而有真伪？"的提出，乍看上去，似与上句没有紧密联系，其实是曲水传觞，顺

流而下。上句对"言"的存在价值质疑，下句紧跟着解释"言"存在之理。"言"存在之理何在？"是非"存在之理何在？因此，所说的"道"与"言"，都是"道理"，无所谓"隐"，更无"真伪"与"是非"之分。

④荣华：本义是指茂盛的花朵。花开得太盛，就不结果实，所谓"华而不实"。《成疏》："荣华者，谓浮辩之辞，华美之言也。"若追求论辩的胜利，表面上热热闹闹、风风光光，在言辞上下功夫，不惜诡辩，则难免偏执现有观点，离真理越来越远。

【原文】

御序　且传以通经为义，义以必当为主。

邢疏　正义曰："且"者，语辞（语辞：语气词）。"传"者，注解之别名，传释经意①，传示后人，则谓之"传"。

"注"者，著也。约文敷畅②，使经义著（显）明，则谓之"注"。作（称作）"传"曰（叫作）"题"，不为义例（义例：体例）。

或曰：前汉以前名"传"，后汉以来名"注"，盖亦不然（盖亦不然：也不全是这样），例则（例则：比如说）马融亦谓之"传"，知或说（或说：上"或曰"的说法）非也。此言"传""注"解释，则以通畅经指（旨意）为义（用意），义之裁断（裁断：裁决判断），则以必然当（合）理为主也。

【注释】

①传释经意：传达解释经文的含义。

②约文敷畅：用简要的文字来铺叙并加以发挥。

【原文】

御序　至当归一，精义无二。

邢疏　正义曰：至极之当（应验），必归于一。精妙之义，焉有二三？将言（打算说）诸家不同，宜会合之也。

御序　安得不翦（删除）其繁芜，而撮其枢要（枢要：核心）也？

邢疏　正义曰："安"，何也。

诸家之说，既互有得失，何得不翦截繁多芜秽，而撮取其枢机（枢机：关键）要道也？

御序　韦昭、王肃，先儒之领袖；虞翻、刘劭，抑又次焉。

邢疏　正义曰：自此至"有补将来"为第四段，序（顺）作注之意，举六家[1]异同，会五经旨趣（旨趣：意思），敷畅经义，垂益将来（垂益将来：对将来流传有益）也。

《吴志》[2]曰："韦曜，字弘嗣，吴郡云阳人，本名昭，避晋文帝讳，改名曜。仕（为官於）吴，至中书仆射、侍中，领左国史，封高陵亭侯。"

《魏志》曰："王肃，字子雍，王朗之子。仕魏，历（担任）散骑黄门侍郎、散骑常侍兼太常。"

《吴志》："虞翻[3]，字仲翔，会稽余姚人。汉末举茂才（茂才：秀才），曹公辟不就[4]，仕吴，以儒学闻。为《老子》《论语》《国语》训注，传于世。"

《魏志》："刘劭，字孔才，广平邯郸人。仕魏，历散骑常侍，赐爵关内侯，著《人物志》百篇。"

此指言韦、王所学（所学：的学问），在先儒之中，如衣之有领袖也。虞、刘二家亚（低一等）次之。

抑，语辞（语辞：语气词）也。

【注释】

①六家：指韦昭（曜）、王肃、虞翻、刘劭、刘玄、陆澄的孝经注疏。需要说明的是：在唐玄宗的"御注"中，只见采用过"郑（注）、孔（传）、韦昭、王肃、魏克己"等五家之说，绝未见虞翻、刘劭、刘玄、陆澄四家之义，更有采用魏克己之说有 16 处之多，仅次于郑注，魏却不在六家之列。"序"和"注"中出现的这种矛盾现象，宋以来许多学者都注意到了。考证原因很多，皆言乃传刻所致差误。

②《吴志》《魏志》：西晋时担任著作郎的陈寿所著《三国志》最早以《魏志》《蜀志》《吴志》三书单独流传，到北宋咸平六年（1003 年）三书方合为一书。

③虞翻：（164—232），三国时期著名经学家、哲学家，吴国重臣，字仲翔，是一个文武全才，既能统兵打仗又著书立说，为人高调，个性张扬，初为会稽太守王朗之功曹（官名），孙策征会稽，王朗败，虞归孙策。孙策复命为功曹，待以交友之礼。自此，他追随孙策左右，驰骋疆场。

④曹公辟不就：曹操曾招虞翻为侍御史，他不干。

【原文】

御序　刘炫明（阐明）安国之本，陆澄讥（非议）康成之注。

邢疏　正义曰：《隋书》云："刘炫，字光伯，河间景城人。炫左画方，右画圆，口诵目数，耳听五事，并举无所遗失。仕后周，直（在……任职）门下省（门下省：皇帝的侍从机构），竟不得官。县司责其赋役，炫自陈於内史，乞送吏部①。吏部尚书韦世康问其所能，炫自为状（自为状：毫不谦虚的样子）曰："《周礼》《礼记》《毛诗》《尚书》《公羊》《左传》《孝经》《论语》，孔、郑、王、何、服、杜等《注》，凡十三家，虽义有精粗，并堪（并堪：全都能）讲授。《周易》《仪礼》《穀梁》，用功颇少；子、史、文、集，嘉言美事，咸诵於心；天文、律历，穷覈（穷覈：研究核实。覈：通"核"）微妙；公私文翰（文辞，书信），未尝举手（未尝举手：懒得动手）.'吏部竟不详试，除（拜官，授职）殿内将军（相当于内宫卫队长）。仕隋，历大学博士，罢归河间，贼中饿死②，谥'宣德先生'③。初，炫既得王邵所送古文孔安国注本，遂著《古文稽疑》以明之。"

萧子显④《齐书》曰："陆澄，字彦渊，吴郡吴人也。少好学博览，无所不知。起家（起家：从家里被招出来）仕（当官）宋至齐，历国子祭酒、光禄大夫。初，澄以晋荀昶所学为非郑玄所注，请不藏秘书（不藏秘书：不作为官方藏书）。王俭违（反对）其议。"

【注释】

①刘炫在他才华初露时，被地方官举荐到朝廷做事。修过国史，订过律历，兼于内史考订群言。他先后值班于尚书、门下、内史三省，但却没有一官半职，以至于生活窘迫，家中交不起税赋。地方官去催促，他才向内史令诉苦，内史令送他去了吏部。

②隋朝末年天下大乱，刘炫的许多门人参加了义军。他们体恤老师当时生活困难，就把刘炫请出来。后来，起义军失败，刘炫一个人回老家景城。景城的官员知道刘炫"与贼相知"，怕受牵连，将城内紧闭。当时正是严冬季节，已经六十八岁的刘炫，腹中饥饿，衣履褴褛，冻馁至极，惨死城下。

③刘炫死后，他的学生们尊他为"宣德先生"。

④萧子显：（487 年—537 年）字景阳，梁南兰陵（今江苏常州）人。南朝梁朝史学家，文学家。

【原文】

御序　在理或当，何必求人？

邢疏　正义曰：言但（如果）在注释之理允当，不必讥非（讥非：讥笑诽谤）其（别）人也。求，犹"责"也。

御序　今故特举六家之异同，会五经之旨趣。

邢疏　正义曰：六家即韦昭、王肃、虞翻、刘劭、刘炫、陆澄也。言举此六家，而又会合诸经之旨趣耳。

御序　约文敷畅，义则昭然。

邢疏　正义曰："约"，省也。"敷"，布也。"畅"，通也。言作注之体（文体），直（应当）约省其文，不假（借靠）繁多，能遍布通畅经义，使之昭明也。然，辞（语气词）也。

御序　分注错经，理亦条贯。

邢疏　正义曰：谓分其注解，间错（间错：间隔分开）经文也。经注虽然分错（错开），其理亦不相乱，而有条有贯（条理，系统）也。

《书》云："若网在纲，有条而不紊。"《论语》："子曰：'参乎！吾道一以贯之。'"是条贯（条贯：事物的内部结构，条理）之理也。

御序　写之琬琰①，庶有补于将来。

邢疏　正义曰：案：《考工记·玉人职》（《周礼》中一章）云："琬圭九寸，而缫（玉器的彩色垫板）以象（象征）德。"注云："琬犹圜（圆形）也，王使之瑞节②也。诸侯有德，王命赐之，使者执琬圭以致命（致命：执行使命）焉。缫，藉（以物衬垫）也。"

又云："琰圭九寸，判规（判规：评判准则）以（用来）除慝（邪恶）以易行。"注云："凡圭琰，上半寸③琰圭，琰半以上又半为象饰（象饰：'象'样装饰）。诸侯有为不义，使者征之（使者征之：派人处理），执（拿着）以为瑞节也。除慝，诛恶逆也。易行，去繁苛（繁苛：繁细、烦琐）。"

今言（今言：现在说）以此所注《孝经》，写之琬圭、琰圭之上，若简策（若简策：如竹简上写书）之为。庶几有所裨（增补，补益）补於将来学者。或曰：谓刊（刻）石也，而言写之琬琰者，取其美名耳。

【注释】

①琬琰：即琬圭和琰圭。圭是古代帝王诸侯朝聘、祭祀、丧葬等举行隆重仪式时所用的玉制礼器。上端浑圆而无棱角、具有柔和光泽者叫琬圭；上端尖锐者叫琰圭，专门做征讨不义的符信。此比喻文辞之美。

②瑞节：即玉节。古代朝聘时用作凭信的玉制符节。

③半寸：查《说文》和《康熙字典》此皆应为"寸半"，意思是上面小半截。寸：喻小。

【原文】

御序　且夫子谈经，志取垂训（垂训：垂示教导）。

邢疏　正义曰：自此至序末为第五段。言夫子之经，言约（简约）意深，注繁文（繁文：繁多文字）不能具载，仍作《疏义》以广（广扬）其旨也。且夫子所谈之经，其志但取（但取：只是为了）垂训后代而已。

御序　虽五孝之用则别（则别：划分等级，以有区别），而百行之源不殊（不殊：无差异）。

邢疏 正义曰：五孝者，天子、诸侯、卿大夫、士、庶人，五等所行之孝也。言此五孝之用，虽尊卑不同，而孝为百行之源，则（基本原则）其致一（致一：一致）也。

御序 是以一章之中，凡有数句；一句之内，意有兼明①。

邢疏 正义曰：积句以成章。章者，明也②，总义包体，所以明情③者也。句必联字而言④，句者，局（部分）也，联字分疆（犹段落，界限），所以"局"言者也。言夫子所修之经，志在殷勤垂训（殷勤垂训：孜孜不倦的教诲），所以一章之中，凡有数句；一句之内，意有兼明者也。若（如）"移忠移顺""博爱""广敬"之类皆是。

御序 具载则文繁，略之又义阙。

邢疏 正义曰：言作注之体，意在约文敷畅，复恐（复恐：又怕）太略则大义或阙（缺）。

御序 今存于疏，用广发挥。

邢疏 正义曰：此言必须作疏之义也。

发，谓发越。挥，谓挥散。若其注文未备（全备）者，则具存于疏，用此义疏，以广大、发越、挥散夫子之经旨也。

【注释】

①兼明：除说明主要之外，兼表达了别意。

②章者明也："章"者文章，古"章"又通"彰"，彰明之意，故此用一字双意。

③总义包体，所以明情：全部含义放在一起，故能说明白。

④句必联字而言：每个句子必须由意相关联的字词组成才能表达完整的意思。

《孝经序》考证

【原文】

序　"唐明皇御制序疏"至"古文孝经孔传本出孔氏壁中。"

考证　许冲[1]曰："《说文》（《说文解字》）云古文孝经，昭帝时鲁国三老[2]所献。"

按《志》云：孔氏壁中古文则与《尚书》同出也。盖始出於武帝时，至昭帝时乃献之。

序　"而旷代亡逸不被流行。"

考证　《隋志》："安国之本亡（失佚）於梁乱。"

序　"夫子没而微言绝。"《疏》云（说是）《艺文志》文。

新二十四孝图（十）

考证　臣清植按：此句乃刘歆移让（移让：引用）太常博士[3]书中语，班志（班固《汉书·艺文志》）盖引用之耳。

序　"滥觞於汉"。《疏》云："子婴二年春正月，项羽尊楚怀王为义帝，羽自立为西楚霸王，更立沛公为汉王。"

考证　臣清植按：《汉书·高祖本纪》，羽自立及立沛公，皆二月事，此作正月，疑"羽自立"上脱（丢掉）"二月"两字。

序　"学开五传"。《疏》："《公羊传》十一卷，《谷梁传》十一卷。"

考证　《隋志》："《春秋》《公羊传》十二卷，梁有《春秋》《谷梁传》十五卷"，卷数与《汉志》异。

序　"分为《四诗》"。《疏》："《毛诗》自夫子授卜商，传至大毛公（名亨）。"

考证　徐整云：子夏授高行子，高行子授薛仓子，薛仓子授帛妙子，帛妙子授河间大毛公。一云：子夏传曾申，申传魏人李克，克传鲁人孟仲子，孟仲子传根牟子，根牟子传赵人孙卿子，孙卿子传鲁人大毛公④。

【注释】

①许冲：《说文解字》作者许慎之子。

②三老：古代在乡、县、郡设置掌教化之官。《礼记·礼运》："故宗祝在庙，三公在朝，三老在学。"

③太常博士：古官职。三国魏文帝初置太常博士，负责引导乘舆，撰定五礼（吉、嘉、宾、军、凶）仪注，监视仪物，议定王公大臣谥法等事。

④关于《毛诗》之传，章太炎先生有考："《鲁诗》出自浮丘伯，申公传之。鲁人所传，故曰《鲁诗》。《齐诗》传自辕固生，齐人所传，故曰《齐诗》。《韩诗》传自韩婴，据姓为称，故曰《韩诗》。齐、韩二家，当汉景帝时，在《鲁诗》之后。《毛诗》者，毛公所传，故曰《毛诗》。相传毛公之学出自子夏，三国时吴徐整谓子夏援高行子，高行子援薛仓子，薛仓子授帛妙子，帛妙子授河间人大毛公，毛公为《诗故训传》于家，授赵人小毛公，小毛公为河间献王博士。而陆玑则谓子夏传曾申，申传魏人李克，李克传鲁人孟仲子，孟仲子传根牟子，根牟子传赵人孙卿子，孙卿子传鲁人大毛公。由徐整之说，则子夏五传而至大毛公；由陆玑之说，则子夏七传而至大毛公。所以参差者，二家之言，互有详略耳（大毛公名亨，小毛公名苌，今

之《诗传》乃大毛公所作，当称《毛亨诗传》，而世皆误以为毛苌，今之《诗传》乃大毛公所作，当称《毛亨诗传》，而世皆误以为毛苌，不可不正也）。

《孝经注疏》卷一

开宗明义章第一

【原文】

邢疏　正义曰：开，张也。宗，本也。明，显也。义，理也。

言此章开张一经之宗本，显明"五孝"之义理，故曰"开宗明义章"也。

第，次也。一，数之始也。以此章总标（总标：总揽标题），诸章以次结（连接）之，故为第一，冠（放在）诸章之首焉。

案：《孝经》遭秦坑焚之后，为河间颜芝所藏，初除挟书之律，芝子贞始出（出示）之。长孙氏及江翁、后仓、翼奉、张禹等所说皆十八章。及（直到）鲁共王坏孔子宅，得古文二十二章，孔安国作传。

刘向校经籍，比量（比量：对比）二本，除其烦惑（烦惑：杂乱可疑的），以十八章为定，而不列名。又有荀昶集其录及诸家疏，并无章名，而《援神契》①自《天子》至《庶人》五章，唯皇侃标其目（标其目：将其分标目录）而冠於章首。今郑注见章名，岂先有改除（改除：删改），后人追远（追远：追随前人）而为之也？御注依古今集详议，儒官连状②题其章名，重加（重加：反复进行）商量，遂依所请。

【注释】

①《援神契》：和前《钩命决》同为《孝经纬》之一。

②儒官连状：掌管学务的官员或官学教师联名上状。"状"是向上级陈述意见或建议的文书。

【原文】

"章"者，明也，谓分析科段（科段：文章的段落），使理章明①。《说文》曰："乐歌竟（乐歌竟：乐曲终了）为一章。章字从音，从十。"谓从一至十，十，数之终。诸书言"章"者，盖因《风》《雅》，凡有科段，皆谓之"章"焉。

言天子、庶人，虽列（排列有）贵贱，而立身行道，无（不）限高卑。故次首章先陈天子，等差（等差：顺序排列）其贵贱，以至（以至：直到）庶人，次及（次及：然后到）《三才》《孝治》《圣治》三章，并叙（一起叙述）德教之所由生（所由生：产生的来由）也。

《纪孝行章》叙孝子事亲为先，与《五刑》相因（相因：相关），即"夫孝，始於事亲"也。

《广要道章》《广扬名章》即先王有至德要道，扬名於后世也。扬名之上，因谏诤之臣，从谏之君，必有应感。三者相次（相次：依次相关），不离於"扬名"。

《事君章》即"中於事君"也。

《丧亲章》继於《诸侯》之末。言孝子事亲之道纪（道纪：道德纲纪）也。皇侃以《开宗》及《纪孝行》《丧亲》等三章通於贵贱。

今案：《谏诤章》大夫以上，皆有争（通"诤"）臣。而士有争友，父有争子，亦该（有）贵贱。则通於贵贱者有四焉。

【注释】

①使理章明：使得道理说得显明。

【原文】

孝经　仲尼居，

御注　仲尼，孔子字。居，谓闲居。

孝经　曾子侍。

御注　曾子，孔子弟子。侍，谓侍坐。

音义　尼，女持反①。仲尼，取象②尼丘山③。又音"夷"，字作"■"，古"夷"字也。《援神契》云："虫④也，居，如字⑤"。《说文》作"凥"（"居"的异体字），音同。郑玄云："凥，凥讲堂也"。王肃云：闲居也。孔安国云："静而思道也，曾（曾子）则能反姓（当为'省'）也。"

子，男子美称也。曾子，孔子弟子也，名曑，字子舆，鲁人也。或作"参"，音同义别，下皆同。

侍，卑在尊者之侧曰"侍"。

【注释】

①反：即"反切"。参见《雍正本》第6页注"切"。

②取象：取某事物的征象。

③尼丘山：在山东曲阜县东南，连泗水、邹县界。相传孔子是父亲

（字）叔梁（名）纥和母亲颜氏曾祈祷于此而生孔子。叔梁纥娶妻施氏后，生下9女，没有一个儿子。后娶妾生了一个儿子，名叫伯尼（又名孟皮），但是个跛子。当时，只有儿子才能继承父业。叔梁纥希望有个像样的儿子继承自己的家产，于是在不久的63岁那年向颜家求婚。颜家有三个女儿，老大老二都不愿意嫁给他，只有不满20岁的老三颜徵在愿意。叔梁纥与颜徵在结婚时已是64岁。公元前551年的夏历八月二十七日生下孔子，孔子排行老二，按"伯仲"排序故取字仲尼，也就是常说的"孔老二"。

④虫：古代称一切动物为"虫"。

⑤如字：古人的一种注音法。当一个字形因意义不同而有两个或两个以上读音时，要按照习惯上最通常的读音读，按照最常用的意义解释，叫"如字"。例如"好"有上声和去声二音。当注为"好，如字"时，表示"好"在此处读常用的上声，意为"美好"。常用来为一些多音多义或有异读异解的字注音，强调在特定的上下文里被释的字要按它的本音来读。

【原文】

邢疏 正义曰：夫子以六经设教①，随事表名②。虽道由孝生③，而孝纲未举，将欲（将欲：想要）开明其道④，垂之来裔⑤，以曾参之孝，先有重名（先有重名：一直很有名），乃假因（借）闲居，为之陈说。自标己字⑥，称"仲尼居"；呼（称呼）参为子，称"曾子侍"。建此两句，以起师资（通"咨"）问答之体⑦，似若（似若：好像）别有承受（承受：受体，听众）而记录之。

【注释】

①六经设教：用六经作为设教科目。六经指六部儒家经典。《庄子·天

运》："孔子谓老聃曰：'丘治《诗》《书》《礼》《乐》《易》《春秋》六经，自以为久矣，孰知其故矣。'"

②随事表名：根据所讲的内容而命名。

③道由孝生：人的良好道德品质首先是由孝顺而产生的。

④开明其道：充分说明其中的道理。

⑤垂之来裔：流传给后代作为榜样典范。

⑥自标己字：自己标上自己的名字。

⑦问答之体：老师与学生一问一答的文体形式。

【原文】

注 "仲尼"至"闲居"

正义曰：云（说到）"仲尼，孔子字"者。

案：《家语》云："孔子父叔梁纥，娶颜氏之女徵在，徵在既（不久就）往庙见（往庙见：去庙里拜菩萨），以夫年长，惧（担心）不时有男（不时有男：不容易有孩子），而私祷（私祷：自己去告祈）尼丘山以祈（祈求）焉。孔子故名丘，字仲尼。夫伯仲者，长幼之次也。仲尼有兄字伯，故曰仲。"其名则案（按照）桓六年《左传》："申繻①曰：名有五，其三曰以类命为象。"

杜注云："若孔子首（脑袋）象尼丘，盖以孔子生而圩顶（圩顶：头顶凹陷），象尼丘山，故名丘，字仲尼。"

而刘巘②述张禹③之义，以为"仲"者，"中"也，"尼"者"和"也。言孔子有中和之德，故曰仲尼。

殷仲文④又云："夫子深敬孝道，故称表德⑤之字。"及梁武帝又以"丘"为"聚"，以"尼"为"和"。今并不取。

【注释】

①申繻：鲁国大夫。繻为其名，申或为其氏。鲁桓公六年九月，其夫人文姜生下长子姬同（后来的鲁庄公），鲁国为此举行了隆重的祭祀和庆祝仪式。在行礼之前，桓公向博学的申繻请教给自己的嫡长子、未来的鲁国国君取什么名字。申繻答："名有五：有信，有义，有象，有假，有类。以名生为信，以德命为义，以类命为象，取于物为假，取于父为类。不以国，不以官，不以山川，不以隐疾，不以畜牲，不以器币。周人以讳事神，名，终将讳之。故以国则废名，以官则废职，以山川则废主，以畜牲则废祀，以器币则废礼。晋以僖侯废司徒，宋以武公废司空，先君献，武废二山，是以大物不可以命"。这是目前所见的关于中国古人取名的第一次总结。名字有五种：

一谓信：就是初生时所带来的特殊标记。比如身上的胎记，手掌的特殊纹路，乃至特殊的日子，等等。比如唐叔虞，其手掌纹路有字形曰虞，故名之曰虞；鲁季友出生，其手掌纹路有字曰友，故名之曰友。诸如此类。

二谓义：就是以祥瑞之字名之。如周文王名"昌"，周武王名"发"，皆此类也。

三谓象：就是以相似之物名之。如孔子名"丘"，据说是因为"生而首上于顶"，大脑门儿像土丘，故名之曰"丘"。

四谓假：就是以万物之名假托之意。如春秋时很多人名曰"杵臼"（宋昭公，晋之公孙杵臼），就是取杵臼之坚实不坏之意；孔子名其子曰"鲤"，亦此类也（取鲤鱼跃龙门之意）。

五谓类：就是取与父亲类似的名字。如鲁桓公和其太子同日而生，故名之曰"同"。

另外申繻还说，取名字有一定的忌讳回避原则，最好不要以大的、重要的事物来命名。因为依照周人风俗，对神的名字是要避讳的，国君之类的重要人物死后为神，将进入祖庙接受祭祀，他的名字就必须避讳。如用国命名就会废除国名，用官命名就会更改官职之名，用山川命名就会改变山川之名，用牲畜命名就会废除祭祀。比如晋僖侯名司徒，故僖侯之后晋国就不再置司徒之官；宋武公名司空，他死后宋国就废掉了司空之官；鲁献公姬具，鲁武公姬敖死后，具山，敖山（都在鲁国境内，在今山东省蒙阴县）也得跟着改名。

②刘巘：梁朝著名学者，人称"文范先生"。

③张禹：字子文，西汉河内轵（今河南济源东）人。幼年喜欢卜相，久之，颇晓其分著布封之意，并能说明之。

④殷仲文：（公元？年至407年）字仲文，陈郡人。生年不详，卒于晋安帝义熙三年。少有才藻，貌容美。从兄仲堪，荐于会稽王道子，即引为骠骑参军。

⑤表德：人的表字或别号。《颜氏家训·风操》："古者，名以正体，字以表德。"

【原文】

仲尼之先（祖先）①，殷之后（后代）也。

案：《史记·殷本纪》曰："帝喾之子契为尧司徒，有功，尧封之於商，赐姓子氏。契后世孙汤灭夏而为天子，至汤裔孙有位无道。周武王杀之，封其庶兄微子启（开始）於宋。"

案：《家语》及（和）《孔子世家》皆云："孔子其先宋人也。宋闵公②有子弗父何，长而当立，让其弟厉公。何生宋父周，周生世子胜，胜生正考父，正考父受命为宋卿，生孔父嘉。嘉别为公族，故其后以孔为氏。"

或以为用乙配子③，或以滴溜穿石（滴溜穿石：犹水滴穿石），其言不经（不经：荒诞），今不取也。

孔父嘉④生木金父，木金父生皋夷父，皋夷父生防叔，避华氏之祸而奔鲁。防叔生伯夏，伯夏生叔梁纥，纥生孔子也。

【注释】

①孔子的祖先：孔子的远祖是宋国贵族，殷王室的后裔。周武王灭殷后，封殷宗室微子启于宋。由微子经微仲衍、宋公稽、丁公申，四传至潜公。孔子先祖遂由诸侯家转为公卿之家。弗父何之曾孙正考父，连续辅佐宋戴公、武公、宣公，久为上卿，以谦恭著称于世。孔子六祖孔父嘉继任宋大司马。按周礼制，"五世亲尽，别为公候"，大夫不得祖诸侯，故其后代以孔为氏。后宋太宰华父督作乱，弑宋殇公，杀孔父嘉。其后代避难奔鲁（孔氏为鲁国人自此始）。

②宋闵公：即宋国的国君宋潜公（公元前691年~公元前682年），原名子共，有二子，长子叫弗父何，次子为鲋祀。宋潜公不传子而传弟炀公，引起了鲋祀的不满，鲋祀杀死炀公自立，是为厉公，又立弗何父为卿。"潜"通"闵"，是古代谥号用字。

③用乙配子：古代有人用黄帝时期创作的天干地支纪年来考证孔子的先人从做士人的开始，到做大夫，做国君，做天下大王的：受辛（纣王）是殷商王朝的第31代大王（公元前1075—1046），帝乙是殷商王朝的第30代大王（公元前1101—1076）。如果从帝乙往前追，还可以追溯殷商前面的二十九代大王，他们是按血脉代代下传的，史料记载：（往上）[29] 文丁（公元前1112—前1113）— [28] 武乙（公元前1147—前1113）— [27] 康丁（？年代不详）— [26] 廪辛（公元前1191—前1148）— [25] 祖甲

（？）—［24］祖庚（？）—［23］武丁（公元前1250—前1192）—［22］小乙（？）—［21］小辛（公元前1300—前1251）—［20］盘庚—［19］阳甲—［18］南庚—［17］祖丁—［16］沃甲—［15］祖辛—［14］祖乙—［13］河亶甲—［12］外壬—［11］中丁—［10］太戊—［9］雍己—［8］小甲—［7］太康—［6］沃丁—［5］太甲—［4］中壬—［3］外丙—［2］太丁—［1］汤（从汤到盘庚大约是公元前1600—前1300，盘庚后为公元前1300—前1046）。此类考证毫无意义，故李隆基认为"其言不经，今不取也"。

④孔父嘉：孔父嘉是春秋历史中著名人物，开始姓子，名嘉，字孔父（一说名孔父，字嘉；还有一说孔父乃其生前国君所赐之号），自他后，开始别为一宗，自成体系，从子姓中分出来，别为公族，以孔为氏。孔姓就是从孔父嘉开始的。

【原文】

云"居，谓闲居"者，《古文孝经》云"仲尼闲居"，盖为乘（利用）闲居而坐，与《论语》云"居，吾语汝（吾语汝：我给你说）"义同，而与下章"居则致其敬①"不同。

注　"曾子"至"侍坐"

正义曰：云曾子，孔子弟子者。

案：《史记·仲尼弟子传》称："曾参，南武城人，字子舆，少孔子四十六岁。孔子以为（以为：认为他）能通孝道，故授之业，作《孝经》，死于鲁。"故知是仲尼弟子也。

云"侍"，谓侍坐者，言侍孔子而坐也。

案：古文云"曾子侍坐"，故知"侍"谓侍坐也。卑者在尊侧曰侍，故经谓之侍。凡侍，有坐有立。此曾子侍，即侍坐也。《曲礼》有"侍坐於先生，侍坐於所尊，侍坐於君子"。据此而言，明（说明是）侍坐於夫子也。

孝经　子曰："先王有至德要道，以顺天下，民用和睦，上下无怨。

御注　孝者，德之至、道之要也。言先代圣德之王，能顺天下人心，行此至要之化（教化），则上下臣人，和睦无怨。

孝经　汝知之乎？"曾子避席曰："参不敏，何足以知之？"

御注　参，曾子名也。《礼》："师有问，避席起答。"敏，达也。言参不达，何足知此至要之义？

孝经　子曰："夫孝，德之本也。

御注　人之行莫大於孝，故为德本。

孝经　教之所由生也。

御注　言教从孝而生。

孝经　复坐，吾语汝。"

御注　曾参起对，故使复坐。

音义　"子"，孔子也，古者称师曰"子"。

"曰"，语辞（语辞：言，说）也，从乙（从乙：指字形随"乙"），在口上。乙，象（象征）气，人将发语，口上有气，故"曰"字缺上也，凡"曰"，皆放此。

"先王"，郑玄云："禹，三王[②]最先者。"

案：五帝[③]官（管理）天下，三王禹始传。

"於殷[④]"，於殷配天，故为孝教之始。王，谓文王也。

"至德"，郑云：至德，孝悌也。王云：孝为德之至也。

"要"，因妙反（反切）。注同。

"道"，郑云：要道，礼乐也。王云：孝为道之要。

"睦"，音"目"，《字林》⑤云"忘六反"。"怨"，纡万反。"敏"，密陨反，达（通达、聪慧）也。"夫"，音"符"，下同之。"行"，下孟反。"复"音"服"。注同。坐，在卧反，注同。

邢疏　正义曰："子"者，孔子自谓。

案：《公羊传》云："子者，男子通称也。"古者谓师为子，故夫子以子自称。

"曰"者，辞（言辞）也。言先代圣帝明王，皆行至美之德、要约之道，以顺天下人心而教化之。天下之人，被服其教。用此之故，并自相和睦，上下尊卑，无相怨者。参，汝能知之乎？

又假言参闻夫子之说，乃避所居之席，起而对曰：参性不聪敏，何足以知先王至德要道之言义？既叙曾子不知，夫子又为释之曰"夫孝，德行之根本"也。

释"先王有至德要道"。谓至德要道，元（原本）出於孝，孝为之本也。

云"教之所生也"者。此释"以顺天下，民用和睦，上下无怨"。谓王教由孝而生也。孝道深广，非立可终，故使"复坐，吾语汝"也。

注"孝者"至"无怨"

正义曰：云"孝者，德之至，道之要也"者，依王肃义（解释），德以孝而至，道以孝而要，是道德不离於孝。

殷仲文曰："穷理之至，以一管众⑥为要。"刘炫曰："性未达，何足知？"言性未达，何足知至要之义者，谓自云性不达，何足知此先王至德要道之义也。

【注释】

①居则致其敬：是说在日常生活中，无论做什么，子女都要对父母亲恭

恭敬敬，遵守父母亲的训诲。

②三王：指夏、商、周三代之君夏禹、商汤、周文王。

③五帝：传说中的五个古代帝王。通常指黄帝、颛顼、帝喾、唐尧、虞舜。

④於殷：根据史籍记载，自成汤称王以前有八次迁都，以后有五次迁都的记录，直到盘庚迁于殷（即安阳）后才定都。

⑤《字林》：古代字书，（晋）吕忱著，收字 12824 个，按《说文解字》540 部首排列，已佚。

⑥穷理之至，以一管众：意思是说理的最高境界是举一反三，一通百通。

【原文】

注 "人之"至"德本"

正义曰：此依郑注引其《圣治章》文也。言孝行最大，故为德之本也。德，则至德也。

注 言教从孝而生

正义曰：此依韦（韦昭）注也。

案：《礼记·祭义》称曾子云："众之（众之：对大众的）本教①曰孝。"

《尚书》："敬敷（分为）五教。"解者谓"教父以义，教母以慈，教兄以友，教弟以恭，教子以孝。"举此则其余顺人（顺人：降服人；使人和顺）之教皆可知也。

注 "曾参"至"复坐"

正义曰：此义已见於上。

孝经 身体发肤，受之父母，不敢毁伤，孝之始也。

御注　父母全而生之，已当全而归之，故不敢毁伤。

孝经　立身行道，扬名於后世，以显父母，孝之终也。

御注　言能立身行此孝道，自然名扬后世，光显其亲，故行孝以不毁为先，扬名为后。

音义　"肤"，方于反。"毁"，如字，《仓颉篇》②云：毁，破也；《广雅》③云：亏也。

邢疏　正义曰：身，谓躬也。体，谓四支（古"肢"字）也。发，谓毛发。肤，谓皮肤。

《理运》（即《礼记·理运》）曰："四体既正（正常），肤革（肤革：肌肤）充盈。"

《诗》曰："鬒发如云④"。

此则身体发肤之谓也。言为人子者，常须戒慎，战战兢兢，恐致毁伤。此孝行之始也。又言孝行非唯（非唯：不只是）不毁而已，须成立其身（成立其身：犹立身正派），使善名扬于后代，以光荣其父母，此孝行之终也。若行孝道，不至扬名荣亲，则未得为立身也。

【注释】

①本教：根本性的教育。《吕氏春秋·孝行》："夫孝，三皇五帝之本教，而事之纪也。"

②《仓颉篇》：原是教育学童识字的字书，秦始皇帝统一文字时又成为小篆书体的样板。战国时期，七国分立，文字异体。秦始皇灭六国，采纳李斯的请求，"罢其不与秦文合者"。这时秦使用籀文已500多年，笔画繁复，实用中渐趋简化。李斯作《仓颉篇》，中车府令赵高作《爰历篇》，太史令胡毋敬作《博学篇》。"皆取史籀大篆，或颇省改"从此定型为小篆。汉初，

闾里书师合《仓颉》《爰历》《博学》3篇，断60字以为一章，凡55章，统称《仓颉篇》。流行直到东汉，后来被保存在《三仓》中，唐以后才完全亡佚。20世纪，各地考古发现许多汉简，时有《仓颉篇》。其中最早的离秦代不过50年，但已是汉代书师合并的本子，字体是隶而不是篆了。仓颉是古代传说中的汉字创造者。《史记》据《世本》以为是黄帝时的史官。

③《广雅》：三国魏明帝太和年间的博士张揖撰。是我国最早的一部百科词典，收字18150个，属于仿《尔雅》体裁编纂的一部训诂学汇编，相当于《尔雅》的续篇，取材的范围要比《尔雅》广泛。书取名为《广雅》，就是增广《尔雅》的意思。其书搜集极广，举凡汉代以前经传的训诂，《楚辞》《汉赋》的注释，以及汉代的《方言》《说文解字》等书的解说都兼括在内。这是研究汉魏以前词汇和训诂的重要著作。

④《诗·鄘风·君子偕老》："鬒发如云，不屑髢（假发）也。"毛传："如云，言美长也。"形容毛发美长。

【原文】

注 "父母"至"毁伤"

正义曰：云"父母全而生之，已当全而归之"者，此依郑注引《祭义》（《祭义》：《礼记》之第二十四篇）乐正子春①之言也。言子（孩子）之初生，受全体於父母，故当常自念虑（念虑：牢记），至死全而归之，若曾子"启手启足"②之类是也。

云"故不敢毁伤"者：毁，谓亏辱，伤，谓损伤。故夫子云："不亏其体，不辱其身，可谓全矣。"及郑注《周礼》"禁杀戮"云"见血为伤"是也。

注 "言能"至"为后"

正义曰：云"言能立身行此孝道"者，谓人将立其身，先须行此孝道也。

其行孝道之事，则下文"始於事亲，中於事君"是也。

云"自然扬名后世，光显其亲"者，皇侃云："若生能行孝，没而扬名，则身有德誉，乃能光荣其父母也。"

因引《祭义》曰："孝也者，国人称愿（称愿：称许羡慕）然，曰：幸哉！有子如此。"

又引《哀公问》（《礼记》之第二十七篇）称孔子对曰："君子（君子：古指地位高，后指人格高尚的人）也者，人之成名也。百姓归（向往）之名。谓之君子之子，是使其亲为君子也。"此则扬名荣亲也。

云"故行孝以不毁为先"者，全（健全）其身为孝子之始也。

云"扬名为后"者，谓后行孝道为孝之终也。

夫不敢毁伤，阖（闭合）棺乃止。立身行道，弱冠③须明。经虽言其始终，此略示有先后；非谓不敢毁伤唯在於始，立身独在於终也。明（说明）不敢毁伤，立身行道，从始至终，两行（两行：指不毁伤与立身）无怠（偏废）。此於次（次序）有先后，非於事理有终始也。

【注释】

①乐正子春：鲁国人，复姓乐正，曾跟随曾子求学。

②启手启足：语出《论语·泰伯》："曾子有疾，召门弟子曰：'启予足！启予手！'"朱熹集注："曾子平日以为身体受於父母，不敢毁伤，故於此使弟子开其衾而视之。"后因以"启手启足"为善终的代称。

③弱冠：古代男子二十岁行冠礼，表示已经成人，但体还未壮，所以称做弱冠，后泛指男子二十左右的年纪。语出《礼记·曲礼》：二十曰弱，冠。

【原文】

孝经　夫孝，始于事亲，中于事君，终于立身。

御注　言行孝以事亲为始，事君为中，忠孝道著，乃能扬名荣亲，故曰终於立身也。

邢疏　正义曰：夫为人子者，先能全身，而后能行其道也。夫行道者，谓先能事亲而后能立其身。前言立身，未示其迹。其迹，始者在於内事其亲，中者在於出事其主。忠孝皆备，扬名荣亲，是终於立身。

注　"言行"至"身也"

正义曰：云"言行孝以事亲为始，事君为中"者，此释始於事亲，中於事君也。

云"忠孝道著，乃能扬名荣亲，故曰终於立身也"者，此释（解释）"终於立身"也。

然能事亲、事君，理兼（理兼：道理兼通）士庶，则终於立身，此通贵贱焉。

郑玄以为"父母生之，是事亲为始；四十强而仕，是事君为中；七十致仕，是立身为终"也者。

刘炫驳云："若以始为在家，终为致仕（致士：当官），则兆庶（兆庶：兆民）皆能有始，人君所以（所以：则）无终。若以年七十者始（才）为孝终，不致仕者皆为不立（不立：不能成立），则中寿（中寿：指没活到七十岁的）之辈尽曰不终，颜子①之流亦无所立矣。"

孝经　《大雅》云：'无念尔祖，聿修厥德。'

御注　《诗·大雅》也。无念，念也。聿，述也。厥，其也。义取恒念（恒念：不忘）先祖，述修（述修：修治，修明）其德。

音义 "《大雅》云……"，此《文王》之诗六（第六）章文。"无念"，郑玄云："无念，无忘也。"《尔雅》云："勿，念（想念）也。"聿，尹吉反；《尔雅》云："循也，述（遵循）也。"

邢疏 正义曰：夫子叙述立身行道扬名之义既毕，乃引《大雅·文王》之诗以结（总结）之。言凡为人子孙者，常念尔（自己）之先祖，常述修（述修：发扬光大）其功德也。

注 "诗大"至"其德"

正义曰：云"无念，念也"，"聿，述也"者，此并《毛传》文云；"厥，其也"者，《释言》②文云"义取恒念先祖，述修其德"者，此依孔传也。谓述修先祖之德而行之。

此经有十一章引《诗》及《书》。刘炫云："夫子叙经，申述（申述：详细陈述）先王之道，《诗》《书》之语，事有当（适用）其义者，则引而证之，示言不虚发也。七章不引者，或事义相违，或文势自足③，则不引也。五经④唯《传》（指'春秋传'）引《诗》，而《礼》则杂（兼及）引《诗》《书》及《易》，并意及（并意及：都涉及）则引。若泛指，则云'《诗》曰'、'《诗》云'。若指四始⑤之名，即云《国风》《大雅》《小雅》《鲁颂》《商颂》。若指篇名，即言'《勺》⑥曰'、'《武》⑦曰'。皆随所便而引之，无定例也。"

郑注云："雅者，正也。方始发章（方始发章：文章开头），以正为始。"亦无取（不足取）焉。

【注释】

①颜子：孔子最得意的弟子，位列七十二贤之首，四十岁就去世了。

②《释言》：《尔雅》中有《释诂》《释言》《释训》篇。《尔雅·序》

篇云：'《释诂》《释言》，通古今之字，古与今异言也。

③文势自足：自己的文章说得已经足够明白了。

④五经：指五部儒家经典，即《诗》《书》《易》《礼》《春秋》。

⑤四始：旧说《诗经》有四始，各家说法不一：（1）指"风""小雅""大雅""颂"。（2）指"风""小雅""大雅""颂"的首篇。（3）指"大雅"的《大明》、"小雅"的《四牡》《南有嘉鱼》《鸿雁》。

⑥《勺》：古代小孩到 13 岁就要学习音乐、诵读《诗经》，练习称为《勺》的舞蹈（文舞）。

⑦《武》：中国古代乐曲。即《周礼·春官》所说周代六乐中的大型乐舞（武舞）。

天子章第二

【原文】

邢疏　正义曰：前《开宗明义章》虽通（通及）贵贱，其迹未著（其迹未著：说得不够显著），故此已（通"以"）下至於《庶人》，凡有五章，谓之"五孝"，各说行孝奉亲之事而立教焉。天子至尊，故标居其首。

案：《礼记·表记》云："惟天子受命於天，故曰天子。"《白虎通》云："王者父天母地，亦曰天子。虞夏以上，未有此名。殷周以来，始谓王者为天子也。"

孝经　子曰："爱亲者，不敢恶於人。"

御注　博爱也。

孝经　敬亲者，不敢慢於人。

御注　广敬（见顺治本第 17 页注④）也。

孝经　爱敬尽於事亲，而德教加於百姓，刑于四海。

御注　刑，法也。君行博爱广敬之道，使人皆不慢恶（慢恶：轻忽、讨厌）其亲，则德教加被天下，当为四夷之所法则也。

孝经　盖天子之孝也。

御注　盖，犹"略"也。孝道广大，此略言之。

音义　"子曰……"，此一"子曰"，通"天子、诸侯、卿大夫、士、庶人"五章也。

恶，乌路反，注同，旧（依然）如字。慢，亡谏反（此读音是按《广韵》），俗作"慢"。尽，津忍反。

邢疏　正义曰：此陈（陈说）天子之孝也。所谓"爱亲"者，是天子身行爱敬也。

"不敢恶於人""不敢慢於人"者，是天子施化（施化：施行教化），使天下之人皆行爱敬，不敢慢恶於其亲也。

亲，谓其父母也。言天子岂唯（岂唯：何止）因心内恕①，克己复礼②，自行爱敬而已？亦当设教施令（设教施令：设置教化，实施法令），使天下之人不慢恶於其父母。如此，则至德要道之教加被（加被：传遍，覆盖）天下，亦当使四海蛮夷（蛮夷：泛指各民族）慕化（慕化：仰慕、归化）而法则（法则：效法学习）之。此盖是天子之行孝也。

《孝经·援神契》云："天子行孝曰'就'，言德被天下，泽及万物，始终成就，荣其祖考也。"

五等之孝，惟於《天子章》称"子曰"者，皇侃云："上陈天子极尊，下列庶人极卑。尊卑既异，恐嫌为孝之理有别，故以一'子曰'通冠（贯穿）五章，明尊卑贵贱有殊，而奉亲之道无二。"

注　"博爱也"

正义曰：此依魏注^③也。博，大也。言君爱亲，又施德教於人，使人皆爱其亲，不敢有恶其父母者，是博爱也。

注 "广敬也"

正义曰：此依魏注也。广，亦大也。言君敬亲，又施德教於人，使人皆敬其亲，不敢有慢其父母者，是广敬也。

《孔传》以（认为）人为天下众人，言君爱敬己亲，则能推己及物（别人），谓有天下者，爱敬天下之人；有一国者，爱敬一国之人也。不恶者，谓君常思安人^④，为其兴利除害，则上下无怨，是为至德也。

"不慢"者，则（仿）《曲礼》曰"毋不敬"，《书》曰："为人上者，奈何不敬?"君能不慢於人，修己以安百姓，则千万人悦，是为要道也。上施德教，人用和睦，则分崩离析^⑤无由而生（没有理由产生）也。

【注释】

①因心内恕：有亲善仁爱之心，为人宽厚。

②克己复礼：约束自我，使言行合乎先王之礼。语出《论语·颜渊》："克己復礼为仁。"

③魏注：指汉魏注。先秦时即有古籍注释，至汉朝独尊儒术，汉魏注经成为专门学问。

④常思安人：经常想着使人民安宁。

⑤分崩离析：四分五裂，形容国家、集团等分裂瓦解。

【原文】

案：《礼记·祭义》称有虞氏^①贵德（贵德：重视德行）而尚齿（尚齿：

尊长），夏后氏②贵爵（贵爵：重视爵位）而尚齿，殷（即商朝）人贵富而尚齿，周（周朝）人贵亲而尚齿。虞、夏、殷、周，天下之盛王也，未有遗年（遗年：遗弃老年人）者，年之贵（重要）乎天下久矣，次乎事亲也，斯（那）亦不敢慢於人（老年人）也，所以於《天子章》明（阐明）爱敬者。

王肃、韦昭云：天子居四海之上，为教训之主，为教易行③，故寄（依赖）易行者宣（传布）之。然爱之与敬，解（懂得，理解）者众多。

沈宏云："亲至结心（结心：长存心中）为爱，崇恪（崇恪：崇敬恭谨）表迹（表迹：表现出来）为敬。"

刘炫云："爱恶俱在於心，敬慢皆见於貌。爱者隐惜（珍藏爱惜）而结於内，敬者严肃（严肃：庄重的表现）而形於外。"

新二十四孝图（十一）

皇侃云："爱敬各有心迹，烝烝至惜④，是谓爱心；温清（通'清'）搔摩（搔摩：如挠痒，抚摸般温柔），是谓爱迹。肃肃悚悚（肃肃悚悚：庄重恭敬状），是谓敬心；拜伏擎跪（拜伏擎跪：跪拜以示尊敬），是谓敬迹。"

《旧说》云："爱生於真，敬起自严。孝是真性，故先爱后敬也。"

《旧问》曰："天子以爱敬为孝，及庶人以躬耕为孝，王者并相通否？"梁王⑤答云："天子既极爱敬，必须五等行之（五等行之：'五孝'都要推行），然后乃成（乃成：才行）。庶人虽在躬耕，岂不爱敬及不骄不溢己下事（己下事：自己的事儿）邪（疑问语气助词）？"

以此言之，五等之孝，互相通也。

【注释】

①有虞氏：中国古代五帝之一的舜帝部落名称。有虞氏部落的始祖是虞幕，这个部落信奉一种食自死之肉的仁兽"驺虞"为图腾。舜为虞幕的后裔，后来成为有虞氏部落首领，受尧帝禅让，登帝位。

②夏后氏：指禹建立的夏王朝。也称夏后或夏氏。

③为教易行：实施教化要人家容易施行。

④烝烝至惜：如同蒸汽腾升般的惜爱之情。

⑤梁王：指作《孝经义疏》的梁武帝萧衍（464 年—549 年，南梁政权的建立者，庙号高祖）。

【原文】

然诸侯言保社稷，大夫言守宗庙，士言保其禄位而守其祭祀，以例言之，天子当云保其天下，庶人当言保其田农。此略之不言，何也？

《左传》曰："天子守在四夷①"，故"爱敬尽於事亲"之下而言"德教加於百姓，刑于四海"，保守之理已定，不烦更言（更言：再讲述）保也。

庶人用天之道，分地之利，谨身节用，保守田农，不离於此。既无守任，不假旨（假旨：借意于）保守也。

【注释】

①天子守在四夷：天子的首要任务是守住四海国土。

【原文】

注 "刑，法"至"则也"

正义曰：云"刑，法也"者，《释诂》文云"君行博爱广敬之道，使人皆不慢恶其亲"者，是天子爱敬尽於事亲，又施德教，使天下之人皆不敢慢恶其亲也。

云"则德教加被於天下"者，释"刑於四海"也。

百姓，谓天下之人皆有族姓；言"百"，举其多也。

《尚书》云"平章（平章：品评，商酌）百姓"，则谓"百姓"为"百官"，为下有"黎民"之文，所以"百姓"非"兆庶"也。此经"德教加於百姓"，则谓天下百姓，为与"刑于四海"相对。四海既是四夷，则此百姓自然是天下兆庶也。经典通谓"四夷"为"四海"。

案：《周礼记》《尔雅》皆言东夷、西戎、南蛮、北狄谓之四夷，或云四海，故注以"四夷"释"四海"也。孙炎曰："海者，晦暗无知也。"

注 "盖犹"至"略言之"

正义曰：此依魏注也。

案：《孔传》云："盖者，辜较（辜较：大概）之辞。"

刘炫云："'辜较'犹'梗概'也。孝道既广，此才举其大略也。"

刘瓛[①]云："'盖'者，不终尽之辞，明孝道之广大，此略言之也。"

皇侃云"略陈如此，未能究竟"是也。

《郑注》云"盖者，谦辞"，据此而言，"盖"非"谦"也。

刘炫驳云："若以制作（制作：按规定）须谦，则庶人亦当谦矣。苟（如果）以名位须谦，夫子曾为大夫，於士何谦？而亦云盖也，斯则（斯则：这里是对于）卿士以上之言，盖者并非谦辞可知也。"

【注释】

①刘瓛：南朝人，是南朝宋齐时代学术界最重要的人物之一，博通五经，尤精礼学，著述多种，在南京办学授徒，弘扬儒学，是宋齐之际儒学复兴的代表人物，世推为大儒。

【原文】

孝经　《甫刑》云：'一人有庆，兆民赖之。'

御注　甫刑，即《尚书·吕刑》也。一人，天子也。庆，善也。十亿曰兆，义取天子行孝，兆人皆赖其善。

音义　《甫刑》，尚书作《吕刑》。兆，知，从八正①，直表反。十亿曰兆。民百万曰兆民。赖，鹿艾反。

【注释】

①从八正：这是按《说文解字》描述字形的一种方式。"兆"的大篆形似龟甲受灼所生的裂痕，甲骨文的"八"字是分开相背状。"八"是汉字部首之一。从"八"的字多与分解、分散、相背有关。"正"表示为上下结构合体字。

【原文】

邢疏　正义曰：夫子述天子之行孝既毕，乃引《尚书·甫刑》篇之言以结成其义。

庆，善也。言天子一人有善，则天下兆庶皆倚赖之也。善，则爱敬是也。"一人有庆"，结"爱敬尽於事亲"已上也。"兆民赖之"，结"而德教加於百姓"已下也。

注　"甫刑"至"其善"。

正义曰：云"《甫刑》即《尚书·吕刑》也"者，《尚书》有《吕刑》而无《甫刑》也。

案：《礼记·缁衣》篇孔子两引《甫刑》辞，与《吕刑》无别，则孔子之代以《甫刑》命篇明矣。今《尚书》为（称）《吕刑》者，孔安国云："后为甫侯，故称《甫刑》。"

知者（知者：能了解的人）以（根据）《诗·大雅·嵩高》之篇宣王之诗云"生甫及申"①，《扬之水》②篇，平王之诗"不与我戍甫③"，明（注明）子孙改封为甫（即吕国）侯。不知因吕国改作甫名，不知别（另）封馀国而为甫号。然子孙封甫，穆王时未有甫名，而称为《甫刑》者，后人以子孙之国号名之也。犹若（犹若：如同）叔虞初封於唐，子孙封晋④，而《史记》称《晋世家》也。

刘炫以为（以为：认为是）遭秦焚书，各信其学，后人不能改正而两存之也者（也者：的说法），非也。诸章皆引《诗》，此章独引《书》者，以（因）孔子之言布在方策⑤，言必皆引《诗》《书》证事，示（表示）不凭（凭空）虚说，义当《诗》意则引《诗》，义当《易》意则引《易》。此章与《书》意义相契（合），故引为证也。

郑注以《书》录王事，故证《天子》之章，以为引类得象⑥。然（然而）引《大雅》证"大夫"，引《曹风》证"圣治"，岂（难道也是）引类得象乎？此不取也。

云"一人，天子也"者，依孔传也。《旧说》天子自称则言"予一人"。

予，我也。言我虽身处上位，犹是人中之一耳；与人不异，是谦也。若臣人（臣人：下面的人）称之，则惟（只）言"一人"。言四海之内惟一人，乃为尊称也。天子者，帝王之爵，犹公、侯、伯、子、男五等之称。

云"庆，善也"者，《书》《传》通（一样）也。

云"十亿曰兆"者，古数为然（古数为然：古时就这样计数）。

云"义取天子行孝，兆人皆赖其善"者，释"一人有庆，兆民赖之"也。姓言百，民称兆，皆举（表示）其多也。

【注释】

①生甫及申：降生了甫和申。申，申伯；甫，甫侯，都是周宣王舅父，周朝重臣，相传是古四岳后裔。语出《诗·大雅·崧高》："崧高维岳，骏极于天，维岳降神，生甫及申。"

②《扬之水》：是《诗经·国风·王风》之四。

③不与我戍甫：不能共我守卫甫国。《扬之水》中有"扬之水，不流束楚。彼其之子，不与我戍甫。"

④叔虞：姓姬名虞，字子于，是周成王姬诵的同母弟。成王八年冬十月，成王派叔父周公旦率军队伐唐乱，叔虞参加，平定了叛乱。后来成王封叔虞为唐侯。故称唐叔虞。大约过了三十多年他儿子改唐为晋，因而唐叔虞便成为晋国的始祖。

⑤布在方策：陈述的是典籍。

⑥引类得象：用比喻来依此类推。

《孝经注疏·卷一》考证

【原文】

原文　"开宗明义章"

考证　《朱子刊误》本但（只要）有分章，章名悉削去（悉削去：全部删除）。

原文　"仲尼居"

考证　古文作"闲居"。吴澄曰：许慎《说文》所引《孝经》皆古文也。今按《说文》"居"字下引《孝经》"仲尼居"，见得当时古文"居"上即无"闲"字。刘炫本增此一字，妄（不实）矣！

原文　"曾子侍"

考证　古文作"侍坐"。吴澄曰：《小戴记》云：仲尼燕居，子张、子贡、言游侍。孔子闲居，子夏②侍。《大戴记》云："孔子闲居，曾子侍"，并无"坐"字，此经当为一例。

【注释】

①大小戴：指西汉今文经学家戴德与其侄戴圣。二人同受《礼》于后苍，德传《礼》八十五篇，称《大戴礼》；圣传《礼》四十九篇，称《小戴礼》。见《汉书·儒林传》。

②子张、子贡、言游、子夏：

子张：即颛孙师（前503—?），字子张，孔门弟子之一。春秋末陈国阳城（今河南登封）人。出身微贱，且犯过罪行，经孔子教育成为"显士"。

子贡：名端木赐，是孔门七十二贤之一，且列言语科之优异者。孔子曾称其为"瑚琏之器"。他利口巧辞，善于雄辩，且有干济才，办事通达。曾任鲁、卫两国之相。

言游：（前506—前443），姓言，名偃，字子游，亦称"言游""叔氏"，春秋末吴国人，与子夏、子张齐名，孔子的著名弟子，"孔门十哲"之一。子游少孔四十五岁，是孔子后期学生中之佼佼者，后人往往把他与子夏合称为"游夏"。

子夏：少孔子四十四岁，是孔子后期学生中之佼佼者，才思敏捷，以文学著称，被孔子许为其文学科的高才生。

【原文】

音义　曾子，名曑，或作"参"，音同义别（不同）。

考证　臣清植按：《唐韵》《集韵》"曑"音"森"。"参"音"骖"，《九经字样》[2]曰"曑"，隶（隶书）省作"叅"，与"参"不同，今经典相承多用"参"。

原文　"先王有至德要道"

考证　古文"先王"上有"参"字。

原文　"德之本也，教之所由生也"

考证　古文二句各无"也"字。吴澄曰：《刘炫本》所减，多是句末"也"子，比今文更觉突兀。

【注释】

①《唐韵》：唐代开元年间孙愐著，共分5卷，平声分上、下，平声上26韵，平声下28韵；上声52韵；去声57韵；入声32韵，总数为195韵，

全书收字26194个。

②《九经字样》：唐文宗时翰林待诏朝议郎、勒字官、书法家唐玄度撰的辨正经传文字形体的书。他奉诏校太学立石壁九经字体，根据张参所作《五经文字》，补其未备，撰集为《新加九经字样》一卷，与《五经字》一同刻于石经之末。全书有76部。

【原文】

原文　"无念尔祖"

音义　郑玄云：无念，无忘也。《尔雅》云：勿念也。

考证　《朱子诗集传》云：无念，犹言"岂得无念"也。

原文　"盖天子之孝也"

考证　古文无"也"字。

原文　"《甫刑》"，《疏》：因"吕国"，改作"甫"名。

考证　臣清植按：苏轼《春秋列国图》说有莒无吕，疑此盖吕姓而封于甫者（详见前面的注释），《尚书》指其姓，故作《吕刑》。他书传指其国，故作《甫刑》。《史记》亦曰："甫侯言於（言於：告诉）王，作修刑辟（作修刑辟：制定刑法，法度，法律）。"

《孝经注疏》卷二

诸侯章第三

【原文】

邢疏　正义曰：次天子之贵者，诸侯也。案《释诂》云：公侯，君也。

不曰诸公者，嫌涉（嫌涉：避忌涉及）天子三公也，故以其次称为诸侯。犹言诸国之君也。

皇侃云：以（因为）侯是五等之第二，下接伯、子、男，故称诸侯，今不取也。

孝经　在上不骄，高而不危；

御注　诸侯，列国之君，贵在人上，可谓高矣。而能不骄，则免危也。

孝经　制节谨度，满而不溢。

御注　费用约俭，谓之制节；慎行礼法，谓之谨度；无礼为骄，奢泰（奢泰：奢侈）为溢。高而不危，所以长守贵也；满而不溢，所以长守富也。

孝经　富贵不离其身，然后能保其社稷，而和其民人。

御注　列国皆有社稷，其君主而祭之。言富贵常在其身，则长（长久稳定地）为社稷之主，而人自和平也。

孝经　盖诸侯之孝也。

音义　溢，音"逸"。费，芳味反。用，如字。约，於略反。俭，勤检反。奢，书虵（同"蛇"）反。泰，音"太"。离，力智反。（注同）。

邢疏　正义曰：夫子前述天子行孝之事已毕，次明（次明：接着说）诸侯行孝也。言诸侯在一国臣人之上，其位高矣。高者危惧，若能不以贵自骄，则虽处高位，终不至於倾危也。积一国之赋税，其府库（府库：旧指国家贮藏财物、兵甲的处所）充满矣，若制立节限①，慎守法度，则虽充满而不至盈溢也。

满，谓充实，溢，谓奢侈。《书》（即《尚书》）称"位不期骄，禄不期侈②"，是知贵不与骄期而骄自至，富不与侈期而侈自来（注见顺治本第19页）。言诸侯贵为一国人主，富有一国之财，故宜戒之也。

又复述不危不溢之义。言居高位而不倾危，所以常守其贵；财货充满而不为溢，所以长守其富。使富贵长久，不去离其身，然后乃能安其国之社稷而协和（协和：和睦融洽）所统之臣人。谓社稷以此安，臣人以此和也。言此上所陈（说的这些），盖是诸侯之行孝也。

皇侃云："民是广及无知，人是稍识仁义③，即（即使是）府史（府史：文书、出纳等小官员）之徒，故言民人明（民人明：大家都明白），远近皆和悦也。"

《援神契》云："诸侯行孝曰度。"言奉（尊奉）天子之法度，得（能）不危溢，是荣其先祖也。

【注释】

①制立节限：建立了节约限制花销的制度。

②位不期骄，禄不期侈：地位高了想不骄傲都难，俸禄多了想不奢侈都难。语出《书·周官》。

③民是广及无知，人是稍识仁义：意思是说平民大多没多少知识，但普通人却多少懂得仁义。

【原文】

注　"诸侯"至"危也"。

正义曰：云"诸侯，列国之君"者，经典皆谓天子之国为"王国"，诸侯之国为"列国"。

《诗》云"思皇多士，生此王国"，则天子之国也。

《左传》鲁叔孙豹①云"我列国也"，郑子产②云：列国一同是诸侯之国也。列国者，言其国君皆以爵位尊卑及土地大小而叙列（按序排列）焉。五等（指爵位）皆然。

云"贵在人上，可谓高矣"者，言诸侯贵在一国臣人之上，其位高也。

云"而能不骄，则免危也"者，言其为国以礼（为国以礼：以礼法治国），能不陵上慢下，则免倾危也。

【注释】

①叔孙豹：（？—前 537 年）姬姓，叔孙氏，名豹，春秋时鲁国大夫，谥号曰"穆"，史称叔孙穆子（亦称"叔孙穆叔"）。

②子产：（？—公元前 522），姬姓，国氏，名侨，字子产。春秋时期郑国（今河南新郑）人，著名的政治家和思想家。是郑穆公之孙，公子发之子。

【原文】

注　"费用"至"为溢"。

正义曰：云"费用约俭，谓之制节"者，此依郑注释"制节"也。谓费国之财，以供己用，每事俭约，不为华侈。则（仿）《论语》"道（治理）千乘之国①"云"节用而爱人（爱人：爱惜人民）"是也。

云"慎行礼法，谓之谨度"者，此释"谨度"也。言不可奢僭（奢僭：超规格的奢侈），当须慎行礼法，无所乖越（乖越：差错），动合（动合：行为符合）典章。皇侃云："谓宫室车旗之类，皆不奢僭也。"

云"无礼为骄，奢泰为溢"者，皆谓华侈放恣（华侈放恣：奢华放纵）也。前未解"骄"，今於此注，与"溢"相对而释之。

言"无礼"，谓陵上慢下也。皇侃云："在上不骄以戒贵，应（对应）云溢财不奢以戒富。若云制节谨度以戒富，亦应云制节谨身以戒贵。此不例（不例：不按常例）者，互（交错）其文也。"但骄由居上，故戒贵云"在上"；溢由无节，故戒富云"制节"也。

【注释】

①千乘之国：乘指古代用四匹马拉着的兵车。春秋初期，大国都没有千乘。《左传·僖公二十八年》所记载的城濮之战，晋文公也只七百乘。千乘之国，在孔子时期已经不是大国。

【原文】

注　"列国"至"平也"。

正义曰：列国，已具此释。

云"皆有社稷"者，《韩诗外传》①云："天子大社②，东方青，南方赤，西方白，北方黑，中央黄土。若封四方诸侯，各割其方色土，苴③以白茅而与之。诸侯以此土封之为社，明（表示）受於天子也。"

社，即土神也。经典所论（说到）社、稷，皆连言之。皇侃以为稷五谷之长，亦为土神。据此，稷亦社之类（相似）也。言诸侯有社稷乃有国，无社稷则无国也。

云"其君主而祭之"者，

案：《左传》曰："君人者，社稷是主。"社稷因地，故以"列国"言之。祭必由君④，故以"其君"言之。

云"言富贵常在其身"者，此依王注释"富贵不离其身"也。

云"则长为社稷之主"者，释"保其社稷"也。

云"而人自和平也"者，释"而和其民人"也。

然经上文先贵后富，言因贵而富也。下复（下面又说到）之富在贵先者，此与《易·系辞》"崇高莫大乎富贵"。《老子》云"富贵而骄"，皆随便而言之，非富合（就是）先於贵也。经传之言（之言：其中说到）社稷多矣。

案：《左传》曰："共工氏之子曰勾龙⑤，为后土⑥，后土为社。有烈山氏⑦之子曰柱，为稷。自夏以上（夏以上：夏朝以前）祀之。周弃（周弃：即后稷）亦为稷，自商以来祀之。"

言"勾龙、柱、弃"配社稷而祭之，即（就是说）"勾龙、柱、弃"非社稷也。又《条牒》云："稷坛在社西，俱北乡（通"向"）并列，同营（犹院落）共门⑧"。并如《条》之说。

【注释】

①《韩诗外传》：是一部有360条轶事、道德说教、伦理规范以及实际忠告等不同内容的杂编。每条都以一句恰当的《诗经》引文做结论，以支持政事或论辩中的观点，就其书与《诗经》联系的程度而论，它对《诗经》既不是注释，也不是阐发。

②大社：即太社。古代天子为群姓祈福报功而设立的祭祀土神、谷神的场所。语出《礼记·祭法》："王为群姓立社曰大社，王自为立社曰王社。"周制，天子有三社：为国立社称太社；自为立社为王社；亡国之社为亳社。

③苴：衬垫。古代祭祀时在白茅草制作的草席衬垫上放置祭品。

④祭必由君：祭祀必须由君主来主持。

⑤勾龙：社神，汉蔡邕《独断》卷上："盖共工氏之子勾龙也，能水土，帝颛顼之世，举以为土正。天下赖其功，尧祠以为社。"

⑥后土：盘古之后第三位诞生的大神叫作后土。便是现在非常有名的后土皇地祇，又称后土娘娘。她掌阴阳，育万物，被称为大地之母。是最早的地上之王。与主持天界的玉皇大帝相配台，为主宰大地山川的女性神。关于后土的来历，有各种不同的传说。《国语·鲁语》说神明是共工的儿子，能

平定九州，成为地神。《左传》又说是神的名称："土正曰后土"《周礼·大司乐》称"地示"。《礼·月令》称"中央土，其帝黄帝、其神后土"。

⑦烈山氏：传说中炎帝、神农氏的别称。又名厉山氏。《国语·鲁语上》："昔烈山氏之有天下也，其子曰柱，能殖百谷百蔬。"

⑧同营共门：指社稷坛的位置。社稷坛是祭祀社稷时所用的祭坛，是重要的礼制建筑，在古代都城规划设计中有重要的地位。按照《周礼·考工记》中"左祖右社"的记载，历代王朝都在都城建造太庙和社稷坛，二者分居左右，如北京的社稷坛。社稷坛早期是分开设立的，称作太社坛、太稷坛，后来才逐渐合而为一，共同祭祀。

【原文】

孝经　诗云：'战战兢兢，如临深渊，如履薄冰。'

御注　战战，恐惧。兢兢，戒慎。临深恐坠，履冰恐陷，义取为君恒（常）须戒惧。

音义　"《诗》云……"，此《诗·小雅》节《南山》之什①《小旻》卒章（卒章：结尾一段）。

战，章扇反。兢，棘冰反。恐，丘勇反（《康熙字典》亦注此为古音），惧也。下同。陷，陷没之陷。

邢疏　正义曰：夫子述诸侯行孝终毕，乃引《小雅·小旻》之诗以结之，言诸侯富贵不可骄溢，常须戒惧，故战战兢兢，常如临深履薄也。

注　"战战"至"戒惧"。

正义曰：此依郑注也。

案：《毛诗传》云："战战，恐也。兢兢，戒也。"此注"恐"下加"惧"，"戒"下加"慎"，足以圆文（圆文：终结文意）也。

云"临深恐坠，履薄恐陷"者，亦《毛诗传》文也。"恐坠"，谓如入深渊，不可复出。"恐陷"，谓没在冰下，不可拯济（拯济：救助）也。云义取为君常须戒慎者，引《诗》大意如此。

【注释】

①什：《诗经》中《雅》《颂》部分多以十篇为一组，称之为"什"。如：《鹿鸣》之什、《清庙》之什等。后用以泛指诗篇、文卷，也称为篇什。

卿大夫章第四

【原文】

邢疏　正义曰：次诸侯之贵者，即卿大夫焉。

《说文》云："卿，章也。"

《白虎通》云："卿之为言章①也。章，善明理也，大夫之为言'大扶'，扶进（扶进：推荐）人者也。故《传》（《毛传》）云：进贤达能②，谓之卿大夫。"

《王制》③云："上大夫，卿也。"

又《典命》（即《周礼·春官·典命》）云："王之卿六命④，其大夫四命。"则为卿与大夫异也。今连言（连言：连起来说）者，以其行（指孝行）同也。

【注释】

①卿之为言章：为卿者之言叫作"章"（即上奏之本）。

②进贤达能：举荐贤人，任用能者。

③《王制》：《礼记》中一篇，内容为古代君主治理天下的规章制度，涉及封国、职官、爵禄、祭祀、葬丧、刑罚、建立成邑、选拔官吏以及学校教育等方面的制度。

④命：周代官位的级别。《周礼·春官·大宗伯》："以九仪之命，正邦国之位。壹命受职，再命受服，三命受位，四命受器，五命赐则，六命赐官，七命赐国。"

【原文】

孝经　非先王之法服不敢服

御注　服者，身之表也。先王制五服，各有等差（等差：等级之差别）。言卿大夫遵守礼法，不敢僭上偪下①。

孝经　非先王之法言不敢道，非先王之德行不敢行。

御注　法言，谓礼法之言。德行，谓道德之行。若言非法，行非德，则亏（违背）孝道，故不敢也。

孝经　是故非法不言，非道不行。

御注　言必守法，行必遵道。

孝经　口无择言，身无择行。

御注　言行皆遵法道，所以无可择也。

孝经　言满天下无口过，行满天下无怨恶。

御注　礼法之言，焉有口过（口过：说错话）？道德之行，自无怨恶。

孝经　三者备矣，然后能守其宗庙。

御注　三者：服、言、行也。《礼》："卿大夫立三庙②，以奉先祖。"言能备此三者，则能长守宗庙之祀。

【注释】

①僭上偪下：违反定制而超越上级，威胁下级。"偪"同"逼"。

②三庙：指古代大夫为供祀祖先所立之庙。《礼记·王制》："大夫三庙：一昭，一穆，与太祖之庙而三。"《礼记·祭法》："大夫立三庙二坛，曰考庙，曰王考庙，曰皇考庙，享尝乃止。"

【原文】

孝经　盖卿大夫之孝也。

音义　德行之"行"，下孟反。注："德行"及下"择行""行满"皆同。过，古卧反，注同。恶，乌路反。旧如字。注同。庙，本或作庿（"庙"的古字）。

邢疏　正义曰：夫子述诸侯行孝之事终毕，次明卿大夫之行孝也。

言大夫委贽事君①，学以（学以：学习用以）从政。立朝（立朝：在朝为官），则接对宾客；出聘（出聘：出使访问），则将命（将命：奉命）他邦，服饰、言行须遵礼典。非先王礼法之（规定的）衣服，则不敢服之於身。若非先王礼法之言辞，则不敢道（说）之於口。若非先王道德之景行（景行：高尚的德性），亦不敢行之於身。

就此三事之中，言行尤须重慎。是故非礼法则不言，非道德则不行。所以口无可择之言，身无可择之行也，使言满天下无口过，行满天下无怨恶。"服饰、言、行"三者无亏，然后乃能守其先祖之宗庙。盖是卿大夫之行孝也。

《援神契》云："卿大夫行孝曰'誉'，盖以声誉为义。"谓言行布满天下，能无怨恶，遐迩（遐迩：远近）称誉，是荣亲也。

《旧说》云："天子、诸侯。各有卿大夫。"此章既云言行满於天下，又引《诗》云："夙夜匪懈，以事一人"，是举天子卿大夫也。天子卿大夫尚尔（尚尔：尚且如此），则诸侯卿大夫可知也。

注 "服者"至"偪下"。

正义曰："服者，身之表也"者，此依孔传也。《左传》曰："衣，身之章也。"彼注云"章（表现）贵贱"，言服饰所（用）以章其贵贱，章则"表"之义也。

云"先王制五服，各有等差"者。

案：《尚书·皋陶篇》曰："天命有德，五服五章②哉。"《孔传》云："五服：天子、诸侯、卿、大夫、士之服也。"尊卑采章（采章：纹饰色彩）各异，是有等差也。

云"言卿大夫遵守礼法，不敢僭上逼下"者。

"僭上"，谓服饰过制，僭拟（类似）於上也。"偪下"，谓服饰俭固（俭固：简约古板），逼迫於下也。

卿大夫言必守法，行必遵德，服饰须合礼度，无宜僭偪。故刘炫引《礼》证之曰"君子上不僭上，下不偪下"是也。

又案：《尚书·益稷》篇称命（称命：说到）禹曰："予欲观古人之象，日、月、星辰、山、龙、华虫（华虫：雉，野鸡的别称）作会（作会：作为图饰），宗彝③、藻④、火、粉、米、黼（黑白相间的斧形纹饰）、黻（黑青相间的亚形纹饰）絺绣（絺绣：绣在细葛布上），以五采彰（表示），施於五色作服汝明⑤（汝明：表明其身份）。"

《孔传》曰："天子服日月；而下诸侯自龙衮（古代帝王及上公祭宗庙所穿的礼服；一名卷龙衣）而下至黼、黻；士服藻、火；大夫加粉、米。上得（可以）兼下，下不得僭上。"

此古之天子冕服⑥十二章。以日、月、星辰及山、龙、华虫六章画於衣

（上身所穿为衣），衣法（仿效）於天，画之为阳也。以藻、火、粉、米、黼、黻六章绣之於裳（下身所穿为裳），裳法於地，绣之为阴也。

日、月、星辰，取照临於下；山取兴云致雨；龙取变化无穷；华虫谓雉取耿介（耿介：正直，异于流俗）；藻取文章[7]；火取炎上（炎上：火焰向上）以助其德；粉取洁白；米取能养；黼取断割；黻取背恶乡（向）善。皆为百王之明戒，以益（补益）其德。

【注释】

①委贽事君：向君主献礼表示臣服、献身。

②五服五章：五服指古代天子、诸侯、卿、大夫、士五等服式。五章指服装用五种不同的文采来表示尊卑。

③宗彝：指天子祭服上所绣虎与蜼的图像。因宗彝常以虎、蜼为图饰，因以借称。蜼，一种长尾猿猴，古人传说其性孝。

④藻：古代官员衣服上所绣作为标志用的水藻图纹。

⑤据说从舜时开始，衣裳就有"十二章"之制。按孔安国说，十二章即十二种图案：日、月、星辰、山、龙、华虫、藻、火、粉、米、黼、黻。天子之服十二种图案全有，诸侯用龙以下八种图案，卿用藻以下六种图案，大夫用藻、火、粉、米四种图案，士用藻、火两种图案。上可以兼下，下不可以兼上，界限十分分明。平民则不许有图案，故称"白丁"。

⑥冕服：古代大夫以上的礼冠与服饰。凡吉礼皆戴冕，而服饰随事而异。

⑦藻取文章：绣上藻是取其美好的花纹。

【原文】

诸侯，自龙衮而下八章也，四章画於衣，四章绣於裳。大夫，藻、火、粉、米四章也，二章画於衣，二章绣於裳。孔安国盖约（盖约：概括，对照）夏、殷章服为（来）说周制，则天子冕服九章①，象（象征）阳之数极②也。

案：郑注《周礼·司服》称：至周而以日、月、星辰画於旌旗，所谓"三辰（三辰：日、月、星）旌旗，昭（昭示）其明也"。又云："登龙於山，登火於宗彝③，尊其神明也。"古文以山为九章（九章：指前说九种图案）之首，火在宗彝之下。周制以龙为九章之首，火在宗彝之上，是（于是）"登龙於山，登火於宗彝"也。

又案：《司服》云："王祀昊天（昊天：苍天）上帝，则服大裘（大裘：天子祭天的礼服）而冕，祀五帝亦如之。享（祭祀）先王则衮冕④；享先公（先公：自己的先人）、飨（隆重的宴宾之礼）、射（射箭饮酒之礼）则鷩冕⑤；祀四望（四望：四面，周围）山川则毳冕（毳冕：兽毛制作的礼服）；祭社稷、五祀⑥则絺冕（絺冕：有绣饰的礼帽）；群小祀则玄冕⑦。"

【注释】

①九章：帝王冕服上的九种图案。

②阳之数极：古称奇数为阳数。颜师古注引张晏曰："阳数一三五七九，九，数之极也。"

③登龙於山，登火於宗彝：将飞腾的龙和山水、升腾的火焰和宗彝图案作为天子的服饰图案。龙取其神，火取其明，山者，安静养物。

④衮冕：衮衣和冕。帝王与上公的礼服和礼冠。

⑤鷩冕：一种礼服的名称。鷩即锦鸡。

⑥五祀：一说指祭祀"金、木、水、火、土"五行之神。二说祭祀住宅内外的五种神"门、户、中堂、灶、出行"。

⑦群小祀则玄冕：古代对司中、司命、风伯、雨师、诸星、山林、川泽等的祭祀叫小祀也叫群祀。玄冕是祭服之一种。郑玄："玄者，衣无文，裳刺黻而已，是以谓玄焉。"

【原文】

而冕服九章也。又案：郑注："九章：初（第）一曰龙，次二曰山，次三曰华虫，次四曰火，次五曰宗彝，皆画以为缋（彩色花纹图案）；次六曰藻，次七曰粉米，次八曰黼，次九曰黻，皆絺以为绣①。则衮之衣五章，裳四章，凡九也。"

"鷩画以雉，谓华虫也。其衣三章，裳四章，凡七章。毳画虎蜼，谓宗彝也。其衣三章，裳二章，凡五也。絺刺（刺绣）粉、米，无画也。其衣一章，裳二章，凡三也。玄者，衣无文，裳刺黻而已，是以（因此）谓"玄"焉。凡冕服皆玄衣纁（浅绛色）裳。"

又案：《司服》："公之服，自衮冕而下，如王之服。侯、伯之服，自鷩冕而下。子、男之服，自毳冕而下。卿大夫之服，自玄冕而下。士之服，自皮弁（皮弁：白鹿皮制成的冠）而下，如大夫之服。"则周自公、侯、伯、子、男，其服之章数又与古之象服差（有差异）矣。

注 "法言"至"敢也"。

正义曰："法言，谓礼法之言"者，此则《论语》云"非礼勿言"是也。

云"德行，谓道德之行"者，即《论语》云"志於道，据於德"是也。

云"若言非法，行非德"者，即《王制》云"言伪而辨，行伪而坚^②"是也。

云"则亏孝道，故不敢也"者，释所以不敢之意也。

【注释】

①絺以为绣：在细葛布上绣成图案。

②言伪而辨，行伪而坚：说假话还使劲辩解，做错事还不改正。

【原文】

注　"言必"至"遵道"。

正义曰：此依正文释"非法不言，非道不行"也。

注　"言行"至"择也"。

正义曰：言不守礼法，行不遵道德，皆已而法之（已而法之：过分了而废弃）。经言"无择"，谓令言行无可择也。

注　"礼法"至"怨恶"。

正义曰：口有过恶（过恶：错误）者，以言之非礼法；行有怨恶（怨恶：怨恨憎恶）者，以所行非道德也。若言必守法，行必遵道，则口无过，怨恶无从而生。

注　"三者"至"之祀"。

正义曰：云"三者，服、言、行也"者，此谓"法服、法言、德行"也。然言之与行，君子所最谨，出己加人，发迩见远^①，出言不善，千里违之^②，其行不善，谴辱斯及^③。故首章一叙"不毁（不毁：不亏欠）"而再叙"立身"，此章一举"法服"而三复"言行"也。则知表身（表身：表明自己的身份）者，以言行，不亏不毁犹易，立身难备（难备：难以做到）也。

皇侃云："初陈教本（教本：教化的本意），故举三事。服在身外可见，不假（需要）多戒；言行出於内府（内府：个人内在）难明，必须备言（备言：详说），最於后结（最於后结：放在最后总结），宜应总言。"谓人相见，先观容饰，次交言辞，后谓德行，故言三者以服为先，德行为后也。

云"《礼》：卿大夫立三庙"者，义见末章。

云"以奉先祖"者，谓奉事其祖考也。

云"言能备（完备）此三者，则能长守宗庙之祀"者，言卿大夫若能备"服饰、言、行"，故能守宗庙也。

【注释】

①出己加人，发迩见远：出于自己，加于别人，由近至远。迩：近。

②出言不善，千里违之：说话不对，众人会反对。"千里"形容人多范围广。

③其行不善，谴辱斯及：其行为不好就会受到谴责与羞辱。

【原文】

孝经　《诗》云：'夙夜匪懈，以事一人。'

御注　夙，早也。懈，惰也。义取为卿大夫能早夜不惰，敬事其君也。

音义　"《诗》云……"，此《大雅·荡》之什《蒸民》篇语。懈，佳卖反，字或作"解"，注同。"惰"，古卧反。下同。

邢疏　正义曰：夫子既述卿大夫行孝终毕，乃引《大雅·烝民》之诗以结之，言卿大夫当早起夜寐，以事天子，不得懈惰。匪，犹"不"也。

注　"夙早"至"君也"。

正义曰："夙，早也"，《释诂》文。"懈，惰也"，《释言》文。

云"义取为卿大夫能早夜不惰"者，引《诗》大意如此。

云"敬事其君也"者，释"以事一人"，不言天子而言君者，欲通诸侯卿大夫也。

士章第五

【原文】

邢疏　正义曰：次卿大夫者，即士也。

案：《说文》曰："数，始於一，终於十。"孔子曰："推一答十为士。"《毛诗传》曰："士者，事也。"《白虎通》曰："士者，事也，任事之称也。"故《礼辨名记》曰："士者，任事之称也。《传》曰：通古今，辨然不然（辨然不然：分辨是不是），谓之士。"

孝经　资於事父以事母，而爱同；资於事父以事君，而敬同。

御注　资，取也。言（说的是）爱父与母同，敬父与君同。

孝经　故母取其爱，而君取其敬，兼之者父也。

御注　言事父兼爱与敬也。

孝经　故以孝事君则忠。

御注　移事父孝以事於君，则为忠矣。

孝经　以敬事长则顺。

御注　移事兄敬以事於长，则为顺矣。

孝经　忠顺不失，以事其上，然后能保其禄位，而守其祭祀。

御注　能尽忠顺以事君长，则常安禄位，永守祭祀。

孝经　盖士之孝也。

音义　兼，古恬反（此为《广韵》读音），"并"也。长，丁丈反（此为上古读音）。注同。

邢疏　正义曰：夫子述卿大夫行孝之事终，次明（次明：然后阐明）士之行孝也。

言士始升公朝（始升公朝：开始进入国家机关），离亲入仕（入仕：当官）。故此叙事父之爱敬，宜均（等同）事母与事君，以明（表明）割恩从义①也。

"资"者，取也。取於事父之行以事母，则爱父与爱母同；取於事父之行以事君，则敬父与敬君同。

母之於子，先取其爱；君之於臣，先取其敬，皆不夺其性（夺其性：失去其本性）也。若兼取爱敬者，其惟（其惟：岂只有）父乎？既说爱敬取舍之理，遂明出身入仕之行。

"故"者，连上之辞也。谓以事父之孝移事其君，则为忠矣；以事兄之敬移事於长，则为顺矣。"长"谓公卿大夫，言其位长於（长於：高于）士也。

又言事上之道，在於忠顺，二者皆能不失，则可事上矣。"上"谓"君"与"长"也。言以忠顺事上，然后乃能保其禄秩（禄秩：俸禄级别）、官位，而长守先祖之祭祀，盖士之孝也。

《援神契》云："士行孝曰'究'。"以明审（明审：搞清楚）为义，当须能明审资亲事君之道，是能荣亲也。

《白虎通》云："天子之士，独称'元士'。盖士贱，不得体君之尊，故加'元'以别（区别）於诸侯之士也。"此直（遇上）言"士"，则诸侯之"士"。

前言大夫，是戒（告诫）天子之大夫，诸侯之大夫可知也。此章戒诸侯之士，则天子之士亦可知也。

注 "资取"至"君同"。

正义曰：云"资，取也"者，此依《孔传》也。

案：郑注《表记》《考工记》并同训（解说为）"资，取也"。

注"言爱父与母同，敬父与君同"者，谓事母之爱，事君之

新二十四孝图（十二）

敬，并同于父也。然爱之与敬俱出于心，君以尊高而敬深，母以鞠育（鞠育：养育）而爱厚。

刘炫曰："夫亲（亲爱）至（过分）则敬不极（不极：不够），此情亲而恭（肃敬）少；尊（尊敬）至则爱不极，此心敬而恩杀（压抑）也。故敬极于君，爱极于母。"

梁王云："《天子章》陈（陈说）爱敬以辨化（教化）也。此章陈爱敬以辨情（情感）也。"

注 "言事"至"敬也"。

正义曰：此依王注也。

刘炫曰："母，亲至而尊不至，岂（也许）则（会）尊之不极也；君尊至而亲不至，岂则亲之不极也；惟父既亲且尊，故曰'兼'也。"

刘瓛曰："父情天属，尊无所屈②，故爱敬双极也。"

【注释】

①割恩从义：断绝私恩，服从大义。

②父情天属，尊无所屈：对父亲的感情属于天性，尊敬父亲没有任何委

屈、被迫之感。

【原文】

注　"移事"至"忠矣"。

正义曰：此依郑注也。

《扬名章》云"君子之事亲孝，故忠可移于君"是也。

《旧说》云："入仕本欲安亲（安亲：孝养双亲），非贪荣贵也。若用安亲之心，则为忠也；若用贪荣之心，则非忠也。"

严植之曰："上云君父敬同，则忠孝不得有异。"言以至孝之心事君，必忠也。

注　"移事"至"顺矣"。

正义曰：此依郑注也。下章云："事兄悌，故顺可移於长。"注不言"悌"而言"敬"者，顺经文也。

《左传》曰："兄爱弟敬。"又曰："弟顺而敬。"则知"悌"之与"敬"，其义同焉。

《尚书》云："邦伯，师长[1]。"安国曰："众长，公卿也。"则知大夫已（以）上，皆是士之长。

注　"能尽"至"祭祀"。

正义曰：谓能尽忠顺以事君长，则能保其禄位也。

禄，谓廪食（廪食：公家供给的粮食，犹工资）。位，谓爵位。《广雅》曰："位，莅（治理，管理）也。莅下为位。"

《王制》云："上农夫食九人[2]。"谓诸侯之下士，视（比照）上农夫，中士倍下士，上士倍中士。

"祭"者"际（靠近）"也，神人相接，故曰"际"也。

"祀"者"似"也，谓祀者似将见先人也。

士亦有庙，经（经籍）不言耳。大夫既言宗庙，士可知也。士言祭祀，则大夫之祭祀亦可知也，皆互以相明也。诸侯言保其社稷，大夫言守其宗庙，士则"保""守"并言者，皇侃云："称'保'者，安镇也，'守'者，无逸也。社稷、禄位是公，故言保。宗庙、祭祀是私，故言守也。士初得禄位，故两言之也。"

孝经　《诗》云：'夙兴夜寐，无忝尔所生。'

御注　忝，辱也。所生，谓父母也。义取早起夜寐，无辱其亲也。

音义　"《诗》云"，此诗《小雅》节《南山》之什《小宛》篇语。寐，面利反。忝，辱也，他簟反。所生，谓父母。

邢疏　正义曰：夫子述士行孝毕，乃引《小雅·小宛》之诗以证之也。言士行孝，当早起夜寐，无辱其父母也。

注　"忝，辱"至"亲也"。

正义曰：云"忝，辱也"者，《释言》文云。

"所生，谓父母也"者，下章云"父母生之"是也。

云"义取早起夜寐，无辱其亲也"者，亦引《诗》之大意也。

【注释】

①邦伯，师长：邦伯即为师为长。邦伯即一方诸侯之长；师长：教师、长辈之尊称。

②上农夫食九人：上等土地的产量可供九个人的食粮。

《孝经注疏·卷二》考证

【原文】

原文 "诸侯章"，《疏》："侯"是五等之第二。

考证 臣清植按：侯虽五等之一，然既言诸侯，则於五等之爵皆可以兼之矣。《疏》说未免太泥（拘执，不变通）。

原文 "高而不危，所以长守贵也；满而不溢，所以长守富也。"

考证 "古文无两'也'字。"

原文 "盖诸侯之孝也。"

考证 古文无"也"字。

原文 非先王之法服不敢服。《疏》：孔安国盖约（概括）夏殷章服为说（解释）。

考证 臣照按：安国所传者，《虞书》[①]，则所言当是有虞氏之章服，不必别言夏殷。但有虞世（年代）远不可考，而安国所言又不尽（全部是）周制，故邢氏谓是约夏殷以为说也。

原文 "然后能保其禄位。"

考证 古文"禄位"作"爵禄"。

原文 "此卿大夫之孝也。"

考证 古文无"也"字。

【注释】

① 《虞书》：《尚书》按时代先后分《虞书》《夏书》《商书》《周书》

四个部分。

《孝经注疏》卷三

庶人章第六

【原文】

邢疏　正义曰：庶者，众也，谓天下众人也。

皇侃云："不言众民者，兼包府史之属，通谓之庶人也。"严植之以为士有员位（员位：职数定额），人无限极，故士以下皆为庶人。

孝经　用天之道，

御注　春生、夏长、秋敛、冬藏，举事顺时（举事顺时：行事要顺应时机），此用天道也。

孝经　分地之利，

御注　分别五土，视其高下，各尽所宜，此分地利也。

孝经　谨身节用，以养父母。

御注　身（为人）恭谨，则远耻辱；用（花销）节省，则免饥寒。公赋既充，则私养（私养：私人生活）不阙。

孝经　此庶人之孝也。

御注　庶人为孝，唯此而已。

音义　长，丁丈反（上古读音）。敛，力俭反。藏，才郎反。分，符云反。注同。别，彼列反。

五土：《周礼》："五土，一曰山林，二曰川泽，三曰丘陵，四曰坟衍，五曰原隰。"养，羊尚反。

邢疏　正义曰：夫子上述士之行孝已毕，次明庶人之行孝也。言庶人服田力穑（见顺治本 26 页注③），当须用天之四时生成（生成：适宜种植）之道也，分地五土所宜之利，谨慎其身，节省其用，以供养其父母。此则庶人之孝也。

《援神契》云"庶人行孝曰'畜'（养育）"，以畜养为义，言能躬耕力农①，以畜其德，而养其亲也。

【注释】

①躬耕力农：下田做农活儿。

【原文】

注　"春生"至"道也"。

正义曰：云"春生、夏长、秋敛、冬藏"者，此依郑注也。

《尔雅·释天》云："春为发生，夏为长嬴（长嬴：生长繁殖），秋为收敛，冬为安宁。"安宁即闭藏之意也。

云"举事顺时，此用天之道也"者，谓举（处理）农亩之事，顺四时之气。春生则耕种，夏长则芸（通"耘"，除草）苗，秋收则获割，冬藏则入廪（粮仓）也。

注　"分别"至"利也"。

正义曰：云"分别五土，视其高下"者，此依郑注也。

案：《周礼·大司徒》云："五土：一曰山林、二曰川泽、三曰邱陵、四曰坟衍、五曰原隰。"谓庶人须能分别（辨别）视此五土之高下（高下：优劣），随（根据）所宜（适宜）而播种之，则（类似）《职方氏》①所谓"青州其谷（庄稼）宜稻麦、雍州其谷宜黍稷”之类是也。

云“各尽其所宜，此分地利也”者，此依《孔传》也。刘炫曰：“黍、稷生於陆，苽（即茭白）、稻生於水。”

注　“身恭”至“不阙”。

正义曰：云“身恭谨，则远耻辱”者。《论语》曰：“恭，近於礼，远耻辱也。”

云“用节省则免饥寒”者。“用”，谓庶人衣服、饮食、丧祭之用，当须节省。

《礼记》曰：“食节事时②。”又曰：“庶人无故不食珍（食珍：吃精美食物），及（等到）三年之耕，必有一年之食；九年耕，必有三年之食。以三十年之通（合计），虽有凶旱水溢，民无菜色（菜色：以菜充饥脸色发绿）。”是免饥寒也。

云“公赋（公赋：官府的赋税）既充，则私养（私养：个人生活资料及费用）不阙（缺）”者。“赋”者，自上税下③之名也。谓常省节财用，公家赋税充足，而私养父母不阙乏也。

《孟子》称：“周人百亩而彻，其实皆什一④也。”

刘熙注云：“家耕百亩，彻取十亩以为赋也。”又云：“公事毕，然后敢治私事。”是也，

注　“庶人”至“而已”。

正义曰：此依魏注也。

案：天子、诸侯、卿大夫、士皆言“盖”，而庶人独言“此”。

注释言“此”之意也，谓天子至士，孝行广大，其章略述宏纲（宏纲：主旨大纲），所以言“盖”也。庶人用天分地，谨身节用，其孝行已尽，故曰“此”，言“唯此”而已。

《庶人》不引《诗》者，义尽於此，无赘词（赘词：多余的话）也。

【注释】

①《职方氏》：指《周礼·夏官·职方氏》。书中谓夏官司马所属有职方氏官员，职方氏掌天下之图，以掌天下之地，辨各地之人民，与其财用、九谷、六畜之数要，周知其利害。

②食节事时：根据不同的时段合理分配食物。

③自上税下：官府要百姓的缴纳赋税，

④周人百亩而彻，其实皆什一：周代的田税制度叫作"彻"，"彻"意为抽取。朱熹说："通力合作，计亩均收，大率民得其九，公取其一"，当时的农民兼种有公田和私田，"彻"是一种在合作制度下的"什一"实物租赋制度。耕种时农民"通力而作"，收获时不论公私都"计亩而分"，将实物总产量依公私田亩数量的比例予以分配。

【原文】

孝经　故自天子至於庶人，孝无终始，而患不及者，未之有也。

御注　始自天子，终於庶人，尊卑虽殊，孝道同致，而患不能及者，未之有也。言无此理，故曰未有。

音义　古文分此以下别为一章。

邢疏　正义曰：夫子述天子、诸侯、卿大夫、士、庶人行孝毕，於此总结之。则其五等尊卑虽殊，至於奉亲，其道不别①。

故从天子以下至於庶人，其孝道则无终、始、贵、贱之异也。或有自患己身不能及於孝，未之有也，自古及今，未有此理，盖是勉人行孝之辞也。

注　"始自"至"未有"。

正义曰：云"始自天子，终於庶人"者，谓五章以天子为始，庶人为终也。

云"尊卑虽殊，孝道同致"者，谓天子庶人尊卑虽别，至於行孝，其道不殊（区分）。

天子须爱亲敬亲，诸侯须不骄不溢，卿大夫於（在）言行无择，士须资亲（资亲：供养双亲）事君，庶人谨身节用，各因心而行之斯至②，岂藉（岂藉：难道只是单凭）创物之智③、扛鼎之力④？若率强之无不及⑤也。

云"而患不能及者，未之有也"者。此谓人无贵贱尊卑，行孝之道同致（同致：一个样），若各率（遵循）其己分（己分：自己该做的），则皆能养亲。言患不及於孝者未有也，说孝道包含之义广大，塞（充满）乎天地，横（横贯）乎四海。

经言（经言：孝经说）"孝无终始"，谓难备（完备）终始，但不致毁伤（毁伤：此犹"影响"）立身行道。安其亲、忠於君，一事可称（可称：可以称道，做得好），则行成名立⑥，不必终始皆备也。

此言行孝甚易，无不及之理，故非孝道不终始致（导致）必及之患⑦也。

【注释】

①其道无别：他们侍奉亲人的基本道理都无区别。

②各因心而行之斯至：各自都遵循自己的本性而做到。

③创物之智：造物主创造的条件。

④扛鼎之力：形容气力特别大。扛：用双手举起沉重的东西。鼎：三足两耳的青铜器。

⑤若率强之无不及：如果努力去做，没有做不到的。

⑥行成名立：事情做得成功，美名就能树立。

孝经诠解

⑦必及之患：必然出现能否做到的问题。

【原文】

云"言无此理，故曰未有"者，此释"未之有"之意也。

谢万以为：无终始，恒（经常，老是）患不及，"未之有者"，少贱之辞①也。

刘瓛云："礼不下（不下：不求全责备）庶人。若言我贱而患行孝不及己（不及己：自己做不到）者，未之有也。"此但得"忧不及"之理，而失於叹"少贱"之义也。

郑曰："诸家皆以为患及身，今注以为自患不及，将（岂）有说乎?"答曰："案（按照）《说文》云：'患，忧也。'《广雅》曰：'患，恶也。'又若案（按照）注说，释'不及'之义凡有四焉，大意皆谓有患贵贱行孝无及之忧，非以'患'为'祸'也。"

经传（经传：经书中记载）之称"患"者多矣：《论语》"不患人之不己知"；又曰"不患无位"；又曰"不患寡而患不均"；《左传》曰"宣子患之②"，皆是忧恶之辞也。惟《苍颉篇》谓患为祸。孔、郑、韦、王之学引之以释此经，故皇侃曰："无始有终，谓改悟（改悟：醒悟而改悔）之善，恶祸何必及之?"则"无始"之言，已成空设也。

《礼·祭义》："曾子说孝曰：'众之本教曰孝，其行（行为）曰养。养可能（做到）也，敬为难；敬可能也，安（安养）为难；安可能也，卒（终）为难。父母既没，慎行其身，不遗父母（不遗父母：不给父母留下）恶名，可谓能终矣。'"

夫以曾参行孝，亲承（承教于）圣人之意，至於（到）能终孝道，尚以为难，则寡能（寡能：没能耐）无识，固非所企③也。今为行孝不终，祸患必及（上身），此人偏执，讵谓经通^④？

【注释】

①少贱之辞：原意是孔子说自己因为小时候生活艰难，所以才能学到很多技能。此处作"借口""理由"意。《史记·孔子世家》：太宰问于子贡曰："夫子圣者与？何其多能也？"子贡曰："固天纵之将圣，又多能也。"子闻之，曰："太宰知我乎？吾少也贱，故多能鄙事。君子多乎哉，不多也。"

②宣子患之：宣子即春秋中前期晋国卿大夫赵衰之子赵盾，曾任晋国首相，谥号宣子。"宣子患之"故事出自《左传》中《晋灵公不君》，说的是晋灵公厚敛雕墙，违反儒家薄赋敛，轻徭役，藏富于民的思想。以弹子射人以为乐，杀宰夫，不敬大臣。赵盾因晋灵公荒淫无道，苦谏其勤政爱民，触怒灵公，因而险遭灵公谋害。后来赵盾的弟弟赵穿谋杀了晋灵公，迎回赵盾执掌大权。晋国的太史董狐写下"赵盾弑其君"。赵盾对董狐说："弑君者是赵穿，不是我的罪。"董狐说："你是相国，君主被害时你没有离开晋国，还是晋国之臣，后来又没有讨伐杀死国君的罪人，弑君的不是你是谁？"赵盾慨叹自己念着祖国，反自找忧患。孔子评论说：董狐是好史官，赵盾是好大臣。赵盾因史官的纪史原则而受到了弑君的恶名。赵盾要是不在国内就没罪了。

③固非所企：肯定不能企盼的。

④讵谓经通：岂能算明白经书中的道理。讵：难道。

【原文】

郑曰："《书》（《尚书·汤诰》）云：'天道福善祸淫^①。'"又曰："惠迪吉，从逆凶，惟影响②，斯（此）则必有灾祸，何得称无也？"答曰："来问指淫凶（淫凶：大祸患）悖（谬误）慝（邪恶）之伦（类），经言戒（告诫）不终（完成）善美之辈。"

《论语》曰："今之孝者，是谓能养。曾子曰：'参，直养者（直养者：本就该养父母者）也，安（怎么）能为（算）孝乎？'"

又此章云："以养父母，此庶人之孝也。"傥（倘若）有能养而不能终，只可（可以说是）未为具（尽）美，无（不）宜即同（即同：等同于）淫慝也。

古今凡庸（凡庸：常人），讵识学道③，但使（但使：即使）能养，安（怎么）知始终？若今皆及（遭受）於灾，便是比户（比户：家家户户）可贻（招致）祸矣。而当朝通识者（通识者：学识渊博者）以为郑注非误（非误：没错）。

故谢万云："言为人无终始者，谓孝行有终始也。患不及者，谓用心忧（恐怕）不足也。能行（做得）如此之善，曾子所以称难（称难：称之难得）。故郑注云：'善未有（未有：不能算）也。'"

谛详（谛详：仔细揣摩）此义，将谓不然（不然：并非如此）。何者？孔圣垂文（垂文：留下的文章），包於上下，尽力随分④，宁限（宁限：怎会规定）高卑？则因心（因心：凭良心）而行，无不及也。如依谢万之说，此则常情所昧⑤矣。

子夏曰："有始有卒（终）者，其惟（只有）圣人乎？"

若施化惟待（等待）圣人，千载方期一遇（方期一遇：才能遇到一个）。加於百姓，刑於四海，乃为虚说（虚说：空话）者（句末助词，表示推测）与（语气叹词）？

《制》（《孝经制旨》）有曰："嗟乎！孝之为大，若天之不可逃也，地之不可远⑥也。朕（我）穷（彻底推求，深入钻研）五孝之说，人无贵贱，行无终始，未有不由此道而能立其身者。然则圣人之德，岂云远乎？我欲之而斯至⑦，何患不及於己者哉！"

【注释】

①天道福善祸淫：天意，天理是行善得福，作恶遭祸。

②惠迪吉，从逆凶，惟影响：顺着正道就吉祥，跟从逆行就凶险，这就像影子随形、声音有回响一样。惠：顺从。迪：道理。

③讵识学道：不懂得儒家学说。学道：儒家的仁义礼乐之类学说。

④尽力随分：尽量根据人的本性，按照本该做的。

⑤常情所昧：违背常情。前面谢万解释"患不及者"，只是担心用心不够，而不是做不到。故说这样解释显然违背常情。

⑥天之不可逃，地之不可远：意为天地之大，无边无际，不可脱离。

⑦欲之而斯至：想到就能做到。

三才章第七

【原文】

邢疏　正义曰：天、地谓之"二仪"，兼人谓之"三才"。

曾子见夫子陈说五等之孝既毕，乃发叹（发叹：表示感叹）曰："甚哉！孝之大也。"夫子因其叹（赞）美，乃为（给他）说天经、地义、人行之事，可教化於人。故以名章，次五孝之后。

孝经　曾子曰："甚哉！孝之大也。"

御注　参闻行孝无限高卑①，始知孝之为大也。

孝经　子曰："夫孝，天之经也，地之义也，民之行也。"

御注　经，常（经久不变）也，利物为义②。孝为百行之首，人之常德（常德：永恒的品德），若（如同）三辰运天而有常，五土分地而为义③也。

孝经　天地之经，而民是则之。

御注　天有常明（圣明），地有常利（资源），言人法则（法则：以之为规范效法）天地，亦以孝为常行（常行：日常行为准则）也。

孝经　则天之明，因地之利，以顺天下。是以其教不肃而成，其政不严而治。

御注　法（效法）天明以为常，因地利以行义，顺此以施政教，则不待严肃而成理也。

音义　曾，从八正；甚，从甘匹正；皆放此。夫，音"符"。行，下孟反。注同。治，直吏反。

【注释】

①无限高卑：没有高贵低贱的身份限制。即尽孝无类之意。

②利物为义：孔子曾说"君子喻于义，小人喻于利"，似乎将"义"与"利"对立起来了。《易传》中说"利者，义之和也。"而无论是孟子还是墨子、朱子的著述中都认为二者并不是对立的，所谓"义"者必"大利"而非私利，小利。故唐明皇有"利物为义"的判断。

③三辰运天而有常，五土分地而为义：天上的日月星辰运行有规律，这就是"经"；大地的五土各利于万物生长，这就是"义"。

【原文】

邢疏　正义曰：夫子述上从天子，下至庶人五等之孝后，总以结之，语势（语势：语气）将毕（结束），欲以更明（欲以更明：想要进一步说明）

孝道之大，无以发端（无以发端：无从开头），特假（借）曾子叹孝之大，更（再）以弥（更）大之义告之也，曰："夫孝，天之经，地之义，民之行。"

经，常也。人生天地之间，禀天地之气节（气节：气节操守）。人之所法（所法：所效法的），是天地之常义（常义：永远不变的道理）也。

圣人司牧黔庶[1]，故须则（效法）天之常明，因依（因依：依托）地之义利，以顺行於天下。是（则）以其为教也，不待肃戒而成也；其为政也，不假威严而自理（自理：自会秩序安定）也。

【注释】

[1]司牧黔庶：统治，管理平民百姓。《左传·襄公十四年》："天生民而立之君，使司牧之，勿使失性。"

【原文】

注 "参闻"至"大也"。

正义曰：高，谓天子。卑，谓庶人。言曾参既闻夫子陈说天子庶人皆当行孝，始知孝之为大也。

注 "经常"至"义也"。

正义曰：云"经，常也。利物为义"者，"经，常"即书传通训[1]也。《易·文言》[2]曰"利物足以和（合）义"，是"利物为义"也。

【注释】

[1]通训：训诂学名词。在字书或古书的注释中，对多义字根据通常使用

的意义所加的解释。如"庸"字训"用"，训"常"，训"众"；其中在古书中训"用"为常见的训释，"用"就是通训。

②《易·文言》：旧说孔子为易经所作《篆》（上下）、《象》（上下）、《系辞》（上下）、《文言》《说卦》《序卦》《杂卦》等十篇文章，统称为《易传》。近代学者多认为它们非一人一时之作，杂出于战国、秦汉间人手。《易经》通行本中，把《篆》和《象》打散，逐条编入六十四卦卦辞和爻辞之后，《象》是专对易经卦名和卦辞的注释。《文言》是对《乾》《坤》二卦作的进一步的解释。

【原文】

云"孝为百行之首，人之常德"者，郑注《论语》云："孝为百行之本，言人之为行，莫先於孝。"

案：《周易》曰："常其德，贞①。"孝是人所"常德（常德：始终不变的品德）"也。

云"若三辰运天"，谓日、月、星，以时（以时：按一定的时间规律）运转於天。

《释名》云："土者，吐也，言吐生万物。"

《周礼》："五土十地②之利，言孝为百行之首。"是人生有常之德，若日月星辰运行於天而有常，山川原隰分别土地而为利，则知贵贱虽别，必资（凭借）孝以立身，皆贵（崇尚，重视）法则於天地。

然此经全（全部）与《左传》郑子大叔答赵简子问礼③同，其异一两字而已。明（说明）孝之与礼，其义同。

注 "天有"至"行也"。

正义曰：云"天有常明"者，谓日月星辰明临於下（明临于下：犹高挂在天上），纪於四时④，人事则之（人事则之：人们在实践中效法），以"夙兴夜寐，无忝尔所生（见顺治本第 32 页注③④）"。故下文云"则天之明"也。

云"地有常利"者，谓山川原隰，动植物产，人事因（顺应）之，以晨羞夕膳（见顺治本第 32 页注⑤），色养无违。故下文云"因地之利"也。此皆人能法则天地以为孝行者，故云："亦以孝为常行也。"

【注释】

①贞：《易》的内卦，即下三卦，端方正直的意思。

②十地：本为大乘菩萨道的修行阶位。因大地能生长万物，故佛典中常以'地'来形容能生长功德的菩萨行。'十地'即指十个菩萨行的重要阶位。此处用作表示"地"有多种不同性质。

③郑子大叔答赵简子问礼：郑国的子大叔去拜见晋国的赵简子，赵简子问揖让、周旋之礼。子大叔说："是仪也，非礼也。吉也闻先大夫子产曰：'夫礼，天之经也，地之义也，民之行也。'天地之经，而民实则之。则天之明，因地之性，生其六气，用其五行。'"

子大叔：春秋时郑国正卿，才德兼备的政治家与外交家。姓姬，游氏，名吉，字大叔，其名游吉，世人尊称其子大叔。

赵简子：姓嬴，赵氏，名鞅，后名志父，谥号曰"简"，时人尊称其赵孟，史书中多称之赵简子，春秋后期晋国卿大夫，六卿之一，杰出的政治家，军事家，外交家，改革家。战国时代赵国基业的开创者。

④纪於四时：意思是客观存在。古人将岁、月、日、星辰、历数，皆称"纪"。

【原文】

上云"天之经，地之义"，此云"天地之经"而不言"义"者，为（因为）地有利物之义，亦是天常（天常：自然规律）也。若分而言之，则为"义"；合而言之，则为"常"也。

注　"法天"至"理也"。

正义曰：云"法天明以为常，因地利以行义"者，上文云"夫孝，天之经，地之义也"，故云"法天明以为常"，释"天之明"也；"因地利以为义"，释"地之义"也。

云"顺（按照）此以施政教，则不待严肃而成理也"者，经云"其教不肃而成，其政不严而治"。注（御序的注）则以政、教相就（靠近）而明（说明）之，严、肃相连而释（解释）之，从便宜省也。

《制旨》曰："天无立极之统①，无以（无以：没办法）常其明；地无立极之统，无以常其利。人无立身之本，无以常其德。然则（仿）三辰（三辰：日、月、星）迭运（迭运：更迭运行，循环变易），而一以经之②者，大利之性（大利之性：最有利的做法）也；五土分植，而一以宜之（一以宜之：以适宜为准）者，大顺之理也。百行殊涂（同"途"），而一致之者，大中③之要（核心要点）也。"

"夫爱始於和，而敬生於顺，是以因（凭借）和以教爱，则易知而有亲；因顺以教敬，则易从（易从：容易跟着做）而有功。爱敬之化行，而礼乐之政④备（周遍）矣。"

"圣人则天之明以为经，因地之利以行义。故能不待严肃而成可久、可大之业焉。"

【注释】

①立极之统：统一树立的最高准则。

②一以经之：一旦归结于一个准则。

③大中：即中庸之道。无过，无不及。《易·大有》："柔得尊位大中，而上下应之，曰《大有》。"王弼注："处尊以柔，居中以大。"

④礼乐之政：文明礼貌，和谐安详的政治局面。

【原文】

孝经　先王见教之可以化民也。

御注　见因（效仿）天地教化人之易（容易）也。

孝经　是故先之以博爱，而民莫遗其亲；

御注　君爱其亲，则人化（受感化）之，无有遗（遗弃）其亲者。

孝经　陈之於德义，而民兴行；

御注　陈说德义之美，为众所慕（思慕，向往），则人起心（起心：动念头，想要做）而行之。

孝经　先之以敬让，而民不争；

御注　君行（亲自躬行）敬让（敬让：恭敬谦让），则人化而不争（争斗，对抗）。

孝经　导之以礼乐，而民和睦；

御注　礼以检（约束）其迹（行为），乐以正（匡正）其心（心智），则和睦矣。

孝经　示之以好恶，而民知禁。

御注　示（教导）好以引（引导）之，示恶以止（制止）之，则人知有禁令，不敢犯也。

音义　易，以豉反。兴，行（时兴）之。行，下孟反。争，争斗之争，从爪申正。皆放此。导，音"道"，本或作"道"。示，神至反。好，如字；又呼报（"好"）反。恶，如字，又乌路（"恶"）反。禁，金鸩反。注同。

邢疏　正义曰：言先王见因天地之常，不肃不严之政教，可以率先化（教化）下人（下人：指人民）也，故须身行（身行：亲身躬行）博爱之道，以率先（率先：带头）之，则人渐（熏染，习染）其风教[1]，无有遗其亲者。於是陈说德义之美，以顺教诲人[2]，则人起心而行之也。

先王又以身行敬让之道，以率先之，则人渐其德，而不争竞（争竞：计较）也。又导之以礼乐之教，正其心迹，则人被其教，自（自然会）和睦也。又示之以好者必爱之，恶者必讨之，则人见之，而知国有禁也。

注　"见因"至"易也"。

正义曰：此依郑注也。言先王见天明地利，有益於人，因之以施化，行之甚易也。

注　"君爱"至"亲者"。

正义曰：此依王注也。言君行博爱之道，则人化之，皆能行爱敬，无有遗忘其亲者。即《天子章》之"爱敬尽於事亲，而德教加於百姓"是也。

注　"陈说"至"行之"。

正义曰：《易》称"君子进德修业[3]"。又《论语》云："义以为质[4]。"又《左传》说赵衰荐郤縠[5]云："说《礼》《乐》而敦（崇尚，注重）《诗》《书》，《诗》《书》，义之府（聚集之处）也；《礼》《乐》德之则（规则）也。德、义，利之本（根本）也。"

且德义之利（好处），是为政之本也。言大臣陈说德义之美，是天子所重（看重），为群情所慕（向往，思慕），则人起发（起发：启发）心志（心志：志向，心意）而效行之。

【注释】

①风教：指风俗教化。语出《诗大序》："风，风也，教也。风以动之，教以化之。"

②顺教诲人：顺承教化，教诲人民。

③进德修业：增进道德与建立功业。语出《易·乾》："君子进德修业。"

④义以为质：以道义为根本。语出《论语·卫灵公十五》"君子义以为质，礼以行之，孙以出之，信以成之，君子哉。"

⑤赵衰荐郤縠：赵衰：（？—前622年晋襄公六年），嬴姓，赵氏，名衰字子余，春秋时期晋国晋文公的大夫，跟随晋文公流亡多年，并受倚重，但从不争权夺利和计较个人地位。回国后曾任原（今河南济源北）大夫，后任新上军主将，最后的职位是中军佐。赵衰最受人称道的品德是谦让。晋文公建立三军，想任命赵衰为元帅，但他推荐先轸："先轸有谋…臣弗若也"；还推荐狐偃为上军将："夫三德者，偃之出也。以德纪民，其章大矣，不可废也。"不久，晋文公征询元帅的人选，赵衰再次举荐了郤縠："郤縠可，行年五十矣，守学弥惇。夫先王之法志，德义之府也。夫德义，生民之本也。能惇笃者，不忘百姓也。请使郤縠。"在赵衰看来，郤縠德能敦厚，不忘百姓，实乃元帅之才。虽然后来郤縠只做了中军大将。但仍能施展才华、建功立业。

【原文】

注　"君行"至"不争"。

正义曰：此依魏注也。

案:《礼记·乡饮酒义》云:"先礼而后财①,则民作敬让而不争矣。"

言君身先行(施行)敬让,则天下之人自息(灭息)贪竞(贪竞:贪婪,斤斤计较)也。

注 "礼以"至"睦矣"。

正义曰:此依魏注也。

案:《礼记》云:"乐由中出,礼自外作。"中,谓心在其中也;外,谓迹见於外也。

由心以出者,宜听乐以正之②;自迹以见者,当用礼以检之③。检之,谓检束也。言心迹(心迹:思想和行为)不违於礼乐,则人当自和睦也。

注 "示好"至"犯也"。

正义曰:云"示好以引之,示恶以止之"者。

案:《乐记》④云:"先王之制(创)礼乐也,将(用)以教民平(辨治)好恶而反(通'返')人道之正(正确方向上)也。"

故示有好必赏(褒扬)之,令以引喻⑤之,使其慕(倾慕)而归(归附)善也;示有恶必罚之,禁以惩止(惩止:惩罚制止)之,使其惧而不为也。

云"则人知有禁令,不敢犯也"者,谓人知好恶,而不犯禁令也。

【注释】

①先礼而后财:先礼后利。意思是在社会生活中"礼"相对于"财"来说较重要。

②由心以出者,宜听乐以正之:思想方面宜用美好的音乐来调理引导。

③自迹以见者,当用礼以检之:行为方面当用道德规范来约束、察验。

④《乐记》:《礼记》49篇中的一篇,题作《乐记第十九》,约5000余

字。关于《乐记》的成书年代及其作者，历来有两种说法：1.《乐记》为孔子的再传弟子公孙尼子所作；2. 此书是汉儒采用先秦诸家有关音乐的言论编纂而成。《乐记》一书讨论了音乐的各个方面的内容，如关于音乐的本质；音乐与政治的关系；音乐的社会功能；音乐的美感认识。

⑤令以引喻：将其引用并晓喻示众。

【原文】

孝经　《诗》云："赫赫师尹，民具尔瞻。"

御注　赫赫，明盛貌（明盛貌：表示兴盛的样子）也。尹氏为太师，周之"三公"也。义取大臣助君行化（行化：施行教化），人皆瞻（尊仰）之也。

音义　《诗》云，此《诗·小雅·节南山》之诗。赫，本又作赤（"赫"字本义"火赤"），火白反。

邢疏　正义曰：夫子既述先王以身率下，先及（说到）大臣助君行化之义毕，乃（又）引《小雅·节南山》诗以证成（确定）之。

赫赫，明盛之貌也，是太师尹氏也。言助君行化，为人摸范（摸范：模仿的样板。"摸"通"摹"），故人皆瞻之。

注　"赫赫"至"之也"。

正义曰：云"赫赫，明盛貌也。尹氏为太师，周之三公也"者，此《毛传》文。太师、太傅、太保，是周之"三公"。尹氏时为太师，故曰尹氏也。

云"义取大臣助君行化，人皆瞻之也"者，引《诗》大意如此。

孔安国曰："具，皆也。尔，女（通'汝'）也。古语或谓（或谓：常说）'人具尔瞻'，则（也就是）'人皆瞻女'也。"

此章再言"先之"，是吾（自己）身行率先於物（众人）也。"陈之"

"导之""示之",是大臣助君为政也。

案：《大戴礼》云："昔者（昔者：过去）舜左禹而右皋陶①，不下席②而天下大治。夫政（政策）之不中（合适），君之过也；政之既中，令（政令）之不行（施行），职事（具体做事）者之罪也。"

后引《周礼》称三公无官属（官属：下属官吏），与王同职（同职：有共同的职守），坐而论道（坐而论道：坐着讨论治国之道）。

又案：《尚书·益稷》篇③称帝曰："吁（赞叹）！臣哉邻哉④，邻哉臣哉！"又曰："臣作朕股肱耳目⑤。"

《孔传》曰："言君臣道近（道近：政治主张和思想统一），相须（相须：互相依存，互相配合）而成，言大体若身⑥，君任（任用）股肱，臣戴（拥戴）元首之义也。"

故《礼·缁衣》称"上好是物，下必有甚者⑦矣。"故上之好恶，不可不慎也，是民之表（表率）也。

"《诗》云：'赫赫师尹，民具尔瞻'"，"《甫刑》曰：'一人有庆，兆民赖之。'"》《之引《诗》《书》，是明（说明）下民从（跟从）上之义。

师尹，大臣也。一人，天子也。谓人君为政，有身行（身行：亲身执行）之者，有大臣助（协助，辅助）行之者。人之从上，非唯（唯一）从君，亦从论道（论道：阐明道理）之大臣，故并（一并）引以结之也。

此章上言先王，下引师尹，则知"君臣同体，相须而成"者，谓此（谓此：说的这事儿）也。

皇侃以为无先王在上之诗，故断章引太师之什（篇什），今不取也。

【注释】

①舜左禹而右皋陶：舜帝有禹和皋陶作为左膀右臂。

②不下席：不离开自己的席位。比喻不必每事躬亲。

③《尚书·益稷》篇：即《尚书》篇目的《虞书·益稷第五》，孔子著。记录舜和禹、皋陶的讨论并相互告诫的场面，禹警诫舜不要傲虐，不要荒淫，舜则告诫众臣不要"面从"，自己有错一定要指出。又记录了讨论之后奏乐和舞蹈的盛况，以及舜与皋陶吟诗唱和的欢情。益和稷都是舜的大臣，篇首禹提到了益和稷的功劳，因以《益稷》名篇。

④臣哉邻哉：臣子就相当于邻居一样。

⑤臣做朕股肱耳目：臣子相当于我的大腿、胳膊和耳、目。

⑥大体若身：国家大局就好像人的身体。

⑦上好是物，下必有甚者：上面的喜好该东西，下面就会投其所好，更过分。

《孝经注疏·卷三》考证

【原文】

孝经　《庶人章》

考证　《朱子刊误》云：自篇首至此章当合为一章。《孝经》本文只如此，其下乃《孝经》之传（注释）。

孝经　用天之道

考证　《朱子刊误》本此句上有"子曰"二字。

孝经　分地之利

考证　古文"分"作"因"。

孝经　此庶人之孝也

考证　古文无"也"字。

孝经　故自天子至於庶人

考证　古文句上有"子曰"二字。"天子"下有"已下"二字。又自此至章末，别析（别析：另分开）为第七章。

孝经　夫孝，天之经也，地之义也，民之行也。

考证　古文三句俱无"也"字。

孝经　因地之利

考证　《朱子刊误》本"利"作"义"。又曰自章首至此，皆是《左氏传》所载子太叔为赵简子述子产之言，唯易（改）"夫礼"句为"夫孝"。

孝经　先王见教之可以化民也

考证　朱子曰此句与上文不相属（不相属：不是一类），故温公（温公：即司马光）改"教"为"孝"。但谓"圣人见孝可以化民而后以身先之"，於理悖（於理悖：道理上说不通）矣。吕维祺曰：经意（经意：《孝经》的意思）谓先王真见（真见：真确的看到）身先之教可以化民，故必以身先之，是因其以身先教民，而知其真见有（就是）如此，非谓（非谓：不是说）见其可以化民而后以身先之也。

《孝经注疏》卷四

孝治章第八

【原文】

邢疏　正义曰：夫子述此明王以孝治天下也。前章明（阐明）先王因天地，顺人情以为教。此章言明王由孝而治，故以名章，次《三才》之后也。

孝经　子曰："昔者明王之以孝治天下也，

御注　言先代圣明之王，以至德要道化人，是为（是为：称作）孝理（以孝治理）。

孝经　不敢遗小国之臣，而况於公、侯、伯、子、男乎？"

御注　小国之臣，至卑（至卑：很低微）者耳，王（君王）尚（尚且）接之以礼（接之以礼：以礼待之），况於五等诸侯？是广敬（见顺治本第17页注④）也。

孝经　故得万国之欢心，以事其先王。

御注　万国，举（表示）其多也。言（说的是）行（施行）孝道以理（治理）天下，皆得欢心（皆得欢心：皆大欢喜），则各以（根据）其职（职位大小）来助祭（见顺治本第40页注⑪）也。

邢疏　正义曰：此章之首称"子曰"者，为事讫（完毕），更（又）别起端首（别起端首：犹另外起头说事）故也。

言昔者圣明之王，能以孝道治於天下，大教接物[1]，故不敢遗小国之臣，而况於（而况於：更何况对）五等之君（诸侯）乎？言必礼敬之。明王能如此，故得万国之欢心。谓各修其德[2]，尽（努力做到）其欢心，而来助祭，以事（供奉）其先王。

【注释】

[1] 大教接物：以大教待人接物。《礼记·乐记》："五者，天下之大教也。"孔子曰："能行五者于天下，为仁矣。"请问之。曰："恭、宽、信、敏、惠。恭则不侮，宽则得众，信则人任焉，敏则有功，惠则足以使人。"

[2] 各修其德：各自修养自己的德行。

经（孝经中提到）"先王"有六焉：一曰"先王有至德"，二曰"非先王之法服"，三曰"非先王之法言"，四曰"非先王之德行"，五曰"先王见教之"，此（这些）皆指先代（先代：此指历代多个）行孝之王。此章云"以事其先王"，则指行孝王之考祖。

【原文】

注　"言先"至"孝理"。

正义曰：此释"孝治"之义也。

《国语》[①]云："'古'曰（指）'在昔（从前）'，'昔'曰'先民（先民：古人，前人）'。"

《尚书·洪范》云："'睿（通达，明智）'作'圣（睿智）'。"

《左传》："照临四方曰'明'。""昔者"非当时代之名。"明王"则圣王之称也，是泛指前代圣王之有德者。

经言"明王"，还（返）指首章之"先王"也。以代言之[②]，谓之先王；以圣明言之，则为明王。事义（事义：典故的意义）相同，故注以"至德要道"释之。

注　"小国"至"敬也"。

正义曰：此依王注义也。

五等诸侯，则"公、侯、伯、子、男"。

旧解云：公者，正也，言正行其事。侯者，候也，言斥候（斥候：侦察，调查了解情况）而服事（服事：承担公职）。伯者，长也，为一国之长也。子者，字（养育，教化）也，言字爱於小人（小人：子女）也。男者，任也，言任王之职事（职事：职务）也。爵（官位）则上皆胜下（上皆胜下：上面的比下面的大）；若（如果）行事（办事）亦互相通。

《舜典》曰："辑五瑞③。"孔安国曰："舜敛公、侯、伯、子、男之瑞圭璧④。"斯（此）则尧舜之代已有五等诸侯也。

【注释】

①《国语》：中国最早的一部国别史著。记录了周朝王室和鲁国、齐国、晋国、郑国、楚国、吴国、越国等诸侯国的历史。上起周穆王十二年西征犬戎，下至智伯被灭（前453年）。包括各国贵族间朝聘、宴飨、讽谏、辩说、应对之辞以及部分历史事件与传说。

新二十四孝图（十三）

②以代言之：从朝代先后的角度来说。

③辑五瑞：收敛古代诸侯作符信用的五种玉。《书·舜典》："辑五瑞，既月，乃日觐四岳群牧，班瑞於群后。"孔颖达疏："《周礼·典瑞》云：'公执桓圭，侯执信圭，伯执躬圭，子执谷璧，男执蒲璧。'是圭璧为五等之瑞，诸侯执之以为王者瑞信，故称瑞也。"

④圭璧：古代帝王、诸侯祭祀或朝聘时所用的玉器，是身份的标志。

【原文】

《论语》云："殷因（沿袭）於夏礼，周因於殷礼。"

案：《尚书·武成》篇云："列爵（列爵：分颁爵位）惟（有）五，分土惟三①。"

郑注《王制》云："殷所因夏爵，三等之制也。是（只）有公、侯、伯，而无子、男。武王增之，总建（总建：总共设立）五等。时（当时）

九州界狭（界狭：范围狭小），故土惟三等，则（于是）《王制》云：'公、侯方百里，伯七十里，子、男五十里。至周公摄政（摄政：代理君王处理国政），斥（开拓，扩大）大九州之界，增诸侯之大者地方五百里，侯四百里，伯三百里，子二百里，男百里。'"然据郑玄：夏、殷不建子、男，武王复增之也。

案：五等，公为上等；侯、伯为次等；子、男为下等。则小国之臣谓子、男卿大夫（子、男的卿、大夫）。况此（况此：这样一来），诸侯则至卑（至卑：地位很低）也。

《曲礼》云："列国之大夫，入天子之国曰'某士②'。"

诸侯，言（指）列国者，兼（包括）小大。是（凡是）小国之卿、大夫，有见天子之礼也。言虽（言虽：虽说）至卑，尽来朝聘③，则天子以礼接之。

【注释】

①列爵惟五，分土惟三：分颁爵位有五种（即公、侯、伯、子、男），分封领土的只有三等（公侯百里，伯七十里，子男五十里）。

②某士：诸侯国的大夫到天子之国的称谓。某是设代，指士之国名。《礼记·曲礼下》："列国之大夫，入天子之国曰某士，自称曰陪臣某。"

③朝聘：古代诸侯亲自或派使臣按期朝见天子。春秋时期，政在霸主，诸侯朝见霸主。《礼记·王制》："诸侯之於天子也，每年一小聘，三年一大聘，五年一朝。"

【原文】

案：《周礼·掌客》云：王公饔饩①九牢②，飧③五牢；侯、伯，饔饩七牢，飧四牢；子、男，饔五牢，飧三牢；三等。

其五等之介：行人（行人：使者）、宰史④，皆有飧、饔饩，唯上介⑤有禽兽（禽兽：此泛指鸡鸭牛羊等荤菜），其卿、大夫、士⑥有特来聘问⑦者，则待之如其为介⑧时也。是（这些）待诸侯及其臣之礼，是皆（是皆：都是）广敬之道也。

【注释】

①饔饩：古代诸侯行聘礼时接待宾客的大礼盛宴，馈赠较多。

②牢：古代祭礼用牛、羊、猪三牲。三牲各一为一牢。此以"牢"作宴席规格。

③飧：简单的饭食。郑玄注："小礼曰飧，大礼曰饔饩。"

④宰史："宰"为古代官吏通称；汉代的"史"是指地方官署主办文书及曹史。这里泛指一般官员。

⑤上介：古代外交使团的副使或军政长吏的高级助理。

⑥卿、大夫、士：西周、春秋时天子、诸侯都有"卿"，分上、中、下三等，西周以后的诸侯国君下有卿、大夫十三级，"大夫"世袭，且有封地。设上士、中士、下士，"士"的地位次于大夫。

⑦聘问：诸侯之间遣使互相通问叫"聘"，小规模的聘叫"问"，通称"聘问"。

⑧介：古时主有傧相迎宾，宾有随从、通报传达，叫"介"。

【原文】

注 "万国"至"祭也。"

正义曰：云"万国，举其多也"者，此依魏注也。

《诗》《书》之言"万国"者多矣，亦犹言"万方"，是举多而言之，不必数满於万也。

皇侃云："《春秋》称：'禹会诸侯於涂山①，执玉帛者万国'，言禹要服②之内，地方（方圆）七千里，而置九州③；九州之中，有方百里、七十里、五十里之国，计有万国也。因引《王制》'殷之诸侯有千七百七十三国'也。《孝经》称周诸侯有九千八百国，所以证万国为夏法（夏法：夏朝模式）也。"

信（听任）如此说，则《周颂》（即《诗经·周颂·桓》）云"绥万邦"、《六月》（即《诗经·小雅·六月》）云"万邦为宪（榜样）"，岂周之代（之代：这个朝代）复（也还是）有万国乎？今不取也。

【注释】

①禹会诸侯於涂山，执玉帛者万国：大禹建立夏朝后，分封了很多诸侯国。为了检阅诸侯国，维护夏朝和诸侯国的统属关系，便利用各方诸侯来朝之机，举行郊祀之礼，众诸侯都参加助祭。祭毕，诸侯散又复聚，表示对于大禹推荐接班人的做法不满。郊祭之后，那些不满的诸侯纷纷归去。见诸侯不服而去者有三十三国之多，大禹心中不安，于是又在阳城东南的涂山尽早召开诸侯大会检讨自己。这次涂山之会是中国夏王朝建立的标志性事件。来参加这次大会的各方诸侯都带来了朝贺的礼物，大国献玉，小邦献帛，故史书记载"禹会诸侯于涂山，执玉帛者万国"。

②要服：古代王城周围千里地域以外，按距离分为五服。一千五百里至两千里为要服。

③九州：夏朝初年，大禹划天下为九州，州设州牧。后夏启令九州牧贡献青铜，铸造九鼎。把全国各州的名山大川、形胜之地、奇异之物画成图

册，派精选出来的著名工匠，将其仿刻于九鼎之身，以一鼎象征一州。

【原文】

云"言行孝道，以理天下，皆得欢心，则各以其职来助祭也"者，言明王能以孝道理（治理，顺理）於天下，则得诸侯之欢心，以事其先王也。

"各以其职来祭"者，谓天下诸侯各以其所职贡①来助天子之祭也知（助词，无义）者。

《礼器》云："大飨②其王事（王事：王命公事）与！"

注云："盛（以器装）其馔（菜肴）与贡（贡品），谓祫祭③先王。"又云："三牲（见顺治本第5页注②）、鱼腊（鱼腊：干鱼），四海九州之美味也。笾豆④之荐（进献），四时之和气（和气：和顺之气）也。"

注云："此馔，诸侯所献。"又云："内金（内金：进贡金银铜等物），示和（示和：表示和顺）也。"

注云："此所贡也，内之庭实先设之⑤。金从革⑥，性和（性和：性质平和），荆、杨二州⑦贡金三品⑧。"又云："束帛加璧⑨，尊德（尊德：表示感恩）也。"

【注释】

①职贡：古代称藩属或外国对于朝廷按时的贡纳。

②大飨：合祀先王的祭礼。

③祫祭：古代天子诸侯所举行的集合远近祖先神主于太祖庙的大合祭，三年丧毕时举行一次，次年又举行一次，以后每五年一次。

④笾豆：笾和豆。古代祭祀及宴会时常用的两种礼器。竹制为笾，木制为豆。

⑤内之庭实先设之：将诸侯的贡品陈设于朝堂。"庭实"指陈列于朝堂的贡献物品。

⑥金从革："从革"，有顺从和变革两种含义。金的"从革"特性，来自金属物质顺从人意、改变外形、制成器皿的认识。《尚书·洪范》孔颖达疏注"金曰从革"认为："可改更者，可销铸以为器也。""金可以从人改更，言其可为人用之意也。"

⑦荆、杨二州：《尔雅·释地》："两河间曰冀州，河南曰豫州，河西曰雍州，汉南曰荆州，江南曰杨州，济河间曰兖州，济东曰徐州，燕曰幽州，齐曰营州。九州。"

⑧金三品：有指金、银、铜，有指铜之三色。《书·禹贡》："厥贡惟金三品。"孔传："（三品）金银铜也。"郑玄以为金三品者，铜三色也。"《尔雅·释器》云：黄金之美者谓之镠，白金谓之银。贡金银者既以镠银为名，则知'金三品'者，其中不得有金银也…三色者，盖青白赤也。"古人以铜为金，此说较靠谱。

⑨束帛加璧：五匹帛上面再加美玉。古时聘请或探问时奉送的贵重礼物。帛：丝织品的总称；束帛：五匹帛捆在一起；璧：指平圆正中有孔的玉器。

【原文】

注云："贡享所执致命者，君子於玉比德焉①。"又云："龟为前列②，先知也。"

注云："龟知事情者，陈於庭，在前，荆州纳锡大龟③。"又云："金次之，见情（见情：感恩之心）也。"

注云："金熠（反映）物（金熠物：金能反映物性）。金有两义④，先入

（献纳）后设（陈设）。"又云："丹（各色美石）、漆、丝、纩（绵絮）、竹、箭，与众共财（与众共财：公共财富）也。"

注云："万民皆有此物，荆州贡丹；兖州贡漆、丝；豫州贡纩；杨州贡筱（小竹）簜（大竹）。"又云："其馀无常货（常货：指金钱玉帛之类），各以国之所有，则致（奉献）远物（远物：远方所产物）也。"

注云："其馀，谓九州之外夷服、镇服、蕃服⑤之国。

《周礼》："九州之外谓之蕃国（蕃国：指上述'三服'之国），世一见（世一见：每年觐见一次），各以其所贵宝为贽（聘享的礼物）。周穆王征犬戎⑥，得白狼白鹿近之。"

《大传》云："遂率天下诸侯，执豆笾，骏奔（骏奔：快速奔）走。"又《周颂》曰："骏奔走在庙。"此皆助祭者也。

【注释】

①贡享所执致命者，君子於玉比德焉：进贡者所要表达的意思是将纳贡者的德行比作玉一般的美好。

②龟为前列：中国古人崇尚龟，龟被视为为先行先知的灵物。战国时大将的旗帜以龟为饰，表示"前列先知"。战国时期的五行说认为：龟代表"水"，表示颜色中的"黑"，占卦方位的"北"，象征品质中的"智"。前列：排序在前。

③纳锡大龟：纳贡大龟。锡：锡贡，即天子有令后进贡，别于常贡。

④金有两义：进贡金一为表示和顺，二是表示感恩之情。

⑤夷服、镇服、蕃服：古代将王城千里之外的地域分为九等地区，曰"九服"：其外方五百里曰"侯服"，又其外方五百里曰"甸服"，又其外方五百里曰"男服"，又其外方五百里曰"采服"，又其外方五百里曰"卫

服"，又其外方五百里曰"蛮服"，又其外方五百里曰"夷服"，又其外方五百里曰"镇服"，又其外方五百里曰"藩服"。

⑥周穆王征犬戎：周穆王十二年（约公元前10世纪），穆王率军进攻犬戎部落（今陕西彬县、岐山一带），《后汉书·西羌传》载"获其五王，又得四白鹿，四白狼，王遂迁戎于太原"。

【原文】

孝经　治国者，不敢侮于鳏寡，而况于士民乎？

御注　理国，谓诸侯也。鳏寡，国之微（卑微）者，君（君王）尚不敢轻侮，况知礼义之士乎？

孝经　故得百姓之欢心，以事其先君。

御注　诸侯能行孝理，得所统（所统：部下，属下）之欢心，则皆恭事（恭事：恭顺地侍奉）助其祭享也。

音义　侮，亡甫反。鳏，古顽反，无妻曰鳏。寡，无夫曰寡。

邢疏　正义曰：此说诸侯之孝治也。言诸侯以孝道治其国者，尚不敢轻侮於鳏夫寡妇，而况於知礼义之士民乎？亦言必不轻侮也。以此故得其国内百姓欢悦，以事其先君也。

注　"理国"至"士乎"

正义曰：云"理国，谓诸侯也"者，此依魏注也。

案：《周礼》云："体国经野①。"《诗》曰："生此王国②。"是其天子亦言国③也。《易》曰："先王以建万国，亲诸侯。"是（说的是）诸侯之国。

上言明王理天下，此言理国，故知诸侯之国也。

云"鳏寡，国之微者，君尚不敢轻侮"者。

案：《王制》云："老而无妻者谓之鳏。老而无夫者谓之寡。此天民

（天民：平民）之穷而无告（无告：有苦无处诉）者也。"则知鳏夫寡妇是国之微贱者也。言微贱之者，国君尚不轻侮，况知礼义之士乎？

【注释】

①体国经野：把都城划分为若干区域，由官宦贵族分别居住或让奴隶平民耕作。泛指治理国家。体：划分；国：都城；经：丈量；野：田野。

②生此王国：出自《诗经·大雅·文王》："思皇多士，生生此王国"。意思是：希望众多的贤士诞生在这个王国里。

③天子亦言国：意思是诸侯将自己的领地叫作"国"，分封诸侯的天子也称天下为"国"。

【原文】

释经之（释经之：解释书中的）"士民"：

《诗》云"彼都人士①"，《左传》曰"多杀国士"，此皆说指有知识之人，不必（一定指）居官授职之士。

旧解：士知义理。又曰：士，丈夫（丈夫：男子）之美称。故注言"知礼义之士乎"，谓民中知礼义者。

注 "诸侯"至"享也"

正义曰：云"诸侯能行孝理，得所统之欢心"者，此言诸侯孝治其国，得百姓之欢心也。一国百姓，皆是君之所统理，故以所统言之。孔安国曰："亦以相统理。"是也。

云"则皆恭事助其祭享也"者：

祭享，谓四时及禘祫②也。於此祭享之时，所统之人则皆恭其职事（恭其职事：尽职尽责），献其所有，以助於君。故云"助其祭享也"。

孝经　治家者，不敢失於臣妾，而况於妻子乎？

御注　理家，谓卿大夫。臣、妾，家之贱者。妻、子，家之贵（家之贵：家中地位高）者。

孝经　故得人之欢心，以事其亲。

御注　卿大夫位以材进③，受禄养亲。若能孝理（孝理：以孝道来治理）其家，则得小大之欢心，助（有助于）其奉养。

音义养，羊尚反。

邢疏　正义曰：说卿大夫之孝治也。言以孝道理治其家者，不敢失（忘失）於其家臣、妾贱者，而况於妻、子之贵者乎？言必不失也，故得其家之欢心，以承事④其亲也。

注　"理家"至"贵者"

正义曰：云"理家，谓卿大夫"者，此依郑注也。

案：下章云："大夫有争臣三人，虽无道，不失其家。"《礼记·王制》曰"上大夫，卿"，则知治家谓卿大夫。

云"臣、妾⑤，家之贱"者：

案：《尚书·费誓》曰："窃（盗窃）马牛，诱（勾引）臣妾。"

孔安国云："诱偷奴婢"，既以臣妾为奴婢，是家之贱者也。

云"妻、子，家之贵"者：

案：《礼记》哀公问於孔子，孔子对曰："妻者，亲之主（亲之主：主要的亲人）也，敢不敬与？子者，亲之后（后代）也，敢不敬与？是（所以）妻、子，家之贵者也。

注　"卿大夫"至"奉养"

正义曰：云"卿大夫位以材进"者：

案：《毛诗传》曰："建邦能命龟，田能施命，作器能铭，使能造命，升高能赋，师旅能誓，山川能说，丧纪能诔，祭祀能语⑥。君子能此九者，可

唐玄宗注《孝经》

谓有德音（德音：好名声），可以为大夫。"是"位以材进"也。

【注释】

①彼都人士：那些京都的人士。语出《诗经·小稚·鱼藻》。

②禘祫：古代帝王祭祀始祖的一种隆重仪礼。或禘祫分称而别义，或禘祫合称而义同，历代说解不一。章炳麟以为，"禘祫之言，讻讻争论既二千年。若以禘祫同为殷祭，祫名大事，禘名有事，是为禘小於祫，何大祭之云？故知周之庙祭有大尝、大烝，有秋尝、冬烝。禘祫者，大尝、大烝之异语。"

③位以材进：根据才干安排官位置。

④承事：此指侍奉亲人之事。

⑤臣妾：西周、春秋时对奴隶的称谓，男奴叫"臣"，女奴曰"妾"。

⑥建邦能命龟：建邦立国时能命龟。古人建国必用龟甲占卜以迂取吉祥为"命龟"。

田能施命：于狩猎时能布施教令。

作器能铭：作器能为其铭。"铭"是刻镌于器皿之上，书以为戒。

使能造命：出使外邦时能随机应变、应对作答。

升高能赋：登高时有所见，赋其形状、铺陈事势。赋是古代一种散文和韵文混合体。

师旅能誓："誓"是出征前对将士誓师，谓统帅能誓戒将领。

山川能说：行过山川能说其形势而陈述其形状。

丧纪能诔：于丧纪之事，能累列其行，为文辞以作谥。"诔"是表彰死者生前德行以表示哀悼之情。

祭祀能语：于祭祀能祝告鬼神而为言语。"语"指在祭祀时祷告天地神祗说的话。

【原文】

云"受禄养亲"者，言能孝理其家，则受其所禀（领受）之禄，以养其亲。

云"若能孝理其家，则得小大之欢心"者，谓小大皆得其欢心。小谓臣、妾，大谓妻、子也。

云"助其奉养"者：

案：《礼记·内则》①称子事（侍奉）父母，妇（媳妇）事舅姑（舅姑：公婆），日以（日以：每天要）"鸡初鸣（丑时鸡初鸣），咸盥漱（咸盥洗：盥洗完毕），以适（去）父母、舅姑之所（住所），问衣燠（暖）寒②，饘（稠粥）、酏（稀粥）、酒、醴（甘甜泉水）、芼（野菜）、羹（肉菜粥）、菽（豆类）、麦、蒉（大麻籽儿）、稻、黍（黄米）、梁（通'粱'，精细的小米）、秫（高粱米），唯所欲（唯所欲：要啥给啥）；枣、栗、饴（糖膏）、蜜以甘（以甘：让其感觉甜美）之。父母、舅姑必尝之而后退"。此皆奉养事亲也。

【注释】

①《礼记·内则》：《礼记》中记述在家庭生活中为人子女者应如何侍奉父母翁姑的许多细则，及饮食及教养子弟的方法、层次等问题的讨论。

②问衣燠寒：问其衣着冷暖如何。犹"嘘寒问暖"。

【原文】

天子、诸侯继父而立①，故言"先王""先君"也。

大夫唯贤是授②。居位之时，或有俸禄以逮（及，给予）於亲，故言其亲也。

注顺（顺着）经文所以言"助其奉养"，此谓事亲生（亲生：父母健在）之义也。若亲以终没（死了），亦当言助其祭祀也。

【注释】

①继父而立：指其权位是继承父亲而来。

②唯贤是授：指大夫的位置称号是根据他的德与才而授予的。

【原文】

明王言"不敢遗小国之臣"，诸侯言"不敢侮於鳏寡"，大夫言"不敢失於臣妾"者：

刘炫云："遗，谓意（心中）不存录。侮，谓忽慢其人。失，谓不得其意。"

小国之臣位卑，或（也许会）简（简慢）其礼，故云不敢遗也。

鳏寡，人中贱弱，或被人轻侮欺陵，故曰不敢侮也。

臣、妾营事产业（营事产业：经营掌管家中的产业），宜须得其心力，故云不敢失也。

明王"况公、侯、伯、子、男"，诸侯"况士民"，卿大夫"况妻子"者，以（因为）王者尊贵，故"况"列国之贵者；诸侯差卑（差卑：较为低下），故"况"国中之卑者。以（这）五等皆贵，故"况（比较）"其卑也。大夫或事父母，故"况"家人之贵者也。

孝经　夫然，故生则亲安之，祭则鬼享之，

御注　夫然（表示肯定）者，上孝理，皆得欢心，则存安（存安：活着时安享）其荣，没享其祭。

　　孝经　是以天下和平，灾害不生，祸乱不作。

　　御注　上敬下欢，存安没享，人用（才）和睦，以致太平，则灾害祸乱，无因（缘由）而起。

　　孝经　故明王之以孝治天下也如此。

　　御注　言明王以孝为理，则诸侯以下化（受感化）而行之，故致如此福应（福应：幸福吉祥的征兆）。

　　音义　夫，音符。享，许文反（《康熙字典》作"许两切"）。炎，则才反，本或作灾。

　　邢疏　正义曰：此总结天子、诸侯、卿大夫之孝治也。

　　言明王孝治其下，则诸侯以下各顺其教，皆治其国家也。如此各得欢心，亲若存，则安其孝养；没，则享其祭祀，故得和气降生，感动昭昧（昭昧：明辨是非）。是以普天之下，和睦太平，灾害之萌（开端）不生，祸乱之端（事端）不起。此谓明王之以孝治天下也，能致如此之美。

　　注　"夫然者"至"其祭"。

　　正义曰：云"夫然者，上（指天子、诸侯、卿大夫）孝理（孝理：以孝道来治国理家）皆得欢心"者。

　　此谓明王、诸侯、大夫能行孝治，皆得其欢心也。

　　云"则存安其荣"者，释"生则亲安之"。

　　云"没享其祭"者，释"祭则鬼享（见顺治本第36页注①）之"也。

　　注　"上敬"至"而起"。

　　正义曰：此释"天下和平"，以皆由明王孝治之所致也。

　　皇侃云："天反时（反时：反常）为灾，谓风雨不节（不节：不按节令）；地反物为妖①，妖即害物，谓水旱伤禾稼（禾稼：泛指庄稼）也。善则（善则：很容易）逢殃为祸，臣下反逆为乱也。"

【注释】

①《左传》有"天反时为灾，地反物为妖"。反物：不正常的东西。"妖"泛指一切反常的东西或现象。意即一切反常的事物是隐藏灾祸和失败的根源。

【原文】

注 "言明"至"福应"。

正义曰：云"言明王以孝为理，则诸侯以下化而行之"者。

案：上文有明王、诸侯、大夫三等，而经（孝经）独言明王孝治如此者，言由明王之故（缘故）也，则诸侯以下奉而行之，而功归於明王也。

云"故致如此福应"者：福，谓天下和平；应，谓灾害不生，祸乱不作。

孝经 《诗》云："有觉德行，四国顺之。"

御注 觉，大也。义取天子有大德行，则四方之国顺而行之。

音义 "《诗》云"，此《大雅·荡之什·抑》篇语。觉，音角，大也。德行之行，下孟反。注"德行"同。

邢疏 正义曰：夫子述昔时明王孝治之义毕，乃引《大雅·抑》篇赞美之也。言天子身有至大德行，使四方之国皆顺而行之。

注 "觉，大"至"行之"。

正义曰：云"觉，大也"，此依郑注也。故《诗笺》①云："有大德行，则天下顺从其化。"是以觉为大也。

云"义取天子有大德行，则四方之国顺而行之"者，言引《诗》之大意如此也。

【注释】

①《诗笺》：郑玄注释《诗经》的著作。笺：作者按着自己的理解注释古书。

《孝经注疏·卷四》考证

【原文】

原文　"以事其先君"。《疏》："祭享"，谓四时及禘祫也。

考证　臣清植按：不（不是）王不（不举行）禘，此经（指《孝经》中）乃言诸侯之祭。疏兼禘言①，盖（大概是）误。

原文　"不敢失於臣妾"。

考证　古文"失"做"海"。

原文　"故明王之以孝治天下也如此"。

考证　古文无"也"字。

【注释】

①疏兼禘言：疏中将"禘祫"放在一起说。禘祫：详见277页注②。